식물생리학
PLANT PHYSIOIOGY
원리의 이해

식물생리학 원리의 이해

발행일 2022년 6월 10일

지은이 조운행
펴낸이 손형국
펴낸곳 (주)북랩
편집인 선일영
편집 정두철, 배진용, 김현아, 박준, 장하영
디자인 이현수, 김민하, 김영주, 안유경
제작 박기성, 황동현, 구성우, 권태련
마케팅 김회란, 박진관
출판등록 2004. 12. 1(제2012-000051호)
주소 서울특별시 금천구 가산디지털 1로 168, 우림라이온스밸리 B동 B113~114호, C동 B101호
홈페이지 www.book.co.kr
전화번호 (02)2026-5777
팩스 (02)2026-5747

ISBN 979-11-6836-331-1 03480 (종이책) 979-11-6836-332-8 05480 (전자책)

원리의 이해

식물생장의 원리를 알고
식물을 이해하기

조운행 지음

본 서적은 2021년~2022년도 창원대학교 자율연구과제연구비의
지원을 받아 출간되었습니다

서언

지구에 서식하는 식물의 종류는 알려진 것만도 약 30만 종 이상이라고 한다. 이들 중 우리는 얼마나 많은 종을 알고 있는가? 또 식물의 생활사에 대해 얼마나 관심을 기울이고 있는가? 식물은 지구에서 아주 다양한 역할을 하는 중요한 생물이다. 스스로 양분을 만들며 다른 생물에 식량을 공급하는 생산자이고, 지구 물의 순환과 온도 조절, 대기의 이산화탄소 농도 조절, 산소 생산, 서식지 제공 및 많은 유용한 생산물을 공급한다. 지구 온난화를 포함한 변화하는 지구환경에 대처하기 위해서는 식물에 더욱 관심을 가질 필요가 있다. 지구환경 변화와 동반되는 식량, 주거환경, 보건, 자원 등의 제반 문제는 식물을 더욱 이해하면 해결할 수 있을 것이다.

식물을 어떻게 이해할 것인가? 식물의 생리를 이해하는 것이 첫 걸음인데, 식물 생존에 가장 필요한 요소는 물, 빛, 무기물이다. 식물이 왜 물이 필요한가를 이해하기 위해서는 물의 화학적 및 물리적 특성을 먼저 이해해야 한다. 빛이 왜 필요한가를 이해하기 위해서는 빛의 물리적 특성과 화학적 반응을 통해 식물의 광합성 반응을 살펴보아야 한다. 빛은 에너지 식물의 광합성 수행에 에너지원으로 이용되는 것 외에도 생활사의 과정인 식물의 성장, 발달 및 생식에 필요하기도 하다. 무기물은 식물의 물질 구성 및 물질대사 수행에 필요하다.

이 책에서는 식물생리의 핵심적인 내용을 간략하게 다루었는데 먼저 물의 특성과 식물에서의 역할을 이해하고 에너지 대사 과정인 광합성과 호흡, 식물의 성장과 발달, 식물호르몬, 이차대사물, 빛 흡수체 등을 중점적으로 다루었고 최종적으로 학생들이 스스로 작성하고 수행할 수 있는 관련 프로젝트를 덧붙였다.

이 책은 식물이 살아가는 원리에 대한 답이나 정보를 주기보다는 기초적인 원리에 대한 정보를 제공하고 방향과 탐구성을 제시해주므로 읽는 사람이 스스로 찾아보고 이해하며 정보를 습득할 수 있도록 이야기(story) 전개 방식으로 구성하였다. 스스로 원인을 찾기 위한 동기와 기회를 부여받는 것은 학문 탐구에 있어서 매력적인 일이다. 식물학의 연구는 진행형이라 밝혀지지 않은 원리가 아주 많아 이 또한 매력적인 학문 분야라고 생각된다. 식물 전체를 이해하는 것은 어려운 일이지만, 이 책에서 제시한 기초적인 내용만을 접하는 것만으로도 큰 도움이 될 것이라고 본다. 이 책을 통해 더 많은 흥미를 느끼고 새로운 의문을 품게 될 수도 있는데, 이를 통해 식물 이해에 한 걸음 더 다가갈 수 있다고 본다.

차 례

VIII 빛이 식물 형태형성에 미치는 효과

VX 식물생리 프로젝트

I

물과 식물

1

물의 구조와 기능

1) 물의 구조

물(H_2O)은 한 개의 산소와 2개의 수소 원자로 구성되는 분자로서 이에 따른 독특한 특성을 나타낸다. 왜 이러한 두 종류의 원자들과 다른 수로 구성되는지를 먼저 알아보자. 지구에서 가장 흔하게 나타나는 산소는 원자번호가 8로 그 구성 양성자 수는 8, 전자 수 8, 중성자 수 8개로 이루어져 있는데, 그 전자들은 양성자와 중성자를 중심으로 둘러싸고 있는 궤도(각)들에 존재한다. 대개 모든 원자는 구성하는 전자 수에 따라서 1개 이상의 전자각을 갖는데, 핵에 가장 가까운 각에는 2개, 그 바깥쪽 각부터는 8개의 전자가 채워질 수 있어서 원소에 따라 다른 수의 각을 갖는다. 이렇게 보면 산소 원자는 2개의 각을 가지며, 핵에서 가장 가까운 각에는 2개의 전자가, 그 바깥에 존재하는 각에는 최대 8개까지 전자들이 채워 수 있다. 산소의 8개 전자 수를 고려해보면, 핵에 가까운 각에는 2개, 다음 각에는 6개가 채워져 두 개의 각으로 구성된다. 대개 원자는 그 각이 갖는 최대 전자 수를 갖게 되면 안정한 구조를 유지하는 바 주기율표에서 불활성 원자(예 He, Ne 등)를 제외하고는 대부분 원소가 그 각을 채우지 못해 불안정한 상태에 있게 된다. 산소의 경우, 최외각의 전자가 8개가 아닌 6개이므로 안정하지 못한 상태이다. 한편 보통 수소의 경우 양성자 수 1, 중성자 수 0, 전자 수 1개를 가지므로 1개의 전자로 채워진 1개의 각만을 가져, 마찬가지로 채워지지 못한 각으로 인해 불안정한 상태를 유지한다.

탐구 I-1-1-1 물의 구조를 찾아보고 분자식과 구조를 그려보자.

탐구 I-1-1-2 H와 O의 원자 구조를 그려보자. 두 원자 구조에 있어서 특징은 무엇인가?

H와 O는 원자 구조상 안정한 전자 수와 배열을 갖지 못하므로 전자를 얻기 위해 다른 원자와 결합하며, 이때 전자는 한 원자가 부족한 전자를 탈취하는 것이 아니라 분자를 이루어 두 원자 사이에 공유하며 각각 안정한 8개의 전자 상태를 유지한다(이를 '공유결합'이라 한다).

탐구 I-1-1-3 공유결합이란 무엇인가? 이온결합과의 차이점은? 결합의 세기(결합을 끊기 위한 정도)에 있어서 차이는 있는가?

탐구 I-1-1-4 공유결합의 다른 예를 들어보자. 공유하는 전자쌍의 특징은 물과 어떻게 다른가?

탐구 I-1-1-5 물이 다음과 같은 형태를 보이는 이유를 설명하자.

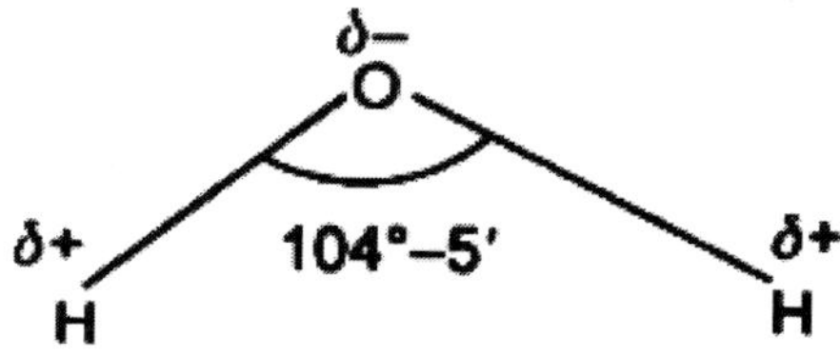

2) 물 분자가 함유하는 에너지

원자는 그 구성 전자들이 에너지를 갖고 원자의 핵 주위를 움직이는 상태이다. 전자는 음전하(e⁻)를 띠지만 핵에 함께 모여있는 양성자는 양전하를 띠기 때문에 전자들은 핵에 끌리며 핵 주위를 움직이고 있다. 핵에 가까운 궤도에 있는 전자일수록 더욱 강한 양전하에 끌려 움직임이 낮은 에너지 상태이며 먼 각에 있는 전자일수록 핵의 양전하로부터 멀어지므로 더 많이 자유롭게 움직이는 높은 에너지 상태가 된다. 즉 원자의 전자들은 각의 위치 또는 핵으로부터 거리에 따라 다른 상태의 에너지를 갖는다. 물론 이러한 전자들은 적절한 에너지를 받으면 더 높은 각으로 이동하여 에너지가 높아지기도 한다(이를 여기 또는 흥분 상태라 한다). 분자가 쪼개지거나 매우 강한 에너지를 받으면 전자는 원자로부터 일탈하기도 하며 원자의 속성을 바꾸기도 한다. 물이 분해되면 전자를 방출하기도 하는데 이는 $2H_2O \rightarrow 4H^+ + O_2 + 4e^-$의 식에서 볼 수 있다.

분자는 원자들이 최외각에 부족한 전자를 채워 안정한 구조를 갖기 위해 둘 이상의 동일(예 H_2) 또는 다른 원소 종(예 H_2O)과 결합을 이루어 형성된다. 이때 부족한 전자는 한 원자가 잃거나, 얻거나 두 원자 사이에 공유하기도 한다. 보통 어떤 한 분자가 갖는 유용한 에너지는 실제로는 공유한 전자들의 상태에 따라 달라진다. 물 분자는 그 자체가 유용한 에너지가 낮은 분자이지만 메탄(CH_4)이나 대개의 영양분(탄수화물, 지질 및 단백질)은 에너지가 많은 분자로 여겨진다. 즉 물과 같은 낮은 에너지 함유 분자는 분자 자체로는 생물의 에너지원이 될 수 없다.

그러면 공유한 전자들의 에너지 상태는 어떻게 결정되는가? 한 원자는 전자들 그 핵에서 끌어 잡아당기는 힘(이를 전기음성도라 한다)은 원자들에 따라 차이가 있다(주기율표를 참조하자). 예를 들면 O(3.44)와 N(3.043)은 강하지만, H(2.2)와 C(2.55)는 비교적 약하다. 분자를 이룰 때 C와 H가 N이나 O와 전자를 공유하게 되면 전기음성도가 더 큰 O와 N 쪽으로 공유한 전자들을 더 끌어당기게 된다. 전자들이 공유한 두 원자 사이에 중간이 아닌 전기음성도가 더 강한 원자 쪽으로 치우치게 되는 것이다. 전기음성도가 유사한 두 원자 사이에 공유한 전자들은 중간에 위치에서 정지된 것이 아니라 상당한 움직임을 가지게 되는데, 이는 힘이 비슷한 두 사람 사이에 선을 긋고 서로 손을 잡아서 당기게 되면 한쪽으로 끌리지는 않지만 마주 잡은 두 손이 중간 선상에서 불안정하게 움직이는 것과 유사한 현상이다. 반면 전기음성도가 매우 강한 원자(예 O)와 그보다 약한 원자(예 H)가 전자를 공유하게 되면 공유한 전자들이 O 쪽으로 치우쳐 끌리므로 움직임이 약해지게 된다. 이는 힘이 더 센 사람과 약한 사람이 손을 잡고 서로 끌게 되면 약한 사람이 강한 사람 쪽으로 끌려가 붙잡히게 되는 상태와 유사하다. 이때 끌려간 사람은 자유롭지 못하며 움직임이 약해진다. 즉 힘이 동등한 두 사람이 손을 잡고 서로 당기면 어느 한쪽으로 끌려가지는 않지만, 잡은 손이 가운데 위치에서 끊임없이 불안정하게 움직인다. 반면 힘이 다른 두 사람이 손을 잡고 서로 당기면 약한 사람은 강한 사람 쪽으로 끌려가 움직이지 못하게 된다. 움직임을 에너지로 볼 때 잡은 손의 에너지는 힘이 동등한 두 사람 사이에서 더 크다. 즉 전자는 움직임이 에너지와 관련이 있으므로 이를 분자에서 설명해 보면 전기음성도가 유사한 두 원자 사이에 공유한 전자들의 움직임은 서로 다른 힘의 전기음성도 원자들 사이에서보다 더 크며 에너지가 많다고 유추해 볼 수 있다.

물 분자 자체가 에너지를 갖지 않는 이유는 위의 설명으로 뒷받침되는데, 공유한 전자가 에너지를 갖지 못하기 때문이다. 전자가 에너지를 갖지 못하므로 생물체가 물을 분해하여 나온 전자를 생명현상에 에너지원으로 사용할 수 없는 이유이다. (식물을 포함한 광합성 생물에서는 물을 분해하여 방출된 전자에 빛에너지를 부가하여 에너지를 높여 당 합성을 위한 에너지원으로 이용할 수 있는 능력이 있다). 이에 비해 주로 C와 H로 구성된 분자들(예 지질, 탄수화물, 단백질 등)

은 그 C와 H 사이 공유한 전자들이 높은 에너지를 가지므로 이를 추출해 에너지원으로 사용된다(예 세포호흡).

탐구 I-1-2-1 물 분자는 왜 에너지 함량이 낮은가?

탐구 I-1-2-2 주위에서 물이 에너지를 갖는 상태의 예를 들어보자. 또한 물 분자가 에너지를 갖게 하려면 어떻게 해야 하나?

탐구 I-1-2-3 다음 분자들의 전기음성도 세기는 다음과 같다.

F(4.0) > O(3.5) > N(3.0) > C(2.5) > H(2.1)

전기음성도가 강할수록 어떤 특성이 있는가?

3) 생명은 물의 특성으로 유지

왜 물은 분자 자체가 에너지를 갖지 않음에도 생명현상 유지에 필요할까? 그 이유는 물 분자가 갖는 특성 때문이다. 물은 많은 물질을 용해하며, 화학반응을 진행하고 삼투압을 유발하는 등 생명현상에 필요하므로 이러한 물의 특성을 좀 더 상세하게 알아보도록 하자. 우선 물 분자는 극성(polar)이다. 극성이란 분자에서 원자들이 전자(또는 전하)의 이동으로 양(+)극과 음(-)극이 형성된 상태이다. 물에서 O는 전기음성도가 강하므로 H와 공유한 전자들을 자기 쪽으로 더욱 끌어가며, 이는 전자를 완전히 H로부터 빼앗은 것은 아니지만, 전자를 자기 쪽으로 끌어왔으므로 음전하를 띠게 된다(O의 핵에 있는 양성자 수보다 전자 수가 더 많아지므로). 이에 반해 H는 전자를 잃어버리는 상태가 되어 양전하를 띠게 된다(H는 전자가 없이 핵에 양성자만 남으므로). 즉 물 분자는 공유한 전자의 위치로 인해 O 쪽은 -(O^-), H 쪽은 +(H^+)를 띠게 되는 것이다. (실제로는 전자가 완전히 한쪽으로 이동한 경우가 아니므로 δ^+와 δ^-로 표기한다) 이러한 상태의 공유결합을 극성공유결합이라며 이러한 분자를 극성분자라 부른다. 이에 비해 CH_4는 C와 H 사이에 유사한 전기음성도로 인해 어느 한쪽으로 공유한 전자들이 강하게 치우치지 않으므로 원자들이 전하를 띠지도 않는다. 이러한 분자를 비극성(nonpolar) 공유결합 분자 또는 비극성분자라 부른다. (이러한 이유로 극성분자는 에너지 함량이 낮고, 비극성분자는 높음을 알 수 있다).

물 분자 사이에는 이러한 극성의 전하로 인해 서로 잡아당기게 되어 물 분자끼리 O^-와 H^+ 사이가 연결되게 되는데 이를 '수소결합(hydrogen bond)'이라 한다. (수소결합은 전기음성도가 큰 N, O를 갖는 분자들 사이에서 일어난다. 예를 들면 cellulose 가닥이나 DNA의 이중가닥은 가닥들 사이에 수소결합을 갖는다. 이러한 분자는 어떤 부위에서 수소결합을 갖는가?) 물 분자들이 수소결합으로 서로 연결되어 점성(viscosity)을 갖는 현상이 물의 응집력(cohesion)이다. 분자 사이에 수소결합은 끊어짐이 없이 물이 이동할 수 있게 만들어 뿌리를 통해 땅에서 흡수한 물이 지상부까지 이동할 수 있게 해준다. 강한 결합력은 갖지는 않으나 상온에서 액체 상태의 물은 물 분자들 사이에 이러한 결합이 끊어지고 이어지는 현상이 지속하는 형태이며, 낮은 온도에서는 결합이 지속 유지되는 고체의 얼음 형태가 된다. 높은 온도에서는 열에너지가 이러한 수소결합을 모두 끊어버리므로 물 분자들은 서로 떨어지게 되는 수증기의 기체가 된다. 즉 물은 환경에 따라 액체, 기체, 고체 상태로의 변환이 가능하다. 액체의 물은 많은 물질을 용해하는데, 이는 이러한 물질들이 역시 전하 또는 극성을 띠기 때문이다(생명에 필요한 대부분 물질은 전하를 띠거나 극성이다). 이들 물질은 전하로 인해 물 분자와 수소결합을 이루거나 물 분자에 의해 둘러싸일 수 있으며 물속에서 이들 분자 사이에 화학반응도 가능하다. 물 분자가 다른 전하를 띠거나 극성인 물질로 이루어진 표면에 부착하는 현상이 부착력(adhesion)이다.

수소결합은 결합력이 약하기는 하지만 많은 물 분자들 사이에 일어나므로 이를 끊기 위해서는 많은 에너지의 투입이 필요하기도 한데, 물이 쉽게 끓지 않는 것이 그 예이다(물은 100℃에서나 끓는다). 이러한 불 분자의 안정성 때문에 지구의 환경도 안정적으로 유지되고 있는데, 물 분자의 수소결합이 작은 에너지로도 쉽게 끊어진다면 지구의 모든 물은 쉽게 온도가 올라가 햇빛에 의해서도 끓어 넘치게 되고 생명체는 살지 못할 것이다.

탐구 I-1-3-1 물은 왜 극성분자인가?

탐구 I-1-3-2 다음 분자들의 극성 또는 비극성을 구분하고 그 이유를 설명해 보자.

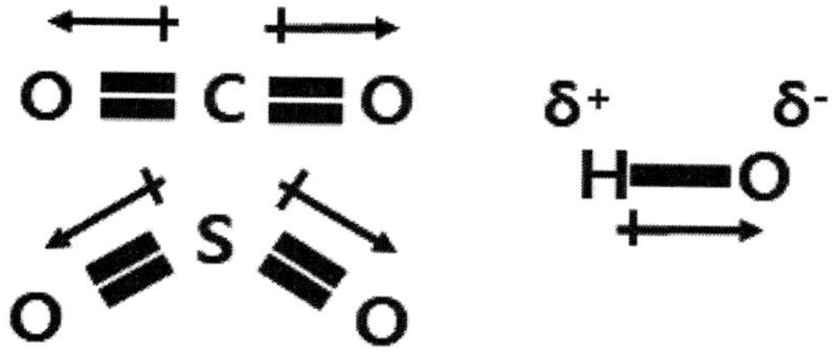

탐구 I-1-3-3 물 분자끼리 다음과 같이 수소결합을 이루는 이유를 말해보자.

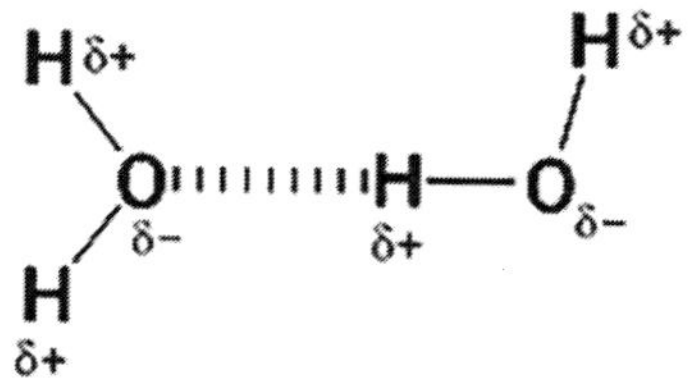

탐구 I-1-3-4 다음과 같은 수소결합은 왜 형성되는가?

탐구 I-1-3-5 물은 온도에 왜 안정적인가?

탐구 I-1-3-6 NaCl, $C_6H_{12}O_6$, CH_4의 물에서의 용해도를 설명해보자.

탐구 I-1-3-7 물 분자 외에서 수소결합의 예를 찾아보자.

탐구 I-1-3-8 생물분자 대부분이 세포질에 존재하며 물에 녹는 이유는 무엇인가?

탐구 I-1-3-9 물에 녹지 않는 생물분자는 무엇이 있으며 세포 내 어디에 존재하는가?

탐구 I-1-3-10 뿌리를 통해 흡수한 물이 물기둥을 만들어 끊어지지 않고 줄기와 잎으로 이동할 수 있는 이유를 수소결합 측면에서 설명해보자.

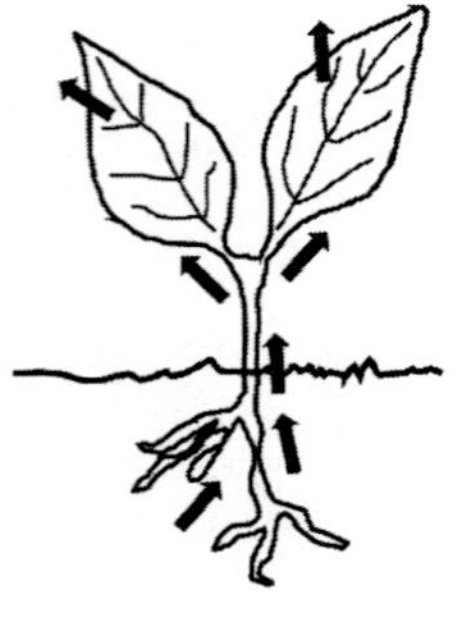

2
물과 세포

물의 이동은 물 농도, 용질 농도, 압력, 중력 등 다양한 요소에 의해 일어난다. 물의 이동은 한 가지 요소가 아닌 이러한 다양한 요소들의 복합적인 작용으로 일어난다. 물 이동에 영향을 주는 다양한 요소들은 공통으로 물의 수소결합으로 인한 응집성을 바탕으로 물의 이동에 영향을 준다.

1) 물 농도

물은 극성의 보편적 용매로서 다양한 유기물(단백질, 탄수화물, 핵산, 대사물 등) 및 무기물(N, P, K 등)의 용질을 함유하는 수용액으로 존재한다. 토양수에는 식물에 필요한 많은 무기물이 녹아 있어 뿌리를 통해 물과 함께 흡수하며, 식물세포는 합성된 다양한 대사물을 함유하기 때문에 순수한 물의 상태는 존재하지 않는다. 대개 식물세포는 주위 환경과 비교해보면 수용액에 함유된 물의 농도가 더 낮은데, 이는 흡수 축적된 무기물과 합성된 유기물을 함유하기 때문이다.

기체건 고체건 많은 물질이 농도가 높은 부위로부터 낮은 부위로 이동하려는 경향이 있는데, 이러한 농도 차이(기울기)에 따른 이동을 확산(diffusion)이라 한다. 냄새의 확산이나 물에 넣은 설탕이 고르게 퍼지는 현상이 흔한 예이다. 물도 이 같은 원리에 따라 농도(실제로는 용질에 대한 물의 비율)가 높은 부위로부터 낮은 부위로 저절로 이동한다. (농도 차이에 따른 이러한 확산이동을 에너지가 필요하지 않기 때문에 '수동수송'이라 한다.) 자연에 존재하는 다양한 지역과 식물체 다양한 부위에 존재하는 물에는 대개 용질이 어느 정도 다르게 녹아 있어서 이들 부위 사이에는 항상 수동적 물의 확산이동이 가능하다. 대개 식물세포는 주위 토양보다 용질이 더 많이 축적되어 있어서 물의 비율이 상대적으로 낮아 물은 쉽게 토양으로부터 식물세포로 이동하게 된다. 토양에 수분이 충분하지 못한 환경에서 식물은 세포가 더 많은 용질을 축적해 물의 비율을 더 낮추어 여전히 물의 농도기울기를 만들어 물이 흡수되게 하기도 하는 전략을 세우기도 한다. 식물체 내부 외 외부 환경을 막론하고 이러한 확산 원칙이 적용되는데, 토양 내 부위에 따라서 물(또는 무기물 용질)의 함량이 다르므로 물은 농도기울기에 따라 이동한다. 식물체 내 기관이나 세포에 따라서도 함유한 용질의 양이 다르므로 물의 이동이 가능하다. 세포 간의 물의 이동도 이러한 원칙에 따른다.

탐구 I-2-1-1 물의 확산에 의한 이동 원리를 설명하자.

2) 용질

한 수용액이 얼마나 용질을 함유하는지는 용질의 농도(mole)로 표시한다. 용질 농도가 높을수록 물의 상대적 비율은 낮아진다. 한 수용액에서 용질이 차지하는 정도를 용질 퍼텐셜(solute potential, Ψ_s)로 정의하는데 음(-)의 값으로 나타내는데, 수용액의 용질의 농도가 높을수록 더욱 음의 값을 가진다. 그러므로 대부분의 식물세포는 주위 토양환경보다 더욱 낮은 용질 퍼텐셜을 가지며, 용질 퍼텐셜은 물의 비율이 높을수록 더 높은 값을, 물의 비율이 낮을수록 더 낮은 값을 갖는다. 즉 물의 이동은 더 높은 용질 퍼텐셜 용액으로부터 더 낮은 용질 퍼텐셜의 용액으로 이동하게 될 것이다.

식물세포 내로의 물 이동에 고려할 것은 생체막(세포막)이 존재한다는 것인데, 막은 물은 통과시키나 용질은 자유롭게 통과시키지 않는 선택적인 투과성을 갖는다. 이는 생체막이 소수성의 인지질 이중층으로 구성되어 이온이나 극성 물질 통과를 제한하기 때문이며 이들 물질은 막에 존재하는 단백질 수송체나 통로를 통해 제한적으로 이루어진다. 물은 극성의 분자이지만 크기가 작아 인질 이중층을 쉽게 통과하거나 아쿠아포린(aquaporin) 단백질 통로를 통한 확산으로 이동한다.

'삼투(Osmosis)'란 막을 통한 물의 이동을 말하는데, 물은 쉽게 통과하나 용질은 제한하는 생체막에서 일어난다. 세포 내 또는 외로의 물의 이동은 생체막을 경계로 물 농도 또는 용질 농도 차이에 의해 일어나게 된다. 물은 세포 외부보다 세포 내부의 용질 농도가 높다면(용질 퍼텐셜이 음의 값이라면) 막을 통한 삼투로 세포 내로, 세포 밖의 용질 퍼텐셜이 더 음의 값이라면 세포 밖으로 이동할 것이다. 이때 막을 통해 물이 삼투하려는 경향(정도)을 삼투압(osmotic pressure)으로 표시한다. 즉 삼투압은 세포 내 용질이 더 높아 세포액이 더욱 음의 용질 퍼텐셜이 커질수록 더욱 커지게 된다.

비커에 담겨있는 어떤 농도의 수용액은 선택적 투과성의 생체막도 없으며, 세포가 아니므로 삼투가 일어나지 않고 압력도 존재하지 않아 삼투압으로 표시할 수 없다. 그러나 이 용액이 세포에 담겨있다면 어떤 정도의 삼투압을 유발할 것이 예측되므로 삼투 퍼텐셜로 나타내기도 한다. 삼투 퍼텐셜은 음의 삼투압 값이다.

(-) 삼투압 = 삼투 퍼텐셜

삼투압은 일반적으로 S = -mRT 또는 PV = mRT의 공식을 이용해 계산한다. 여기서 P(= S = π)는 삼투압, V는 부피, m은 용질의 M(molarity, mole/L), R은 기체상수 0.00831MPa, mol^{-1}K^{-1}), T는 절대온도(K) 273 + χ이다. 이렇게 구한 P값에 음의 부호를 붙이면 삼투 퍼텐셜이 된다. 예를 들면, 20℃에서 0.4M sucrose 용액의 삼투압과 삼투 퍼텐셜은 S = -(0.40)(0.0083(273+20)) = -0.974(삼투 퍼텐셜), 0.974(삼투압).

탐구 I-2-2-1 극성이나 전하를 띤 물질은 왜 생체막(예 세포막)을 확산 통과하지 못하나?

탐구 I-2-2-2 물이 어떻게 생체막을 통과할 수 있는지 설명해보자.

탐구 I-2-2-3 25℃에서 0.3M sucrose 용액의 삼투 퍼텐셜을 구해보자.

3) 압력

수도를 틀면 물이 나오는 현상, 주사기에 물을 넣고 누르면 물이 방출되거나, 물주머니에 물을 채운 후 구멍을 뚫고 손으로 누르면 구멍을 통해 물이 방출되는 현상은 물이 압력에 의해서도 이동될 수 있음을 알 수 있다. 압력이 미는 힘의 양(+)의 값이라면 장력은 당기는 힘으로 음(-)의 값으로 표시할 수 있는데(식물생리학에서는 식물체에 영향을 미치는 압력을 압력 퍼텐셜, Ψ_p로 표현한다), 물은 수소결합으로 인한 응집성이 있어서 어느 정도의 장력에도 견딜 수 있다. 실제로 식물체 물관에서는 지상부 잎에서 물이 증발하여 날아가면서 생기는 물의 장력으로 가는 물기둥이 끊어짐이 없이 뿌리로 흡수한 물을 끌어당기며, 토양에서도 식물의 뿌리로 물이 장력에 의해 당겨진다고 알려져 있다. 이로 미루어 보아 물의 이동은 압력이나 장력에 의해서도 영향을 받을 수 있음을 알 수 있다. 그러므로 물은 압력이 높은 곳으로부터 더 낮은 곳으로 이동하고 장력에 의해 끊임없이 이동함을 알 수 있다.

세포는 삼투로 물을 흡수하면서 세포 내 물의 농도가 증가하고 부피가 커지게 된다. 물 이동은 세포 내외의 물의 농도, 용질 퍼텐셜, 압력 등의 수준이 같을 때까지는 증가하게 된다. 동물 세포의 경우에는 세포 내 용질이나 물 농도 차이가 큰 경우(예를 들면 순수한 물에 세포를 담갔을 경우)에는 세포막이 터지는 수준까지 물이 흡수하나, 식물세포의 경우에는 세포막 외에도 바깥에 강한 세포벽이 존재하므로 세포가 팽대되긴 하지만 터지는 경우는 없다. 이때 흡수된 물은 부피가 증가하면서 막을 밖으로 밀어내는 팽압(tugor pressure)이 형성된다. 팽압은 어느 정도 증가하다가 양쪽에 압력 퍼텐셜 + 용질 퍼텐셜의 합의 수준이 동등하게 될 때까지 물이 흡수가 일어나며 증가하다가 멈추게 된다. 즉 팽압은 식물세포가 물을 흡수하면서 일어나는데 정상 조건에서 식물의 대부분 세포는 팽압을 유지함으로 세포질의 압력 퍼텐셜이나 용질 퍼텐셜이 세포 주위보다 더 낮음을 알 수 있다. 이러한 팽압 유지는 식물의 싱싱한 모습을 만드는 형태 유지에도 필요하다.

4) 기타 요인

자연에서 물은 지역의 고저 차이로 인한 중력에 따라 이동하기도 하는데, 시냇물이나 강물이 흐르는 모습을 볼 수 있다. 중력에 의한 물의 이동력을 중력 퍼텐셜(Ψ_g)로 표시하기도 한다. 그러나 식물체 및 환경에 있어서 중력은 거의 차이가 없이 모두 작용하므로 중력에 의한 물 이동은 대개 중요하다고 여겨지지 않는다.

물은 건조한 표면에 흡착할 수도 있는데, 건조한 토양에 물이 스며들거나 마른 종자가 물을 흡수하는 원리는 물이나 용질 농도, 압력과는 무관하게 일어나며, 단지 건조한 표면에 물이 부착하거나 스며드는 현상으로 물의 흡착력과 관련이 있다. (이를 matric potential, Ψ_m이라고 한다.) 그러므로 특수한 환경에서 식물과 관련된 물 이동에 매트릭 퍼텐셜이 적용될 수도 있다.

5) 수분 퍼텐셜(Water potential)

이상에서 물 이동에 관련된 주요 요소들에 대해 알아보았는데, 식물에서 이들 요소가 각각 단일적이 아니라 복합적으로 작용하여 물이 이동함을 알 수 있다. 즉 물의 이동 또는 작용을 한 가지 요소로서 설명하는 것보다는 복합적으로 포함하여 설명하고자 하는 용어가 수분 퍼텐셜(water potential, Ψ_W)이다. 즉 수분 퍼텐셜은 종합적으로 $\Psi_W = \Psi_p + \Psi_s + \Psi_m + \Psi_g$로 나타낼 수 있다.

여기서 보편적으로 적용되는 중력과 특수한 상황인 매트릭 퍼텐셜을 제외한 $\Psi_W = \Psi_p + \Psi_s$ 값을 일반적으로 사용한다.

수분 퍼텐셜을 사용하면 더욱 포괄적으로 편리하게 물의 이동이나 작용을 설명할 수 있다.

순수한 물은 화학적으로 가장 강력하다고 볼 때(이를 일에 적용할 수 있는 에너지인 '자유에너지'로 정량적으로 나타낼 수 있다), 순수한 물에 다양한 요소들(㉮ 용질, 장력 등)이 관여하면 그 값은 감소(즉 음의 값)하게 될 것이다. 그러므로 순수한 물은 수분 퍼텐셜이 가장 높으며 0으로 나타내고, 여러 가지 요소가 관련된 물은(자유에너지 감소로 인해) 그 이하인 음(-)의 값을 갖는다고 정의한다. 이 정의에 따르면 토양, 대기 식물세포의 수분 퍼텐셜은 대개 음의 값(0 이하)을 갖는다.

토양 내에서의 물의 이동, 뿌리로 흡수한 물의 식물 부위로의 이동, 식물로부터의 대기로의 증산작용은 모두 이 수분 퍼텐셜을 적용해서 설명할 수 있는데, 항상 수분 퍼텐셜이 높은 곳으로부터 낮은 곳으로 즉 수분 퍼텐셜 기울기에 따라 이동한다고 볼 수 있다.

식물세포 내에 (아직 물 흡수되지 않아) 압력이 없어 팽압 Ψ_p가 0이고 세포액의 용질이 녹아 있어서 용질 퍼텐셜이 음의 값이면(예를 들면 Ψ_W = -0.5), Ψ_W = 0 + (-0.5) = -0.5가 세포 내부의 수분 퍼텐셜이 된다. 이때 세포 밖 용액의 수분 퍼텐셜이 -0.2라면, 세포 밖 수분 퍼텐셜이 더 높아 물은 세포 내로 이동하게 되는데, 물 흡수로 세포 팽압이 증가하여 Ψ_p = 0.3이 되면, 세포액은 Ψ_W = 0.3 + (-0.5) = -0.2가 되어 세포 내외부의 수분 퍼텐셜이 같아지므로 물의 이동은 안 일어난다. 이같이 물은 용질이나 압력의 단일 요소 차이만으로 이동하는 것보다는 수분 퍼텐셜 차이로 이동한다고 설명할 수 있다. 참고로 줄기의 물관에서는 압력이 장력의 음(-)의 값을 가지므로 뿌리의 값보다 더 낮은 수분 퍼텐셜이 형성되어 수분 퍼텐셜 기울기에 따라 물은 뿌리에서 줄기로 이동하며, 잎에서는 잎에서의 수분 퍼텐셜이 대기보다 더 높으므로 물이 대기로 증산작용으로 방출된다. 이같이 식물생리학에서는 물의 이동이나 작용을 수분 퍼텐셜을 사용하여 설명한다.

탐구 I-2-5-1 고장액, 저장액, 등장액에서 식물세포의 물 흡수를 수분 퍼텐셜을 사용하여 설명해보자.

탐구 I-2-5-2 용질 농도는 수분 퍼텐셜에 어떤 영향을 주는지 설명해보자.

탐구 I-2-5-3 식물세포에서 압력은 수분 퍼텐셜에 어떤 영향을 주는지 설명해보자.

탐구 I-2-5-4 토양, 식물체 뿌리, 식물체 줄기, 식물체 잎, 대기에 이르는 물 이동 경로에 있어서 수분 퍼텐셜 기울기를 설명해보자.

탐구 I-2-5-5 식물에서 수분 퍼텐셜에 의해 유도되는 현상들을 예로 들어보자.

탐구 I-2-5-6 다음 그림에서 수분 퍼텐셜을 구하고 세포 형태 변화를 설명하자.

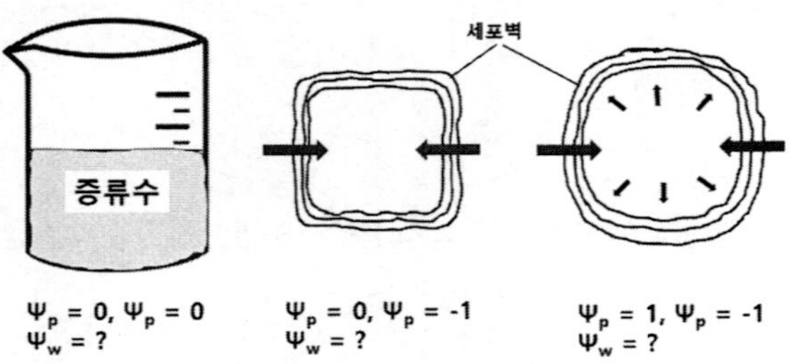

수분퍼텐셜, 삼투퍼텐셜, 압력퍼텐셜의 관계와
세포의 물 흡수 및 형태 변화

탐구 I-2-5-7 0, 0.05, 0.10, 0.15, 0.20, 0.25, 0.30, 0.35, 0.40, 0.45, 0.50M의 sucrose 용액을 만든 후 이를 이용해 감자 괴경 조직의 삼투압(또는 삼투 퍼텐셜)과 수분 퍼텐셜을 구하고자 한다. 실험계획, 절차, 예상되는 결과, 계산을 어떻게 할 것인가?(참고로 이 책 후반부 실험 및 프로젝트에서 이에 대한 실험이 있다. 다양한 sucrose 용액을 제조하여 각각 비커에 넣고 감자조직을 각 용액에 일정 시간 담근 후 무게를 재보면 sucrose 용액과 수분 퍼텐셜이 일치하는 감자조직은 감자 세포가 등장액으로서 무게 변화가 없을 것이다. 먼저 무게 변화가 없는 설탕 용액의 삼투압(또는 삼투 퍼텐셜)을 상기에서 서술한 삼투압 공식에 의해 구한다. 이때 이 용액의 수분 퍼텐셜은 팽압이 0이므로(세포가 아니므로 팽압이 존재하지 않는다), 수분 퍼텐셜 = 삼투 퍼텐셜 + 압력 퍼텐셜(0)로서 삼투 퍼텐셜과 같다. 감자 세포에서 물 이동은 세포 밖 용액의 수분 퍼텐셜 = 세포 내 용액의 수분 퍼텐셜 수준에서 멈추기 때문에, 무게 변화가 없는 용액의 수분 퍼텐셜은 세포 내 용액의 수분 퍼텐셜과 동등하다.)

3

식물의 물 흡수와 이동

1) 토양으로부터 식물로의 물 이동

토양에서 뿌리를 향한 물의 이동은 수분 퍼텐셜 기울기에 따라 이동하는데, 여기서 압력(장력)은 수분 퍼텐셜의 가장 큰 요소다. 대개 뿌리 세포 내 수분 퍼텐셜은 용질의 축적 및 식물 지상부에서의 증산작용으로 인해 장력이 존재하므로 토양보다 더 낮은 편이므로 물은 수분 퍼텐셜 기울기에 따라 뿌리 세포 내로 이동한다. 토양에 충분한 물이 존재하면 이런 물의 흐름 방향은 변하지 않지만, 토양이 매우 건조하여 수분 퍼텐셜이 식물세포보다 더 낮아진다면 식물로의 물 이동은 멈추고 오히려 물이 토양 쪽으로 빠져나가려는 경향이 있다. (식물은 이러한 물의 역방향 흐름을 제한하기 위한 뿌리에 존재하는 내막이라는 구조를 갖는다.)

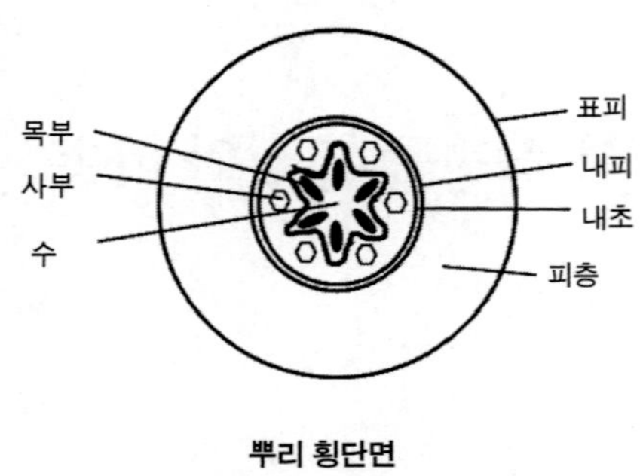

뿌리 횡단면

2) 뿌리로 흡수한 물의 식물 내 이동

뿌리로 흡수한 물은 수분 퍼테셜 기울기에 따라 식물 내 여러 부위로 이동하는데 용질 퍼텐셜과 압력 퍼텐셜 모두가 관여한다. 뿌리 내에서 물은 세포 내로 들어와 세포 사이에 원형질연락사를 통해 이동할 수 있는데, 이를 '원형질체(symplast) 이동'이라 한다. 이런 이동은 처음 뿌리 세포막을 물이 직접 세포막 인지질 이중층을 통과하거나 아쿠아포린 단백질 통로를 통한 확산을 통해 들어오면서 시작된다. 이 밖에도 물은 내막(endodermis)에 이르기까지 세포 사이 공간과 세포벽을 타고 이동할 수 있는데, 이를 '세포 밖(apoplast) 이동'이라 한다. 내막에서 세포 밖으로 이동하여 온 물은 다시 세포막을 통해 내막 세포 내로 들어와 내막을 통과한다. 내막을 통과한 물은 세포질 및 세포 밖 경로를 통해 물관 세포로 향한다. 낮에는 잎을 통한 증산작용으로 인해 발생하는 물관 내 물기둥의 장력(음의 압력 퍼텐셜)이 물을 상부로 이동시키는데 중요한 요소가 되고, 밤에는 뿌리 물관 세포 내에 축적된 용질(무기물)로 인해 발생한 수분 퍼텐셜 저하로 토양으로부터 들어오는 물의 압력이 상부로 물을 올리는 중요한 요소가 된다(이를 '뿌리압'이라고 한다). 새벽에 주로 초본류 잎 가장자리에 맺힌 이슬의 물방울은 뿌리압의 결과이다.

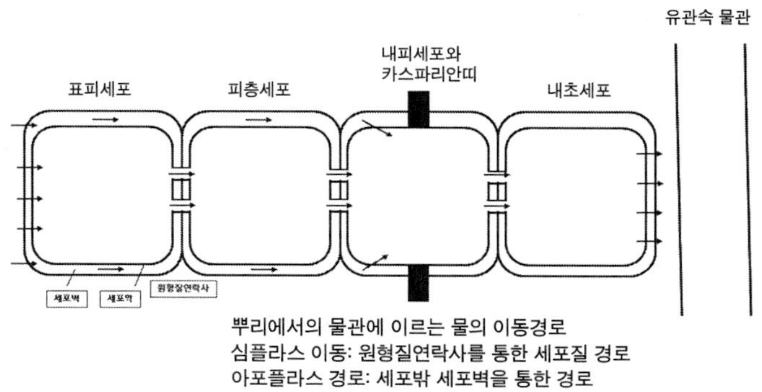

뿌리에서의 물관에 이르는 물의 이동경로
심플라스 이동: 원형질연락사를 통한 세포질 경로
아포플라스 경로: 세포밖 세포벽을 통한 경로

탐구 I-3-2-1 초본류를 포함하는 주로 작은 식물에서는 줄기를 자르면 자른 면에 물방울이 솟아 나옴을 볼 수 있다. 이러한 물의 흡수 및 이동 경로를 설명해보자.

탐구 I-3-2-2 초본류를 포함하는 주로 작은 식물에서는 줄기를 자르면 자른 면에 물방울이 솟아 나오는 현상은 뿌리의 물관에서 발생한 뿌리압으로 물이 상승하여 나타나는 현상이다. 물관에서는 어떻게 뿌리압이 형성되는가? 삼투압을 사용하여 설명해보자.

탐구 I-3-2-3 초본류를 포함하는 주로 작은 식물에서 발생하는 뿌리압을 측정하려 한다. 다음과 같은 재료와 기구가 준비된다면 어떻게 실험을 고안하고 실행할 것인가?
준비물: 화분에 심은 식물들(예 토마토, 해바라기 등), 눈금이 있는 모세관, 자른 줄기에 들어맞는 고무관, 0.1% 메틸렌블루 용액, 30% NaCl 용액(참고로 용액의 이동 거리를 압력으로 환산하여 뿌리압을 계산할 수 있다.)

1기압(atm) = 1.013bars = 0.101MPa = 1029.5㎝ = 760㎜
즉 1㎝ = 0.101/1029.5MPa = 1 × 10^{-4}MPa, 1㎜ = 1 × 10^{-5}MPa

3) 식물 내 기관 및 부위로의 물 이동

식물세포 사이에 물 이동은 수분 퍼텐셜 기울기에 따라 이동하며 이때 압력과 용질 퍼텐셜 모두 관여한다. 광합성 양분, 저장 양분, 기타 대사물 저장으로 세포 사이에 수분 퍼텐셜 기울기가 형성되어 물이 각지로 이동하게 된다. 이러한 물과 함께 용해된 대사산물과 무기물도 함께 이동하므로 물은 물질 수송에 중요한 수단이다. 광합성 산물은 물과 함께 하부인 뿌리로 이동하여 이용되거나 저장되기도 한다. 그러므로 물에 이동 방향이나 목적지는 수분 퍼텐셜 기울기에 의해 결정된다고 볼 수 있다.

탐구 I-3-3-1 식물 내에서 물이 이동하는 원리는 무엇인가? 물의 이동은 왜 양분의 이동을 수반하는가?

4) 식물로부터 대기로의 물 이동

잎을 구성하는 대부분 세포(엽육세포 또는 잎살세포)의 물은 수분 퍼텐셜 차이로 인해 더욱 낮은 수분 퍼텐셜의 잎 내부 공간으로 방출되는데, 이때 물은 수증기의 기체가 된다. 이후 식물 밖 대기 환경은 대개 수분 퍼텐셜이 낮아서 수증기는 잎 내부 공간으로부터 기공을 통해 대기로 나간다. 이러한 현상을 '증산작용(transpiration)'이라고 한다. 이때는 수분 퍼텐셜 외에 온도에 의한 물의 증발력(기체화)도 증산작용에 관여한다. (물은 온도가 높아질수록 물 분자 사이에 수소결합이 끊어져 기체화되어 날아가려는 경향이 있다.) 물이 잎 세포 표면으로부터 증발하면, 물의 응집성으로 인한 (표면) 장력이 잎 세포 표면으로 내부로부터 물이 새어 나오게 하며 물관의 물은 이어서 잎 세포로 보충된다. 이러한 당김의 장력은 물관 내 물기둥 상승을 유도하고 토양으로부터 뿌리 물관으로 물이 연속적으로 흡수되게 한다.

탐구 I-3-4-1 증산작용은 어떻게 뿌리를 통한 물 흡수에 영향을 주는가?

탐구 I-3-4-2 높이가 100m나 되는 나무의 꼭대기까지 물이 올라갈 수 있는 이유는?

탐구 I-3-4-3 대기 온도가 낮고 비가 오는 날에도 증산작용이 일어날까? (힌트: 온도는 물의 상태 전환에 영향을 준다. 온도에 따라 물은 증기압이 변한다. 온도가 높으면 물의 증기압도 증가한다. 즉 습도보다도 증기압이 크면 물은 기체화한다.)

탐구 I-3-4-4 잎에서 물의 증산은 직접 측정도 가능하며, 증산 양 및 증산작용으로 인한 물(기둥)의 장력 형성도 관찰할 수 있다. 잎에서 증산작용이 일어남을 어떻게 측정할 것인지 실험 프로젝트를 세워보자.

① 잎에서 증산작용이 일어난다면, 수분 배출을 탐지할 수 있을 것이다. 수분에 의해 색깔이 변하는 도구나 장치가 있다면 부착하여 탐지할 수 있을 것이다. (전형적으로 초중등학교에서 이를 이용한 증산작용 관찰 실험을 수행한다. 5% 코발트 클로라이드 ($CoCl_2 \cdot 6H_2O$) 용액은 건조하면 청색을 띠나 수분과 접촉하면 분홍색으로 변한다. 식물의 증산작용은 기공을 통해 일어나는데, 쌍떡잎의 대부분 식물은 잎 아랫면에 기공이 존재한다. 잎이 좁고 긴 외떡잎식물은 윗면과 아랫면 모두에 기공이 존재한다. 색깔의 변화는 증산작용이 일어남을 보여주며, 어떤 면에서 어떤 조건에서 증산작용이 일어나는지도 알 수 있다. 이와 같은 원리를 이용한 실험계획을 수립해보자. 화분에 심겨 있는 식물, 투명테이프, 클립, 여과지, 선풍기, 전등, 건조기 등을 이용해보자.)

② 잎에서 물이 증산하면 줄기를 통해 연속된 물기둥은 뿌리로부터 장력이 발생해 물을 흡수한다. 왜 장력이 발생하는가?

이러한 원리를 이용해 증산이 일어남을 관찰하기 위한 실험 계획을 수립해보자. (이 책 후반부에 장력을 이용한 실험 프로젝트가 있다. 증산량을 측정하고 장력도 계산할 수 있다.)

탐구 I-3-4-5 빛과 바람은 증산작용에 어떤 영향을 미치는지 수분 퍼텐셜을 사용하여 설명해보자.

탐구 I-3-4-6 식물은 물이 부족한 환경에 어떻게 반응하고 대처하는지 수분 퍼텐셜 측면에서 설명해보자.

탐구 I-3-4-7 변화하는 지구환경에 있어서, 가뭄 내성 식물을 개발하기 위해 수분 퍼텐셜 측면에서 식물의 어떤 특성을 변화시킬 수 있는지 아이디어를 제시해보자.

참고문헌

Peng, J., Guo, J., and Jiang, Y. (2019) Probing surface water at submolecular level with scanning probe microscopy. Scientia Sinica Chimica, 49(3), 536-555.

Sapkota, A. (2022) Water- Definition, Structure, Characteristics, Properties, Functions.
https://thebiologynotes.com/wate

How does dissolving table salt in water affect the volume of the mixture?
https://www.quora.com/How-does-dissolving-table-salt-in-water-affect-the-volume-of-the-mixtur

Properties of water.
https://en.wikipedia.org/wiki/Properties_of_water

Structure of water and properties.
https://alevelbiology.co.uk/notes/water-structure-properties/

Ⅱ

광합성

1

광합성 개요

광합성은 식물, 조류, 광합성 세균을 포함하는 독립(자영)영양생물이 빛에너지를 이용해 필요한 유기 영양분을 스스로 합성해 사용하는 과정이다. 빛을 에너지로 사용하는 생물을 '광독립영양생물(photoautotroph)'이라 한다. 광합성을 통해서 유기 영양분 외에도 세포 활동이나 대사에 필요한 유용한 에너지 함유 분자(예 ATP와 NADPH)를 생산하기도 한다.

광합성이 일어나기 위해서는 빛, 물, 이산화탄소와 같은 외적 요소와 엽록체, 색소(엽록소와 카로티노이드 등), 생체막(식물에서는 틸라코이드 막, 광합성 세균에서는 세포막), 단백질(효소 및 전자 전달체 등), 무기이온(예 Mg^{2+}) 등의 내적 요소가 필요하다.

광합성 반응은 다음과 같이 간략하게 요약할 수 있다.

이산화탄소 + 물 + 빛 → 당(포도당) + 산소

그러나 화학적 및 물리적으로 $6CO_2$ **+** $6H_2O$ **+ 빛** → $C_6H_{12}O_6$ **+**

$6O_2$로 표기되는 복잡한 반응이다. 여기서 빛이 필요한 이유는 뭘까? 이 반응이 에너지를 요구하는 반응이기 때문이다. 에너지가 필요한 이유는 에너지가 낮은 분자인 CO_2와 H_2O가 반응하여 에너지가 높은 포도당($C_6H_{12}O_6$) 분자를 형성하기 때문인데, 반응물보다 생성물이 에너지가 높기 때문인데 이는 외부에서 에너지가 투입되어야 함을 보여준다. 빛에너지는 지구에 매우 풍부하므로 광합성 생물이 진화하게 되었지만, 어떤 생물에서는 이러한 반응을 진행하기 위해 빛 대신 무기분자의 화학결합(예 NH_3, H_2 H_2S 등)을 사용하기도 한다. 이러한 생물을 '화학독립영양생물(chemoautotroph)'이라고 한다.

탐구 II-1-1 광합성 반응물(이산화탄소와 물) 및 생성물(당과 산소)의 에너지 상태를 설명해보자.

탐구 II-1-2 광합성에서 빛에너지가 필요한 이유는 무엇인가? 빛이 없이 이산화탄소와 물을 재료로 당을 합성할 수 있을까? 인공 합성장치를 고안해보자.

탐구 II-1-3 광독립영양생물과 화학독립영양생물의 당 합성에 있어서 공통점은 무엇인가?

탐구 II-1-4 비광합성의 독립영양생물은 어떻게 양분을 합성할까?

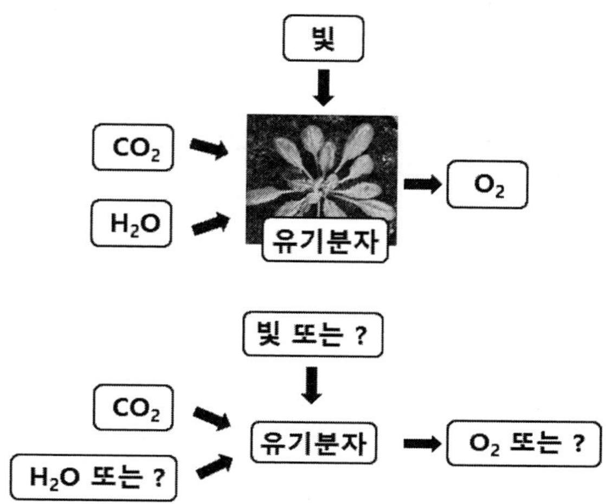

빛 대신 다른 에너지원, 물 대신 다른 재료로
유기분자를 합성할 수 있는가?

2

광합성 반응물의 기능

물은 왜 필요한가? 우선 물은 지구환경에 매우 풍부하여 생물이 얻기 쉽다. 물 분자는 $H_2O \rightarrow 2H^+ + \frac{1}{2}O_2 + 2e^-$로 분해되어 수소, 전자, 산소를 생산하는데, 이들 모두 생물에 필요한 분자이다. 수소는 CO_2에 부가되어 유기분자(당) 합성에 사용됨은 물론 식물이 다목적으로 사용하는 ATP 분자 형성 및 막을 통한 물질 수송에 사용된다. 산소는 대부분의 지구 생물이 수행하는 유기물을 분해하여 에너지를 방출하는 세포호흡에 사용된다. 전자(e^-)는 CO_2에 H^+가 부가될 때 함께 부가되어 결합에 사용된다. 전자는 존재하는 분자에 따라 에너지가 높아지기도 낮아지기도 하는데, 물은 전자의 에너지가 낮지만, 당과 같은 유기물에서는 에너지가 높아질 수 있는데 분자 내에서 결합에 참여하는 원자(예 C 또는 O)가 무엇인가에 따라 다르다.

탐구 II-2-1 분자를 구성하는 전자의 에너지는 어떻게 높아지고 낮아질 수 있을까? 물 분자는 왜 에너지가 낮은가? 포도당은 왜 에너지가 높은가? 전자를 중심으로 설명해보자.

CO_2 역시 지구 대기에 풍부하게 존재하여 많은 생물이 세포호흡을 통해 끊임없이 방출하므로 광합성 생물이 쉽게 구해 유기물 합성에 사용된다. 함유하는 C는 산소와 결합하여 분자 자체가 에너지를 가진 상태는 아니나 다양한 물질들과 결합할 수 있으며, 특히 H와 결합하게 되면 공유결합하는 전자에 높은 에너지를 저장할 수 있다. 대개 CO_2는 식물에서는 기공을 통해 대기로 흡수하여 유기물 합성에 사용된다.

탐구 II-2-2 왜 CO_2 분자는 에너지가 적고 CH_4 분자는 에너지가 많은지 다음 그림을 보고 설명해보자. 특히 포도당($C_6H_{12}O_6$)은 왜 에너지를 많이 함유하는가?

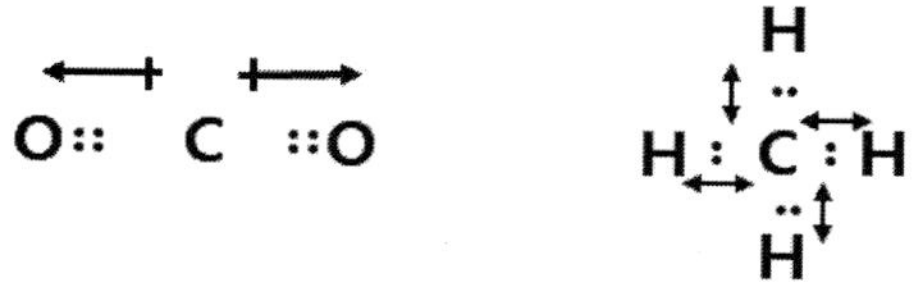

분자에서 원자들 사이에 결합 시 공유 전자의 위치는 중요하다.
전기음성도가 유사할 경우 전자의 에너지는 높고, 한 원자의 전기음성도가 다른 원자보다 더 클 경우 전자는 그 원자 쪽으로 치우쳐 에너지가 낮다.

3

빛에너지의 흡수

빛에너지는 직접 식물이 이용할 수 없는 형태의 에너지다. 먼저 식물이 이용할 수 있는 형태의 에너지(예 화학에너지)로 전환해야 하므로 빛을 흡수하여 유용한 에너지 형태로 전환할 수 있는 기구가 필요하다. 식물의 엽록체는 빛을 흡수하는 색소체를 내부 막(틸라코이드 막)에 함유하며 여기에서 흡수된 빛을 유용한 화학에너지 분자(예 ATP와 NADPH)로 전환하여 엽록체 기질(stroma) 내에서 당 합성에 사용한다. 그러므로 이 모든 과정은 엽록체 내 막과 기질의 여러 부위에서 일어난다. 엽록체가 없는 원핵생물의 경우 세포막에서 빛에너지를 흡수하여 전환하고 세포질에서 당을 합성하기도 한다.

엽록소와 카로티노이드는 소수성 물질로서 엽록체 내 틸라코이드 막에 존재하며 빛을 흡수하는 색소이다. 광합성 능력의 생물종 및 빛이 떨어지는 환경에 따라 빛을 흡수하는 색소에 차이가 있다. 엽록소는 가시광선 중 짧은 파장의 보라색과 긴 파장의 적색을 주로 흡수하며 카로티노이드는 청색 파장을 주로 흡수하므로 햇빛에 들어 있는 모든 파장의 빛이 식물 색소에 흡수되는 것은 아니다. 즉 식물이 광합성에 이용하는 빛은 주로 보라색, 청색 및 적색이다. 빛을 흡수한 색소는 에너지 상태(지위)가 높아진다. 빛 자체가 에너지를 갖기 때문이다.

탐구 II-3-1 엽록소와 카로티노이드는 어떤 색깔(파장)의 빛을 주로 흡수하며 이러한 빛의 에너지 세기를 비교해보자.

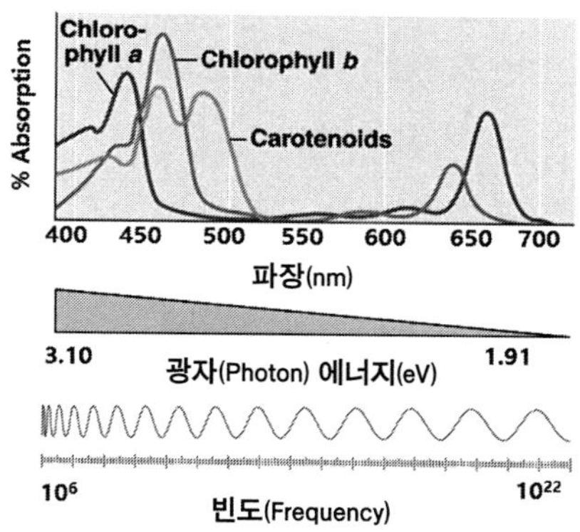

색소 분자는 그 구성 전자에 빛에너지를 흡수되며, 이렇게 되면 그 전자는 에너지가 높아지게 된다. 이를 여기 또는 흥분 상태(excited state)라 한다. 이는 원자 구조에 있어서 각에 존재하는 전자들이 에너지가 높아져 더 높은 에너지 수준의 각(이를 기저 상태, ground state라 한다)으로 이동하는 원리와 같다. 흥분된 전자는 다시 본래의 위치로 돌아가며 받았던 에너지를 방출하게 된다. 틸라코이드 막에는 많은 엽록소가 집단으로 모여있어서 (이러한 색소 집단을 색소 안테나라고 부른다), 한 색소의 전자가 빛에너지를 받아 흥분 상태가 되었다가 기저 상태로 돌아가면서 방출된 에너지는 이웃하는 색소 분자에 전달되며 이런 과정이 색소 집단 중앙에 있는 색소까지 연속해서 일어난다. (숯불에 달구는 쇠꼬챙이가 점차 다른 끝까지 뜨겁게 되는 현상과 유사하다.) 에너지가 집중되면서 받는 중앙의 색소 분자는 그 전자가 흥분되면 그 전자를 궤도 밖으로 방출하려는 경향이 커지게 되는데, 특히 전자를 받으려는 경향(다른 분자로부터 전자를 받는 능력 즉 산화력이 큰 능력)이 큰 분자(물질)가 이웃해 있게 되면 이 물질에 전자를 쉽게 전달하게 된다. 전자를 잃는 엽록소는 산화하며, 이 전자를 받는 분자는 환원된다. 그러므로 빛을 받아 그 에너지가 전달되어 흥분된 중앙에 존재하는 엽록소는 전자를 이웃한 분자(이를 1차 전자수용체라고 한다)에 쉽게 잃게 된다. 이렇게 방출되는 전자는 매우 에너지가 높은 전자이다. 즉 색소가 빛에너지를 받으면 전자를 다른 분자로 주는 산화환원반응이 나타나게 되는 것이다.

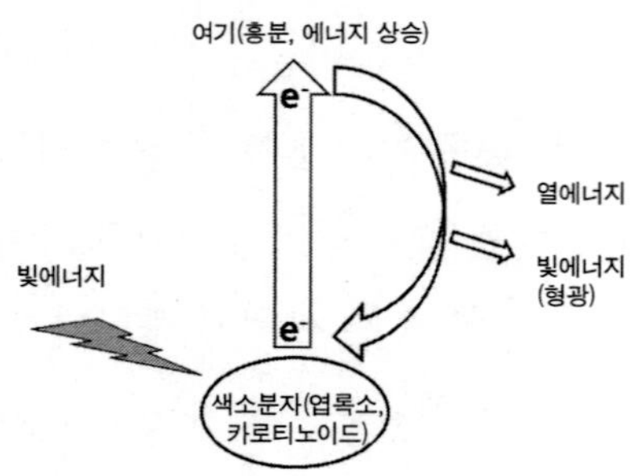

빛을 흡수한 색소 분자는 전자의 에너지가 높아지며 여기(흥분) 상태가 된다. 흡수된 빛에너지는 열과 빛에너지로 다시 방출되거나 화학반응(광합성 등)에 사용된다.

틸라코이드 막에 존재하는 1차 수용체가 흥분된 엽록소로부터 에너지가 높은 전자를 받게 되고, 이보다 더 높은 산화력(즉 전자를 뺏어가는 능력이 더 큰)의 분자가 이웃해 있으면, 전자는 다시 더 큰 산화력 분자로 이동하게 되며 이런 일이 여러 번에 거쳐 반복되며 전자는 이동하게 된다. 이 같은 전자전달 분자들 사이에 전자 이동을 '전자전달계'라 한다. 그런데 에너지 전달에 있어서는 항상 100% 완전한 에너지 전달은 존재하지 않으므로 전자가 전달할 때마다 전자의 에너지는 좀 더 감소하고 방출하게 된다. (이는 점차 힘이 센 사람들을 차례대로 세워 놓고 공을 선임자로부터 차례대로 빼앗는 과정과 유사하다. 공은 더욱 힘이 센 사람이 가질수록 더욱 붙잡혀서 빼앗기 힘들어지는데, 이렇게 강하게 붙잡힘은 결합에너지가 커짐, 즉 에너지가 감소함과 유사하다.)

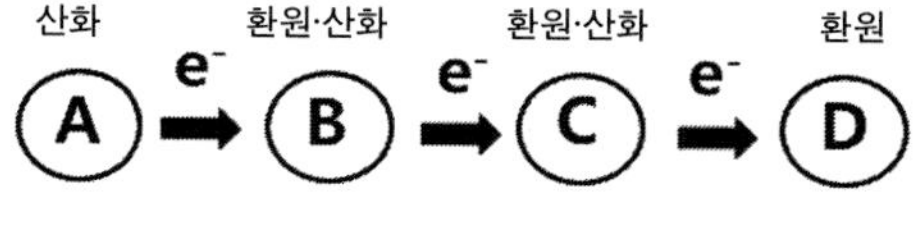

전자전달사슬의 원리: 전자 친화력이 더 강한 분자에게 전자를 빼앗기는 과정이 반복된다. 광합성과 호흡에서의 전자전달사슬이 작동되는 원리이다.

전자가 이동되면서 잃는 일부 에너지는 H^+ 이동에 사용된다. H^+는 확산으로 틸라코이드 막을 통과할 수 없지만 이러한 에너지를 이용해 수용체 사이에서 막을 통과할 수 있다. 실제로는 전자가 전자수용체에 결합할 때는 H^+와 함께 결합하고, 전자가 다음 전자수용체로 전달할 때는 H^+를 잃는데, 전자를 받는 부위와 전자를 잃는 부위가 막의 서로 반대쪽(기질 면과 틸라코이드 내면)에서 일어나기 때문에 결과적으로 H^+는 기질로부터 틸라코이드 내면으로 틸라코이드 막을 통과한다. 이러한 H^+이동은 빛을 엽록체에 쪼이면, 틸라코이드 내부에 pH가 감소함을 관찰하여 확인할 수 있다.

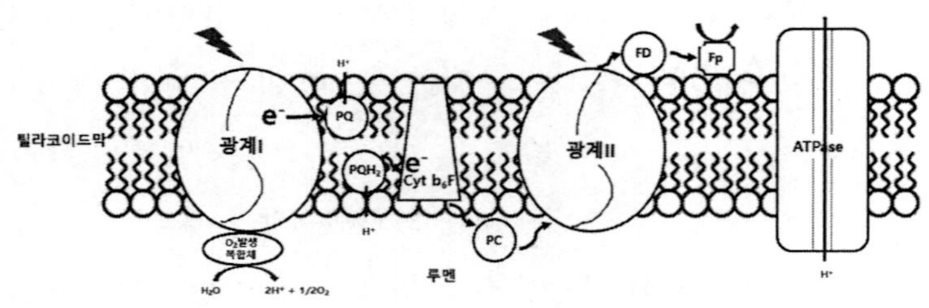

안테나가 빛을 흡수하여 색소분자 사이에 연쇄적으로 에너지 전달이 일어나 궁극적으로 중앙의 엽록소가 전자를 잃게 되면, 그 엽록소는 전자 하나가 비워지게 된다. 이렇게 되면 이 엽록소는 잃어버린 전자를 보충하려는 힘 즉 다른 분자로부터 전자를 끓어 오려는 힘(이런 힘이 산화력이며 자신은 전자를 받으면 환원된다)이 작용하게 되는데 이때 틸라코이드 막 내면에서 물이 분해되는 원동력이 된다. 물의 분해는 단백질의 아미노산 잔기와 Mg^{2+}을 포함하는 물분해복합체(또는 산소발생복합체 oxygen-evolving complex라 한다)가 관여하는 복잡한 반응으로 이 체계는 중앙 엽록소 분자 근처에 존재한다. 물이 분해되면 H^+, 전자 및 산소가 방출되며 이때 전자는 엽록소로 이동하여 빈자리를 채우고 되고 다시 빛을 받아 전자전달계가 작동되게 되는 일이 반복된다. 광합성으로 방출되는 산소 분자는 이렇게 물 분자가 분해되면서 형성되는 것이다. 이렇게 물이 분해되어 엽록소에 전자를 연속적으로 공급하고 산소를 생성하는 체계를 제2광계(photosystem 2)라고 한다.

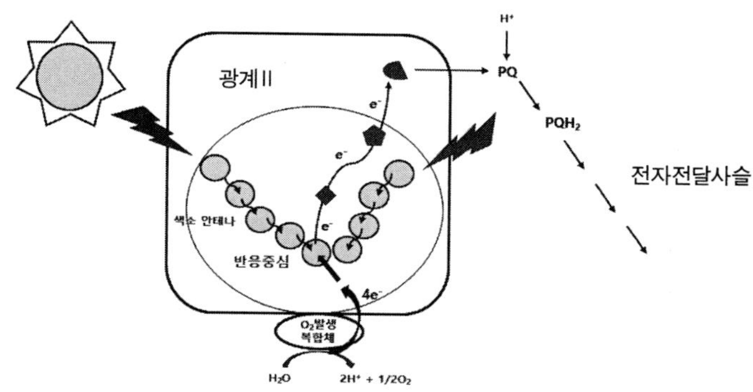

광계II 반응중심에서는 색소들(엽록소, 카로티노이드)과 광수확체(LHC)가 흡수한 빛에너지가 집중적으로 모여 중심 색소(Chl a)를 여기 시켜 전자가 방출하며 이 전자가 전자전달사슬로 이동한다. 엽록소의 전자가 방출한 빈 자리는 물이 분해되어 방출된 전자로 채워진다.

틸라코이드 막에는 제2광계 외에도 제1광계(photosystem 1)가 존재하며 여기에서도 많은 엽록소 분자가 모여서 빛을 받아 중앙의 엽록소 분자에 빛에너지를 전달하고 흥분된 전자는 방출하는 일이 일어난다. 그러나 제1광계는 제2광계와 구성에 있어서 차이가 있으며 그 기능도 다르다. 제1광계에서는 물이 분해되지 않으며 방출되는 에너지가 많은 전자는 짧은 전자전달 경로를 통해 H^+와 함께 주로 $NADP^+$ 분자로 흡수되어 NADPH가 형성된다. 즉 NADPH 형성에는 긴 전자전달계도 거치지 않고 H^+도 통과에도 에너지를 사용하지 않기 때문에 여전히 높은 에너지의 전자를 흡수하여 갖게 된다. 그러므로 NADPH는 에너지가 높은 전자 운반자로서 다른 분자에 전자를 제공하려는 경향(환원력)이 크며, 광합성에서는 전자를 CO_2에 제공하여 고에너지의 당 합성에 사용된다.

제2광계로부터 방출된 전자는 틸라코이드 막에 걸쳐있는 전자전달계를 따라 전자전달체들 사이에서 연속적으로 이동하며 H^+를 통과시키고 에너지를 잃게 되는데, 이렇게 에너지를 많이 잃어버린 전자는 결국 이웃해 있는 제1광계의 반응중심 엽록소로 이동해 여기서 전자가 방출되어 빈자리를 채우게 된다. 제1광계에서는 빛을 받아 중심의 엽록소 분자에서 전자가 방출되어 빈자리가 생기면 제2광계에서와 같이 다른 분자로부터 전자를 끄는 힘이 강해지나 이때 물 분해체계는 존재하지 않아 물이 분해되지는 않으며, 제2광계와 전자전달계를 거쳐 온 전자가 제1광계 중심의 엽록소 분자의 빈자리를 채우게 되고 다시 빛을 받아 방출되어 궁극적으로 $NADP^+$로 이동하게 되는 것이다. 즉 광합성에서 형성된 NADPH의 일부 전자는 물에서 온 것이라 볼 수 있으며, 빛에너지의 일부가 이 분자에 전자의 형태로 저장되어 있게 되는 것이다.

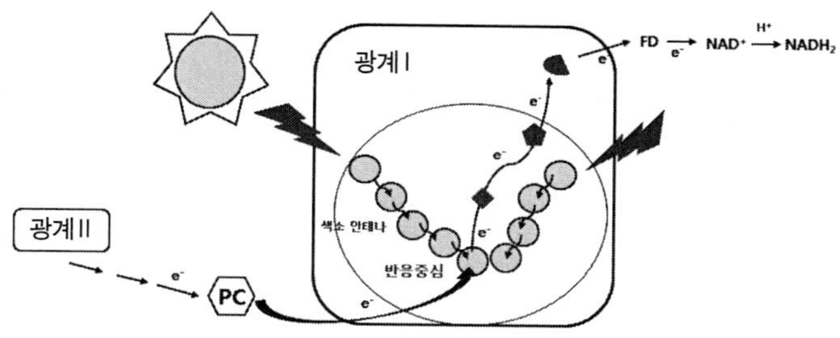

광계II 반응중심에서는 색소들(엽록소, 카로티노이드)과 광수확체(LHC)가 흡수한 빛에너지가 집중적으로 모여 중심 색소(Chl a)를 여기 시켜 전자가 방출하며 이 전자가 전자전달사슬로 이동한다. 엽록소의 전자가 방출한 빈 자리는 물이 분해되어 방출된 전자로 채워진다.

카로티노이드 색소는 틸라코이드 막에 존재하며 빛에너지를 흡수해 안테나에 있는 엽록소 분자들에 빛에너지를 모아주는 역할을 하는데, 이 밖에 강한 빛 조건에서 과다한 빛에너지가 흡수될 때 흡수한 빛에너지를 발산시키고 형성된 독성의 활성산소 화합물을 제거해 엽록체를 보호해주는 역할을 하기도 한다.

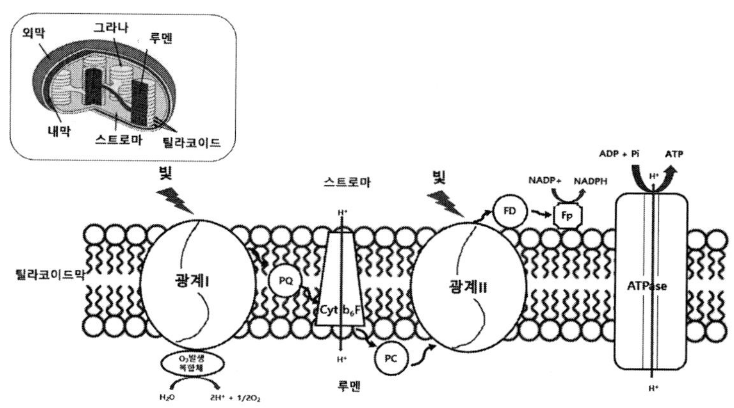

탐구 II-3-2: 물~$NADP^+$에 이르는 전자의 이동 경로를 순서대로 나열해보자.

탐구 II-3-3 물~$NADP^+$에 이르는 전자 이동 경로에서 전자 방출력(환원력)이 가장 큰 곳은 언제 어디인가?

탐구 II-3-4 물~$NADP^+$에 이르는 전자 이동 경로에서 전자 탈취력(산화력)이 가장 큰 곳은 언제 어디인가?

탐구 II-3-5 광계를 통해 $NADP^+$가 얻는 전자는 어디에서 유래한 것인가?

4

빛에너지의 화학에너지로의 전환

빛은 직접 식물이 이용할 수 없는 형태의 에너지이므로 다른 형태(예 화학에너지)로 전환해야 한다. 생물이 대부분의 세포 활동에 사용하는 화학에너지 형태는 ATP인데, ATP는 생물체 내에서 쉽게 합성할 수 있는 에너지가 풍부한 분자로서 광합성에서는 빛에너지를, 세포호흡에서는 탄수화물, 단백질, 지방이 함유한 에너지를 꺼내 저장한다. 세포 내에서 ATP는 쉽게 분해되어 저장된 에너지의 방출과 대사, 운동, 신호전달, 유전자 발현 등 광범위한 세포 활동에 사용된다. (ATP는 분자 내 공유결합 전자에 에너지를 저장하는 형태가 아니다!)

탐구 II-4-1 ATP 분자의 구조를 알아보고 어떻게 에너지가 저장되고 방출될 수 있는지 설명해보자.

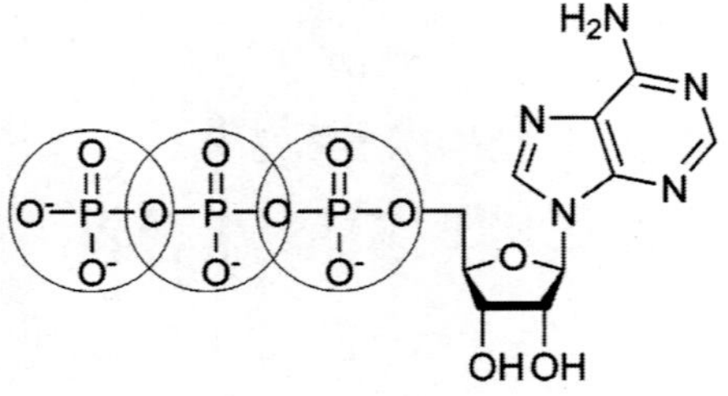

에너지를 많이 함유하지만 생물이 이용하기 용이한 ATP의 구조: 음전하를 띤 3개의 인산기에 에너지를 저장한다.

그러면 광합성 과정 중에 ATP는 어떻게 형성 또는 빛에너지는 어떻게 ATP 분자에 저장되는가? '에너지는 일을 할 수 있는 능력'이라고 정의되는데, 이런 개념을 적용하여 설명할 수 있다. 전자전달계에서는 전자전달체 사이에 전자의 이동이 전자를 잡아당기는 힘의 차이가 존재해야 일어난다. 즉 전자를 잡아당기는 분자는 그보다 당기는 힘이 약한 분자로부터 전자를 빼앗아 올 수 있다. 틸라코이드 막의 광계1과 광계2 사이에서 존재하는 전자전달체들은 전자를 당기는 힘이 점점 더 강해지는 순서로 배열되어 있어서 한 번 전자가 첫 번째 전자전달체에 투입되면 전자는 이들 순서대로 이동하게 된다. 상기에서 설명하였듯이 전자가 당기는 힘이 더욱 강한 수용체 분자에 결합하면 전자는 더욱 붙잡혀 움직임을 잃게 됨으로써 에너지가 더 감소하고 그 일부 에너지가 방출되는 것이다. 전자가 이동할 때는 H^+이온을 동반할 수 있는데, 특히 첫 번째 전자수용체가 광계2에서 전자를 받을 때 이런 일이 일어난다. 전자와 H^+를 받는 전자수용체는 엽록체 기질과 틸라코이드 내부 공간을 경계로 하는 틸라코이드 막에서 기질 쪽에 위치한다. 기질에 존재하는 H^+와 광계1에서 받은 전자는 틸라코이드 막의 안쪽 내부면에 있는 전자수용체로 전달되며 전자를 전달하면 H^+도 잃게 되어 H^+는 쉽게 틸라코이드 내부로 방출하게 된다. 이때 전자의 에너지가 감소하였기 때문에 일부 방출된 에너지가 H^+의 막 통과에 사용되었다고 간주한다. 틸라코이드 막에서는 첫 번째 전자수용체에서만 H^+ 이동이 일어나며 전자전달이 진행될수록 틸라코이드 내부에 H^+이 더욱 축적하게 되는 것이다.

전자전달로 인한 틸라코이드 내부에 H^+이 축적될수록 상대적으로 엽록체 기질에서와 비교하여 H^+ 농도가 높아지므로 H^+는 농도차에 따라 엽록체 기질 쪽으로 이동하려는 경향이 더욱 증가하게 된다. 그러나 H^+는 막을 통과하지 못하므로 막에 존재하는 수송단백질을 통해 이동하게 되는데 이 단백질이 ATP 합성효소(ATP synthetase)이다. 이 단백질은 H^+ 수송은 물로 동시에 ADP + Pi → ATP 반응을 촉매하기도 한다. 이렇게 생체막을 경계로 H^+ 농도기울기를 만든 후 H^+를 이동시켜 ATP를 합성하는 과정을 화학 삼투(chemiosmosis)라 부르는데 엽록체의 틸라코이드 막과 세포호흡 과정 중 미토콘드리아 내막에서 일어난다.

생체막의 ATP 합성효소는 H^+ 통로 기능의 영역과 ATP 합성효소 기능의 영역으로 구성된 복잡한 단백질이다. H^+ 농도기울기는 일종의 잠재에너지(potential energy) 상태로서, H^+이 농도가 높은 쪽으로부터 낮은 쪽으로 빠르게 이동할 때 그 에너지로 인해 효소가 활성을 가져 합성 반응을 촉매한다. (수력발전소에서 물의 낙차를 이용해 발전기를 돌려 전기를 만들거나 물의 낙차를 이용해 물레방아를 돌려 곡식을 빻는 과정과 유사하다.) 결국은 빛에너지가 ATP 분자에 일부 저장되게 되는 것인데, 다른 에너지는 NADPH에 전자로서 저장된 것이다. 즉 에너지의 변환 즉 빛에너지가 화학에너지로 전환된 예이다. 화학에너지가 다른 형태의 운동에너지와 다른 종의 화학에너지로 전환되는 이러한 과정은 생명 유지에 필요한 현상이다.

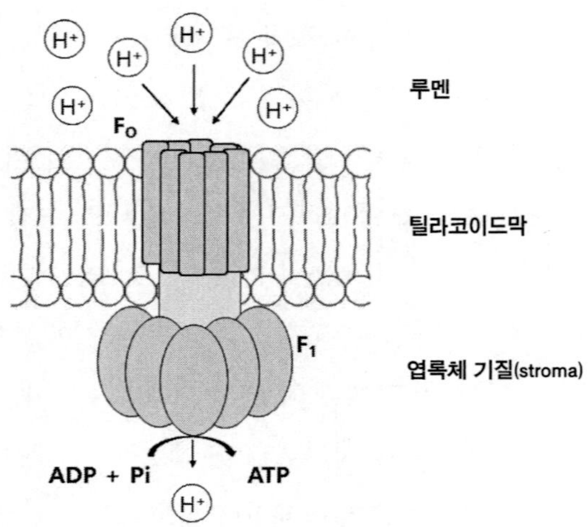

엽록체 틸라코이드막에서의 화학삼투(Chemiosmosis)에 의한 ATP 형성

탐구 II-4-2 빛에너지가 ATP와 NADPH의 화학에너지로 전환되는 과정을 설명해보자.

탐구 II-4-3 엽록체에서 chemiosmosis에 사용되는 H^+은 어디에서 유래하는가?

탐구 II-4-4 '에너지 전환은 100% 효율적이 아니다'라는 원리를 적용해 광합성에서의 에너지 전환을 설명해보자.

당 합성

그러면 ATP와 NADPH는 광합성의 최종 생성물인 당(포도당) 제조에 어떻게 사용할 것인가? 광합성 반응식에서 보듯이 에너지 함량이 낮은 이산화탄소와 물을 재료로 에너지 함량이 높은 당을 합성하기 위해서는 에너지가 필요하다(이 반응은 에너지 요구반응 즉 흡열반응의 한 예이다). 광합성 생물이 세포(생체) 내에서 반응에 필요한 에너지를 얻기 위해서는 에너지 함량이 높으면서 쉽게 분해할 수 있는 분자를 사용해야 한다. (나무가 저절로 불이 붙는다거나, 이당류인 설탕이 저절로 포도당과 과당으로 쉽게 분해되지 않는다.) 전반적으로 에너지를 요구하든 방출하든 생체 내 어떤 반응도 일어나기 위해서는 초기 에너지(이를 활성화에너지라 한다)가 필요한데, 생체 내에서 빛에너지나 열에너지를 직접 사용하기 어려우며 에너지 함량이 높은 분자를 구하기도 어렵고 구하더라도 이 분자를 분해하기 위해서는 부가적으로 많은 에너지가 필요해서 효율적이지 못하다.

ATP는 광합성 생물이 빛에너지를 화학에너지로 쉽게 전환한 형태로 분해해 에너지 방출에도 에너지가 많이 들지 않으며 에너지 요구반응에 사용하기에도 매우 효율적이다. 특히 생체 내 효소가 이 반응을 촉매하기도 한다. (효소의 기능은 반응에 필요한 에너지양을 줄여주면서 반응을 촉매하는 것이다.) ATP 분자는 엽록체 기질과 미토콘드리아 기질에서 형성되어 세포 내 어디에서도 쉽게 이용된다. 엽록체에서 생성된 ATP는 이산화탄소 분자들 투입을 위한 에너지를 제공하고, NADPH는 전자와 H^+를 공급해 당 분자 형성이 가능하게 해준다. 당 형성을 위해서는 C, O, H의 공유결합을 위한 전자와 에너지가 필요한데, ATP는 에너지를, NADPH는 전자를 제공하는 것이다. 이때 NADPH는 전자전달계에서 취득한 높은 에너지의 전자를 제공해 주어 궁극적으로 형성된 당 분자는 그 공유결합 전자에 에너지를 저장한 고에너지 화합물이 된다. 그러므로 이 당 분자는 에너지 저장 및 이동 수단으로 사용되거나 미토콘드리아에서 일어나는 세포호흡에서 이산화탄소와 물로 다시 분해되어 에너지와 에너지가 많은 전자를 방출하고 필요한 ATP를 다시 형성하기 위해 사용되기도 한다.

CO_2, NADPH 및 H_2O를 투입해 당을 합성하는 과정을 캘빈회로(Calvin cycle) 또는 CO_2 환원반응이라고 하며 기질에서 일어난다. CO_2를 계속 연결하여 당을 합성하는 반응을 엽록체 내에서 진행하기는 어려우므로 ribulose 1,5-bisphosppahe carboxylase/oxygenase(rubisco) 효소에 의해 기존에 존재하는 5C 화합물(㉵ ribulose 1,5 bisphosphate, RuBP)에 하나씩 차례대로 CO_2를 첨가하는 방식으로 진행하는데, 한 분자의 CO_2가 첨가되면 일시적으로 불안정한 6C의 화합물인 2-carboxy 3-keto 1,5-biphosphoribotol

(CKABP) 또는 3-keto-2-carboxyarabinitol 1,5-bisphosphate)이 되었다가 두 분자의 3C 화합물인 3-phosphoglycerate(3-PGA)로 쪼개진다. 이후 이 분자에 ATP와 NADPH가 투입되어 에너지와 전자를 부가해 glyceraldehyde-3-phosphate(G3)가 형성된다. 여기까지의 반응을 요약해보면 다음과 같다.

3 CO_2 + 6 NADPH + 6 H^+ + 9 ATP → glyceraldehyde-3-phosphate (G3P) + 6 NADP+ + 9 ADP + 3 H_2O + 8 Pi (Pi = inorganic phosphate)

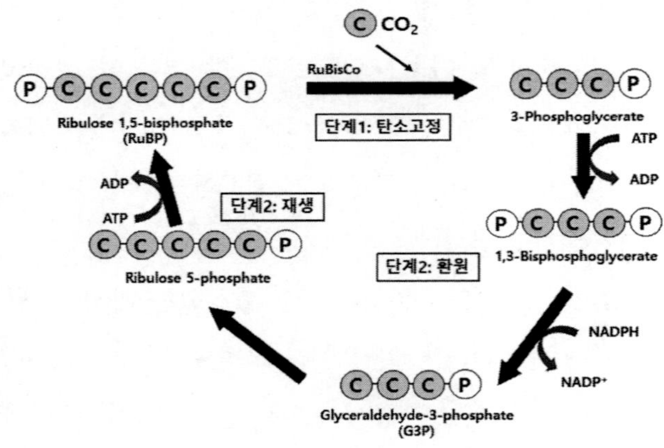

탄소고정(환원)회로(Calvin cycle)의 주요 단계

CO_2 고정으로 형성된 G3P는 다시 CO_2 고정에 사용되는 RuBP를 재생하거나, 3개 분자의 CO_2가 투입될 때마다 여분으로 1분자의 G3P가 형성됨으로 이를 다른 종의 당(예 포도당, 과당, 설탕 등)

생산에 투입할 수 있다. 즉 Calvin 회로에서는 CO_2 고정 단계, ATP와 NADPH 전자 투입의 환원 단계, 형성된 G3P의 RuBP 재생 단계와 Calvin 회로에서 벗어나 다른 당을 형성하는 과정이 순차적으로 일어난다.

식물은 최종적으로는 공통으로 Calvin 회로를 통해 CO_2를 고정하나 식물에 따라서는 처음에 CO_2를 고정하는 과정이 다를 수도 있는데, 온대지역에 서식하는 대부분 식물은 RuBP와 CO_2를 반응시켜 형성되는 최초의 생산물이 3C 화합물이 3-PGA이므로 이들 식물을 'C3 식물'이라 부른다. 열대지역이나 건조한 환경에 서식하는 일부 식물(㉥ 옥수수, 사탕수수 등)은 CO_2와 3C의 phosphoenol pyruvate(PEP)를 반응시켜 C4의 옥살초산(oxaloacetate)을 형성하므로 이들 식물을 'C4 식물'이라 부른다. 후에 이 C4 물질은 또 다른 C4 분자인 말산(malic acid)로 전환하여 축적된다. 필요할 때마다 이 말산을 다시 분해하여 CO_2를 형성한 후 Calvin 회로에 투입하여 당을 형성한다. C4 식물은 이렇게 CO_2 축적이 가능하므로 낮은 CO_2 농도나 건조한 환경에서 식물이 기공을 열지 않거나 조금만 열어 수분 손실을 막으면서도 Calvin 회로를 작동시켜 당을 합성할 수 있게 해준다.

C4 식물에서는 CO_2를 흡수해 옥살초산을 형성하고 이로부터 말산으로 전환하는 과정이 엽육세포에서 일어나고, 이렇게 형성된 말산은 유관속을 둘러싸는 유관속초세포(bundle sheath cell)로 이동한 후 분해되어 CO_2로 방출되어 Calvin 회로에 투입된다.

C4 식물은 광합성이 일어나는 잎의 구조가 C3 식물과는 다른

데, C3 식물에서는 Calvin 회로를 통한 CO_2 과정이 모두 한 엽육세포(mesophyll cell)에서 일어나지만,

CAM(Crassulacean Acid Metabolism) 식물(㉮ 선인장, 파인애플 등의 다육식물)은 CO_2 고정 절차가 C4 식물과 유사하나 밤에는 기공을 열어 CO_2를 흡수해 옥살초산으로 고정한 후 malic acid와 같은 C4 물질로 전환해 액포에 저장하였다가 낮에는 기공을 닫고 malic acid를 꺼내 CO_2를 다시 추출하여 Calvin 회로를 작동시키므로 더욱 건조한 환경에 적응한 형태이다. CAM 식물에서는 대부분의 C4 식물과는 달리 전체 과정이 한 엽육세포에서 일어난다.

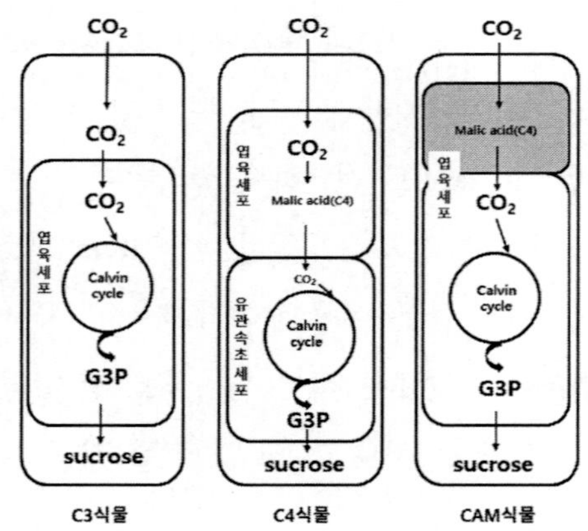

탐구 II-5-1 Calvin 회로가 작동되기 위해 빛이 필요한 이유는 무엇인지 한 스토리 형식으로 이야기해보자.

탐구 II-5-2 빛 흡수로부터 당 합성에 이르는 경로에서 빛에너지는 어떻게 획득되어 화학에너지로 변환되었는지 설명해보자.

탐구 II-5-3 C3 식물에 비해 C4와 CAM 식물의 탄소고정 경로는 서식 환경에 있어서 어떤 이점이 있을까?

탐구 II-5-4 CO_2를 고정하여 3탄당, 포도당, sucrose 등을 합성하는데 왜 에너지와 전자가 필요한가?

탐구 II-5-5 Calvin 회로에서는 왜 RuBP 재생이 필요한가?

탐구 II-5-6 Calvin 회로에서는 왜 ATP를 에너지 공급원으로, NADPH를 전자 공급원으로 사용되는가?

탐구 II-5-7 C3 식물에 비해 C4와 CAM 식물의 탄소고정 경로는 서식 환경에 있어서 어떤 이점이 있을까?

광호흡

Calvin 회로의 첫 단계에서 CO_2를 RuBP와 반응시켜 고정하는 rubisco는 식물에서 가장 높은 농도로 존재하는 중요한 효소의 하나이다. 이 효소는 CO_2 고정 외에도 O_2와도 반응할 수 있는데, 이렇게 되면 CO_2 고정의 Calvin 회로가 아닌 오히려 CO_2를 방출하는 '광호흡(photorespiration)'이 일어나게 된다. 광호흡의 첫 단계는 RuBP + 2 O_2 → 2-phoshpoglycolate + 3-phosphoglycerate로서 2C 분자와 3C 분자가 형성되므로 CO_2 투입은 안 일어난다. 오히려 이렇게 형성된 2-phospoglycolate는 퍼옥시좀과 미토콘드리아를 거치면서 에너지(ATP, NADPH 또는 NADH)를 소비하고 CO_2를 방출하는데, 이 과정은 빛 존재하에 CO_2가 방출되므로 '광호흡'이라고 부르게 되었다. 대개의 C3 식물에서 rubisco는 3:1의 비율로 CO_2 및 O_2와 반응하는 것으로 알려져 있다. Rubisco가 O_2와 반응하면 3-phosphoglycerate 생산은 감소하며 암모니아 및 아미노산이 형성된다.

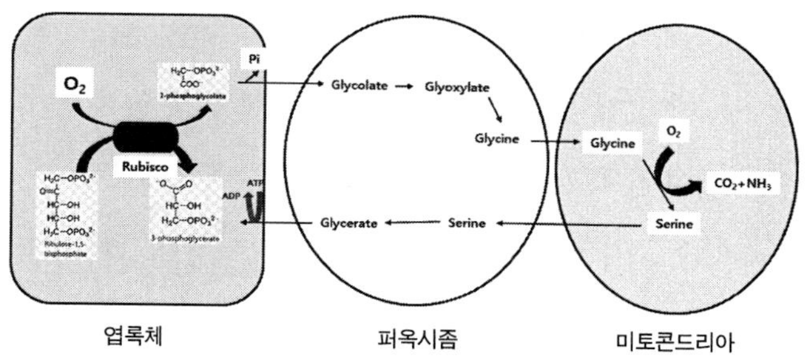

광호흡은 3 세포 소기관을 거치며 일어나며 O_2를 소비하고 CO_2를 방출한다

Rubisco의 광호흡은 지구환경에서 O_2 농도가 높아져 일어난 일종의 식물의 적응형태로 볼 수 있는데, 식물체 내부 및 외부 환경에서 상대적으로 CO_2에 대한 O_2의 비율이 높아질 때, 온도가 증가할 때에도 더욱 증가한다고 알려져 있다. (온도 증가는 rubisco의 CO_2에 대한 친화력을 감소시킨다고 한다.)

탐구 II-6-1 지구 온난화는 광합성과 광호흡 측면에서 식물에 어떤 영향을 줄지 설명해보자.

광호흡이 일어나면 순 CO_2 고정은 일어나지 않아 식물로서 손해를 보는 것 같지만 실제로 식물 성장에 해가 되지는 않는다고 알려져 있다. 그보다는 여러 이점이 있다고 보는데 예를 들면 아미노산이 형성됨으로 토양으로부터 질소 흡수 및 동화를 촉진하기도 한다. 질소는 단백질 및 핵산의 구성 원소이다. CO_2 농도가 낮은 상태에서 빛 흡수로 지나치게 ATP와 NADPH 형성이 높다면 광호흡은 이러한 에너지 소비에도 관여한다. ATP와 NADPH가 축적되면 광계 및 전자전달계에 있어서 전자들의 흐름도 원활하지 못해 독성의 산소물질(과도한 전자들이 O_2에 전달되어 형성되는 분자들)이 형성될 수 있다. 광호흡으로 방출된 CO_2는 특정 환경에서 대기 CO_2 감소를 막아줄 수도 있다.

탐구 II-6-2 광호흡의 이점에 관해 설명해보자.

7

합성된 당의 수송

엽록체 기질에서 Calvin 회로를 통해 합성된 3탄당(예 G3P)은 기질에서 포도당 합성에 사용되고 포도당은 다당류 전분(녹말)으로 전환되어 저장된다. 일부 3탄당은 세포질로 이동되어 설탕을 비롯한 과당(fructose) 등의 이당류와 raffinose, stachyose 등의 과당류 합성에 사용되는데, 설탕은 식물체 내 다른 부위로 체관을 통해 당을 이동하기 위한 주요 형태의 수송 분자다. 설탕이 수송 수단으로 사용되는 이유는 비교적 작은 분자이지만 삼투압을 유발하면서도 이동 중 다른 분자와 반응하거나 화학적 변형이 적은 안정된 분자인 비환원당이기 때문이다.

단당류, 이당류, 과당류 및 다당류 합성은 광합성 수준, 필요 양분의 농도에 따라 달라지는데 식물은 장기 또는 단기적 기간에 걸쳐 생장 시기나 단계에 따라 이들 물질의 수요도 달라진다. 먼저 합성된 당이 엽육세포의 엽록체로부터 세포질로 나와서 설탕과 같은 수송 분자로 전환해야 한다. 엽록체 기질로부터 세포질로의 3탄당의 이동은 엽록체 막에 있는 수송 단백질을 통해 일어난다. 이

후 세포질에서 합성된 설탕은 엽육세포들을 거쳐 이동된 후 사부(체관부: 체관과 인접한 반세포 및 섬유세포로 구성)에 도달하게 되는데, 엽육세포 사이에는 원형질연락사를, 엽육세포와 사부 조직 사이에는 원형질연락사 및 세포 외부(apoplast)를 통해 체관(사요소)까지 이동한다. 당을 합성 또는 저장했다가 체관에 실어 보내는 부위를 공급원(source), 이용 또는 저장하는 목적지를 수용부(sink)로 표기하는데, 식물 종, 식물 부위 및 생장 시기, 저장 및 이용 부위에 따라 이동 경로가 변화할 수 있다. 한 부위에서 당을 이끌어가는 정도를 수용력(sink power)으로 표기하기도 한다.

원형질연락사를 통한 체관 인접 세포들까지의 당의 이동은 농도 기울기에 따른 확산으로 이루어진다. 설탕 합성 부위는 농도가 높으나 체관 인접 세포들은 체관에 당을 적재하므로 농도가 낮아 기울기가 유지된다. 인접 세포들로부터 체관으로의 당 적재는 원형질연락사 또는 세포 밖 유출과 체관 흡수의 경로를 통해 이루어지는데 식물 종에 따라 차이가 있다.

일단 체관에 적재된 당은 체관 세포(사요소)의 수분퍼텐셜(용질퍼텐셜)을 감소시켜 삼투압을 유발하여 수분퍼텐셜 기울기에 따라 인근 물관으로부터 물이 유입된다. 물이 유입되면 체관 세포의 압력이 증가하므로 압력 기울기에 따라 그 체관 용액을 그 체관의 다른 부위로 밀어 이동시킨다. 목적지(sink)에서는 당의 하역으로 다시 수분퍼텐셜이 높아지므로 물은 인근 물관으로 빠져나간다. 이러한 압력 차이에 따른 용액 이동을 압류설(pressure or mass flow hypothesis)이라고 부른다.

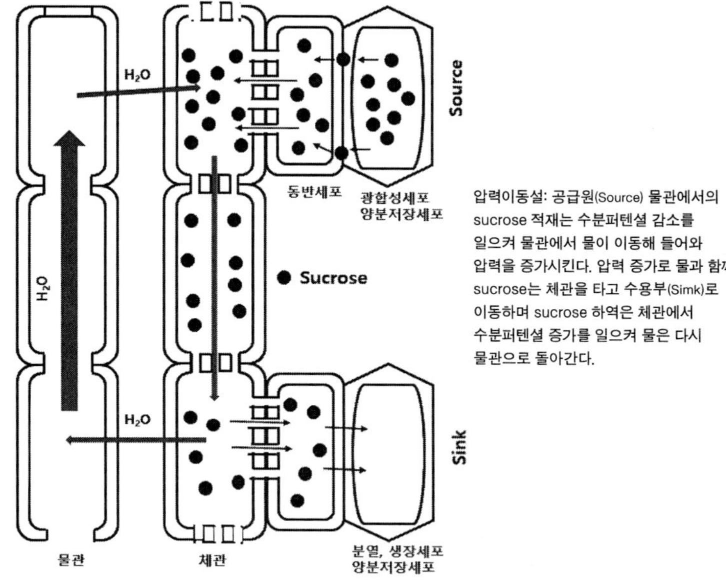

압력이동설: 공급원(Source) 물관에서의 sucrose 적재는 수분퍼텐셜 감소를 일으켜 물관에서 물이 이동해 들어와 압력을 증가시킨다. 압력 증가로 물과 함께 sucrose는 체관을 타고 수용부(Simk)로 이동하며 sucrose 하역은 체관에서 수분퍼텐셜 증가를 일으켜 물은 다시 물관으로 돌아간다.

압력 기울기에 따라 이동한 용액이 목적지인 수용부(sink)에 도달하면 체관 세포 설탕은 원형질연락사 또는 세포 밖 유출 및 흡수로 인근 세포로 이동하게 되며 이후 저장 또는 이용 세포로 원형질연락사를 통해 확산으로 이동한다. 수용부의 목적지 세포들은 당이 빨리 사용되거나 전분 합성에 사용되므로 체관부 세포와 비교하여 당의 농도가 낮으므로 농도기울기가 형성되어 확산이동이 가능하다.

탐구 II-7-1 공급원(Source)으로부터 체관부까지의 당의 이동을 '수분퍼텐셜'을 사용해 설명해보자. 체관을 통한 당의 이동은 에너지가 필요한가?

탐구 II-7-2 공급원(Source)으로부터 수용부(sink)로의 당 함유 체관 용액의 이동을 '수분퍼텐셜'과 '압력 기울기' 용어를 사용하여 설명해보자.

탐구 II-7-3 수용부(sink)에서 체관으로부터 목적지 세포로의 당의 이동을 '수분퍼텐셜'을 사용하여 설명해보자.

탐구 II-7-4 공급부와 수용부는 식물의 생장 동안 변화가 가능한지 설명해보자.

참고문헌

Dobrijevic, D. (2021) What is photosynthesis? https://www.livescience.com/51720-photosynthesis.htm

Flügge, U-I. Westhoff, P., and Leister, D. 2016. Recent advances in understanding photosynthesis. F1000Research, 5, 2890.

Henninger, M. D., and Cranes, F. L. (1987) Electron Transport in Chloroplasts. III. The role of plastoquinone C. The Journal of Biological Chemistry, 242(6), 1156-1159.

Lumry, R. (1954) Photosynthesis. Annual Review of Plant Physiology, 5, 271-340.

Renger, G. (2010) The light reactions of photosynthesis. Current Science, 98(10), 1305-1319.

Yamori, W., Shikanai, T., and Makino, A. (2015) Photosystem I cyclic electron flow via chloroplast NADH dehydrogenase-like complex performs a physiological role for photosynthesis at low light. Scientific Reports, 5, 13908.

Oxygenic Photosynthesis (Voume 4): The Light Reactions. In: Ort, D. R., and Yocum, C. F. (Ed), Advances in Photosynthesis. (2004) Kluwer Academic Publishers.

III

식물의 세포호흡

세포호흡은 에너지를 많이 함유하는 분자를 분해해 직접 및 간접(에너지가 많은 전자를 수집해)으로 에너지를 추출해 세포 활동에 직접 이용할 수 있는 ATP 분자를 합성하는 과정이다. 식물은 광합성으로 합성한 당을 생장, 발달 및 생식에 이용하거나 이에 필요한 다른 물질로 전환하기도 한다. 모든 생물에서 포도당은 세포 활동에 필요한 ATP를 합성하기 위한 중요한 에너지원이다.

❶

세포호흡 개요

산소를 이용해 유기호흡을 하는 식물을 포함하는 대부분 생물에서, 세포호흡 과정은 포도당을 위주로 설명하는데, 대부분 고등생물에서 식물은 미토콘드리아에서 진행된다.

유기호흡은 무기호흡과 비교하여 에너지가 풍부한 분자(예 당, 지질, 단백질)로부터 더 많은 에너지를 추출하는데 이는 분자를 에너지가 없는 수준까지 더욱 완전히 분해하는 한편 추출된 에너지 풍부 전자들로부터 에너지를 수집할 수 있는 과정을 갖기 때문이다. 이때 산소는 더 많은 에너지를 획득하는데 필요한 분자이다.

유기호흡의 세포호흡 과정은 두 단계로 나뉠 수 있는데, 세포질에서 일어나는 첫 단계는 무기호흡을 하는 생물과 유사하게 에너지를 추출하는 해당작용(glycolysis)이며, 미토콘드리아에서 일어나는 두 번째 단계는 산소가 필요한 전자전달계이다. 해당작용은 한 분자의 포도당을 분해해 3C 분자인 피루브산(pyruvate) 2개 분자를 형성하는 과정이다. 이 과정 중 직접 에너지를 추출해 2개의 ATP를 생산함(이런 방식의 ATP 생산을 기질수준인산화라 부른다)은 물론 에너지가 풍부한 4개의 전자를 추출해 NAD^+로 전달해 2개의 NADH 분자를 형성한다. (한 분자의 NAD^+ 분자는 2개의 전자와 1개의 H^+을 받는다) 이후 NADH 분자는 미토콘드리아로 들어가 전자전달계로 전자를 전달해 ATP가 합성되게 된다.

해당작용의 최종 생산물이 피루브산은 여전히 에너지가 풍부한 3C 분자이므로 미토콘드리아로 수송되어 시트르산 회로(TCA cycle, Krebs cycle)를 통해 CO_2로 완전히 분해되고 함유한 에너지를 직접 기질수준인산화 및 전자로 방출한다. 시트르산 회로를 통해 기질수준인산화로 형성된 2개 ATP는 세포 활동에 직접 쓰일 수 있으며, 방출된 전자는 NAD^+로 이동되어 6개의 NADH가 형성하는 외에도 FAD^+로 이동해 2개 $FADH_2$가 형성된다. 미토콘드리아 내에서는 시트르산 회로에 들어가기 전 2개와 시트르산 회로에서 6개의 NADH 등 총 8개의 NADH와 2개의 $FADH_2$가 형성된다. 피루브산은 미토콘드리아 내에서 완전히 분해되어 6개의 CO_2가 형성되어 방출되는데, 기공으로 배출하는 대부분의 CO_2는 이렇게 형성된 것이다.

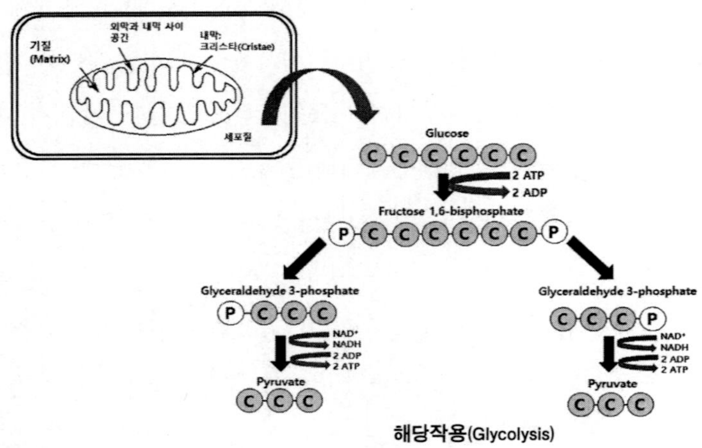

해당작용(Glycolysis)

탐구 III-1-1 포도당은 어디에 에너지를 저장하고 있는가?

탐구 III-1-2 해당작용에서 포도당에 ATP를 투입하는 이유는 무엇인가?

탐구 III-1-3 해당작용에서 순 몇 개의 ATP가 형성되며 이 에너지는 어디에서 얻었는가?

탐구 III-1-4 해당작용에서 NAD^+가 투입되는 이유는 무엇인가? 형성된 NADH의 운명은 어떻게 되는가?

탐구 III-1-5 ATP 외에 추출한 에너지는 어디에 함유되어 있으며 식물은 이 에너지를 어떻게 사용할 수 있나? (식물이 이용할 수 있는 에너지는 대개 ATP 형태이어야 하므로 ATP 형성에 이용하여야 한다.)

탐구 III-1-6 해당작용에서 포도당으로부터 추출한(방출 및 분자함유) 에너지는 피루브산 에너지양으로 고려해볼 때 포도당 함유 에너지의 대략 몇 %가 되며 나머지의 운명은 어떻게 되는가? (형성된 분자의 에너지양을 알아본다.)

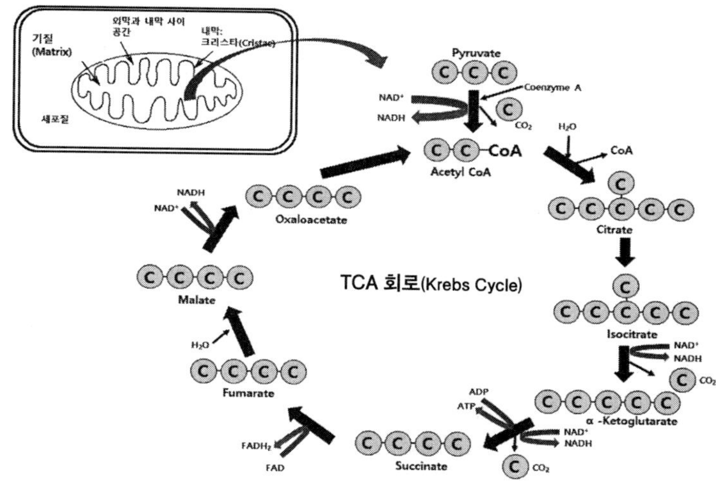

탐구 III-1-7 Pyruvate 1분자당 얼마나 많은 ATP가 형성되는가?

탐구 III-1-8 Pyruvate 1분자당 얼마나 많은 전자가 방출되는가?

탐구 III-1-9 ATP 외에 에너지는 어디로 방출되었는가?

탐구 III-1-10 해당작용에서 NADH의 운명은 어떻게 되는가?

탐구 III-1-11 FAD의 역할은 무엇이며 형성된 $FADH_2$의 운명은?

탐구 III-1-12 Pyruvate가 함유한 에너지의 몇 %가 ATP로 수집되었는가?

2

전자전달계와 ATP 형성

미토콘드리아는 내막과 외막으로 둘러싸인 기질(matrix)로 구성되며, 내막은 표면적을 넓히기 위한 크리스타(cristae) 구조로 이루어져 있으며 전자전달(복합)체들이 배열된 전자전달계와 ATP 합성효소(ATP synthase)가 존재한다.

미토콘드리아 전자전달체들은 전자를 잡아당기는 힘이 강한 산화력이 큰 순서로 배열되어 있어서 NADH 또는 $FADH_2$의 전자가 투입될 경우, 전자는 전자전달체를 연속적으로 거치면서 점차 에너지를 방출하고 에너지가 작아지는데, 에너지를 잃은 전자는 최종적으로 전기음성도가 강한 산소 원자에 H^+와 함께 흡수되어 H_2O가 형성된다. 세포호흡 반응식에서 반응물인 O_2의 용도는 이러한 전자전달계의 최종 전자수용체로서 역할이며 생산물인 H_2O는 이렇게 형성된 결과물이다.

미토콘드리아 내막에 배열된 3개 전자수용체는 전자 수용과 함께 기질에서 H^+를 받아 전자를 다음 전자수용체로 전달하며 내막과 외막 사이로 H^+를 방출하는 H^+ 수송 기능도 있으므로, 전자가 흐르면서 내막과 외막 사이 공간에 H^+이 축적하게 된다. (이 과정에서 전자가 전자전달체를 거치면서 방출하는 에너지가 H^+ 수송에 사용되었다고 흔히 말한다.) 보통 1개의 NADH는 약 3개의 H^+ 이동을, 1개의 $FADH_2$는 2개의 H^+ 이동을 동반하는 것으로 알려져 있다.

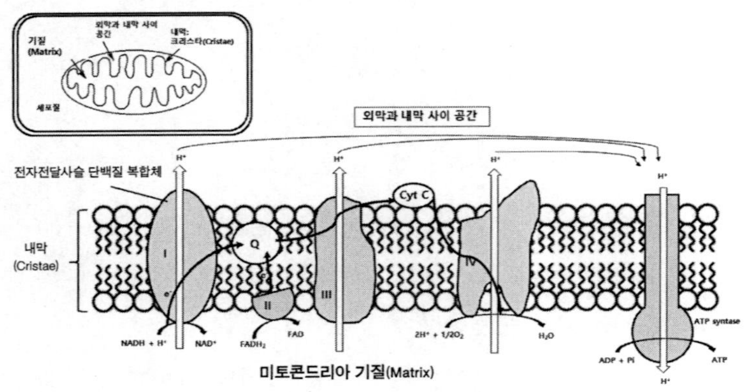

엽록체 틸라코이드 막 내부와 기질 사이에서처럼, 미토콘드리아 내막과 외막 사이 공간과 기질 사이에 H^+ 농도 차이는 H^+ 이동의 잠재에너지를 유발하나 H^+는 막을 통과하지 못하는바, H^+는 막에 존재하는 H^+ 수송통로이자 ATP 합성효소인 단백질 복합체를 통해 이동하며 ATP가 형성된다. 즉 여기서도 엽록체에서처럼 화학삼투(chemiosmosis)를 통해 ATP를 합성하는 것이다. 1개 H^+ 통과는 대략 1개 ATP를 형성한다.

식물에서, 1개 포도당 분자로부터 세포호흡을 통해 형성할 수 있는 총 ATP 수는 대략 다음과 같이 구할 수 있다. 해당작용 기질

수준인산화로 형성된 ATP 2개 + 미토콘드리아 시트르산 기질수준 인산화로 형성된 ATP 2개 + (해당작용에서 형성된 NADH 2개 × 3개 ATP) + (미토콘드리아 내에서 형성된 NADH 8개 × 3개 ATP) + (시트르산에서 형성된 $FADH_2$ 2개 × 4개 ATP) = 38개 ATP - 해당작용에서 형성된 2개 NADH가 엽록체로 능동수송되며 소비되는 2개 ATP = 36개 ATP.

탐구 III-2-1 미토콘드리아 내막에서 H^+이 이동되는 전자전달복합체들을 순서대로 나열해보자. 또한 왜 전자는 이런 순서대로 이동하는가?

탐구 III-2-2 미토콘드리아 내막에서 ATP가 합성되는 과정을 설명해보자.

탐구 III-2-3 미토콘드리아와 엽록체 사이에 ATP 형성 과정의 차이를 알아보자.

탐구 III-2-4 NADH와 $FADH_2$가 전자전달체에 전자를 공여하여 이동하는 H^+ 수에 있어서 차이는 있는가? 이에 따른 ATP 생성 양에는 차이가 있는가?

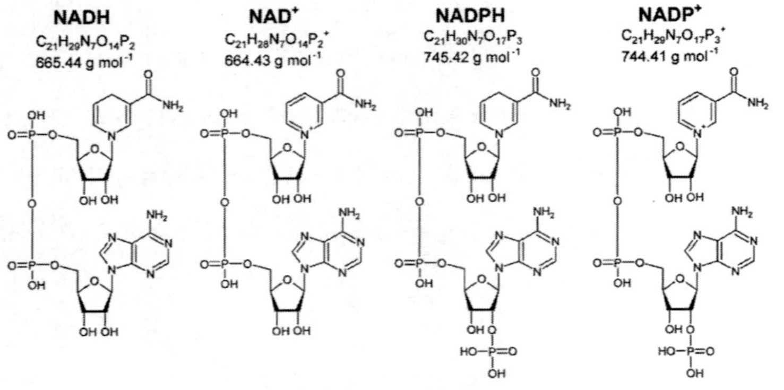

NADH	NAD⁺	NADPH	NADP⁺
$C_{21}H_{29}N_7O_{14}P_2$	$C_{21}H_{28}N_7O_{14}P_2^+$	$C_{21}H_{30}N_7O_{17}P_3$	$C_{21}H_{29}N_7O_{17}P_3^+$
665.44 g mol^{-1}	664.43 g mol^{-1}	745.42 g mol^{-1}	744.41 g mol^{-1}

(Wang et al., 2017, Chem 2, 621-654)

한편 NADH는 전자전달계를 통한 ATP 생성에 사용되는 것 외에도 환원제로서 다른 분자에 전자를 제공해 분자의 활성 증진 또는 감소를 유도하는데, 특히 동화(합성)반응에 관여한다. 이에 비해 엽록체에서 형성되는 NADPH는 이화(분해)작용에 주로 관여한다. NAD(Nicotinamide adenine dinucleotide)는 비타민 niacin의 조효소(효소 활성을 도와주는 효소 구성원) 형태이다. Niacin은 두 조효소 형태를 갖는데, 하나는 NAD이고 다른 하나는 NADP(nicotinamide adenine dinucleotide phosphate)이다. NAD^+는 NAD의 산화된 형태로서 이화작용과 대사 에너지(예 ATP) 생산에서 중요하다. $NADP^+$는 NADP의 산화된 형태로서 지방과 당 합성(예 광합성)에 중요하다. NAD^+와 $NADP^+$는 산화환원효소(oxidoreductase)가 H를 전달하는 산화환원(redox)반응을 포함하는 많은 생화학반응에서 필요하다.

탐구 III-2-5 식물세포에서 NADH, NADPH, $FADH_2$는 세포 내 어디에서 어떻게 형성되는가?

탐구 III-2-6 광합성과 호흡에서 NADPH와 NADH의 각각의 역할은 무엇인가?

참고문헌

Affourtit, C., Krab, K., and Moore, A. L. (2001) Control of plant mitochondrial respiration. Biochimica et Biophysica Acta, 1504, 58-69.

Harold, H. (1940) Mechanism of plant respiration. J. Am. Chem. Soc. 62(4), 984-985.

Hunt, S. (2003) Measurements of photosynthesis and respiration in plants Physiologia Plantarum, 117, 314-325.

Ikuma, H. (1972) Electron Transport in Plant Respiration. Annual Review of Plant Physiology, 23, 419-436.

King, A. W. Gunderson, C. A., Post, W. M., Weston, D. J., and Wullschleger, S. D. (2006) Plant respiration in a warmer world. Science, 28(312), 536-537.

Martínez-Reyes, I., and Chandel, N. S. (2020) Mitochondrial TCA cycle metabolites control physiology and disease. Nature Communication, 11, 102.

Wang, X., Saba, T., Yiu, H. H. P., Howe, R. F., Anderson, J. A., and Shi, J. (2017) Cofactor NAD(P)H regeneration inspired by heterogeneous pathways. Chem, 2, 621-654.

The Krebs Cycle — Harnessing Chemical Energy for Cellular Respiration. https://www.sigmaaldrich.com/KR/ko/technical-documents/technical-article/research-and-disease-areas/metabolism-research/citric-acid-cycle

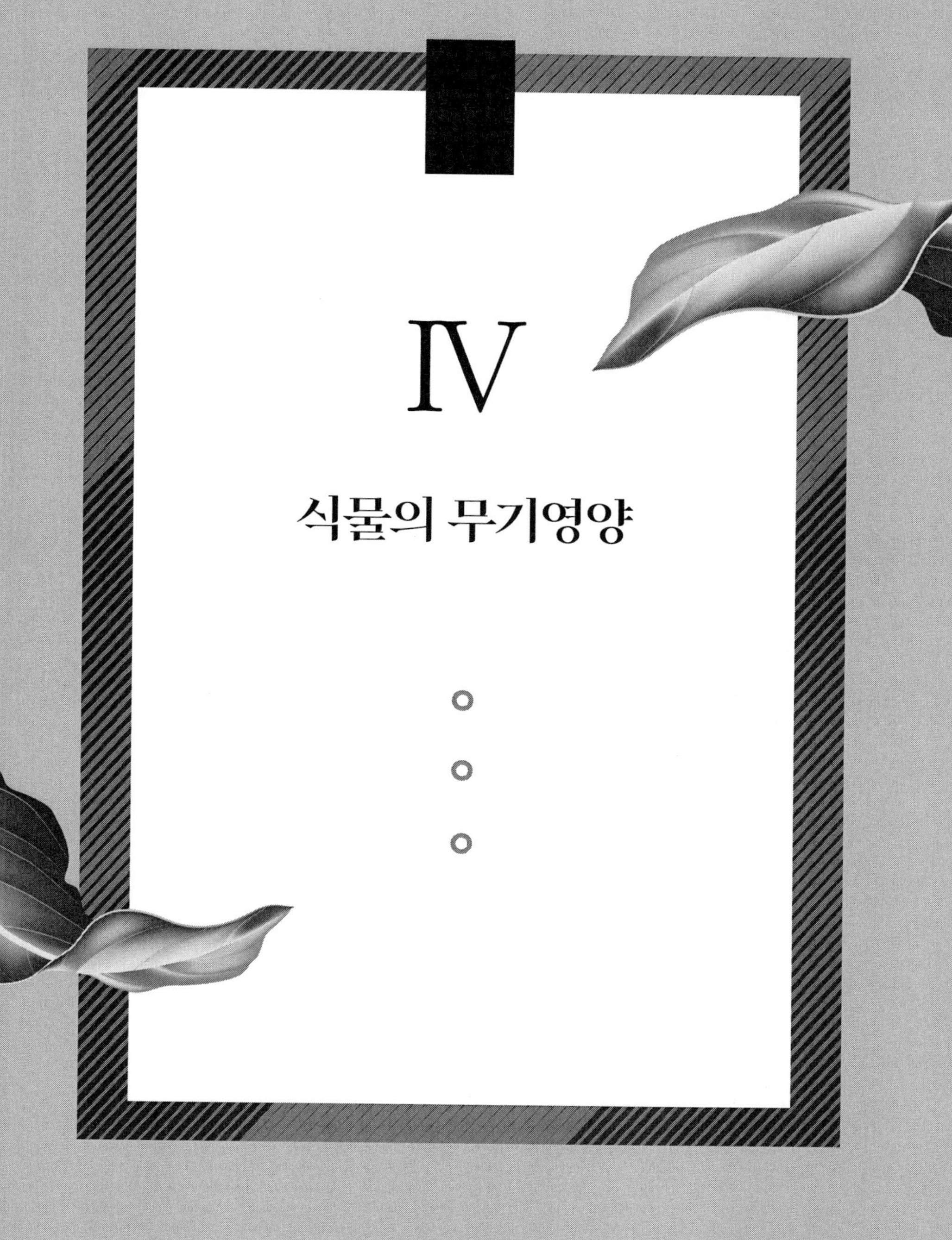

Ⅳ

식물의 무기영양

식물은 유기양분을 합성할 수 있으나 무기양분(또는 무기물)은 대부분 외부로부터 흡수해야 한다. 무기물 공급은 주로 뿌리가 토양에 녹아 있는 무기물을 흡수해 일어난다. 식물은 필요로 하는 무기물 농도도 무기물 종류에 따라 다르며, 같은 종류라 할지라도 식물 종이나 생장 단계, 환경에 따라 달라질 수 있다. 무기물의 역할은 유기 또는 무기화합물의 구성 요소, 구조물 구성, 세포질 pH 조절, 세포 물질 흡수, 효소 활성 조절, 산화환원반응 관여, 삼투압 조절 등 매우 다양하다. 식물이 필수적으로 필요로 하는 발아~종자 형성에 이르는 생활사를 성공적으로 마치는데 필요한 모든 원소를 포함한다.

1

식물의 필수 무기 영양소

식물 생존에 필요한 무기물 원소는 크게 대부분 식물에 공통적인 것과 식물 종에 따른 특정 원소, 식물에 해로운 원소로 나눌 수 있다. 식물에 필요한 원소는 그 요구 양과는 상관이 없이 모두 필수원소이다. 공통적인 원소로는 다시 양적으로 많은 양을 필요로 하는 원소(이를 '다량원소'라 한다)인 O, C, H, N, P, K, Ca, Mg, S 등과 비교적 적은 양을 필요로 하는 원소(이를 '미량원소'라 한다)인 Fe, Zn, Mn, Cu, B, Mo, Cl, Ni 등이 있다. 이 밖에도 식물 종에 따라 Ag, Al, As, Br, Co, F, I, Na, 루비듐(Rb), 셀레늄(Se), 규소(Si), 스트로늄(Sr), 티타늄(Ti), 바나듐(V) 등(이를 '유익원소'라 한다)을 필요로 하기도 한다. 다량원소와 미량원소의 정의는 식물 조직 당 함유량에 바탕을 두며, 다량원소는 식물에서 0.1-0.4% 이상을 차지하며, 미량원소는 그 이하이다. 다량원소와 미량원소는 모든 식물에 공통으로 필요하며 '필수원소'라 부른다.

식물은 대개 뿌리와 기공 등을 통해 이들 원소를 흡수하는데 흡수 형태는 기체, 이온 또는 용액에 용해가 되어있는 형태로 흡수한다. 주요 흡수 형태는 CO_2, HCO_3, H_2O, NO_3-, NH_4^+, $H_2PO_4^-$, HPO_4^{2-}, PO_4^{3-}, K^+, Cl^-, Mg^{2+}, SO_4^{2-}, Cl^-, Fe^{2+}, Fe^{3+}, Zn^{2+}, Mn^{2+}, H_3BO_3, BO_3^{3-}, Cu^{2+}, $HMoO^{4-}$, MoO_4^{2-} 등이다. 원소들은 토양입자에 흡착되어 있거나 토양수에 용해되어 유지된다. 토양에 존재하는 대부분 원소는 양(+)전하를 띠므로 음(-)전하를 띤 토양입자에 잘 흡착되어 있어서, 토양입자는 무기원소의 주요한 공급원이다. 또한 토양 속 유기물 입자도 음이온을 흡착하므로 주요한 무기원소 제공원이 된다.

농작물을 재배하거나 집에서 화초를 키울 때, 식물조직배양에서는 무기원소 공급을 적절한 시기에 적절한 양으로 공급하는 것이 중요하다. 비료를 줄 때는 토양에 섞어 주거나 용액을 만들어 공급한다. 수용액(양액) 재배는 '스마트 농업'을 포함하는 최근 농업에서 많이 사용하는 재배 방법으로서 토양 없이 필수원소를 함유하는 화합물의 용액을 만들어 정기적으로 공급한다. 흔히 MS 배지(modified Murashige and Skoog medium) 또는 이에 바탕을 두고 변형한 배지를 많이 사용하는데, 애기장대(Arabidopsis) 재배를 위한 기본적인 MS 배지 제조는 다음을 포함한다.

다량원소(mg/L)

NH_4NO_3 **1650.00,** KNO_3 **1900.00,** $CaCl_2$ **332.16,** KH_2PO_4 **170.00,** $MgSO_4 \cdot 7H_2O$ **370.00**

미량원소(mg/L)

Na_2EDTA **37.30**, $FeSO_4 \cdot 7H_2O$ **27.80**, H_3BO_3 **6.20**, $MnSO_4 \cdot H_2O$ **16.90**, KI **0.83**, $ZnSO_4 \cdot 7H_2O$ **8.60**, $Na_2MoO_4 \cdot 2H_2O$ **0.25**, $CuSO_4 \cdot 5H_2O$ **0.025**, $CoCl_2 \cdot 6H_2O$ **0.025**

비타민류

Myoinosito1 **100.00**, thiamine HCl **0.10**

탐구 IV-1-1 식물이 무기물을 흡수하는 부위에 대해 알아보자.

탐구 IV-1-2 식물이 필요로 하는 주요 원소들의 흡수 형태를 알아보자.

탐구 IV-1-3 식물에 무기양분을 공급하려면 어떤 형태로 공급해야 하는지 알아보자.

2

무기물 흡수 메커니즘

대기의 CO_2는 기공을 통해 흡수되지만, 토양 무기원소는 뿌리를 통해 흡수하는데, 대부분의 무기원소는 토양입자에 흡착되어 있어서 토양입자로부터 유리되어 물에 용해된 원소들이 뿌리를 통해 흡수된다. 토양입자에 흡착된 양이온들을 떼어내기 위해서는 과량의 양이온을 토양입자에 가한 후 양이온 치환(cation exchange)을 통해 이루어지는데, 많은 양으로 가해질 수 있는 보편적인 양이온은 H^+이다. 식물은 뿌리털의 세포질로부터 세포막 수송체를 통해 H^+을 토양으로 방출한다. 이 수송체는 ATP 의존성으로 ATP를 분해한 에너지를 이용해 H^+를 세포 밖 토양으로 수송한다. 이렇게 되면 토양수에 H^+이 증가하여 인접한 토양입자에 H^+이 결합하고 대신 흡착되어 있던 양이온이 떨어지며 뿌리털은 이 양이온을 다양한 수단으로 흡수한다. 토양에 H^+을 증가시킬 수 있는 또 방법으로는 뿌리 세포가 CO_2를 방출하는 것이다. 이러한 CO_2는 뿌리 세포의 호흡으로 생성될 수 있다. 방출된 CO_2는 $CO_2 + H_2O \rightarrow H_2CO_3 \rightarrow H_2CO_3- + H^+$ 반응을 거쳐 토양 내 H^+ 농도가 증가하게 되고 양이온 치환이 일어날 수 있다. 한편 음이온(예 NO_3^-)의 경우, 토양입자에 잘 흡착하지 않으므로 쉽게 유실되거나 토양 속 결핍이 일어나기 쉽다. 특히 산성비 또는 토양 산성화는 음이온 양분의 유실을 가져온다.

뿌리 세포 내로의 양이온 흡수는 대개 단순 확산을 통하여 막을 통과하여 이루어지지 않으며, 세포막에 있는 이온 수송체 또는 전달 통로를 통해 능동 및 수동으로 흡수된다.

식물은 다양한 원소들에 대해 독특한 다양한 흡수 메커니즘을 갖고 있으며 한 원소에 대해서도 식물 종에 따른 다양한 흡수 메커니즘을 갖기도 한다. 식물에 필수적인 몇 가지 원소들의 흡수 과정을 예로 살펴보기로 하자.

칼륨(K^+)은 뿌리 표피세포 세포막에 존재하는 여러 종류의 K^+-수송체계(통로)를 통해 흡수하는데, 애기장대의 경우, 뿌리는 주변 환경에 따라서 적응된 다른 흡수체계를 작동시킨다. 세포 밖 주변의 K^+ 농도가 높은 경우(예 >10mM)에는 모든 K^+-흡수 통로를 사용해 세포 내로 수송하지만, 중간 농도(1mM)에서는 AKT1이라 불리는 내면을 향한 수송통로가 주로 사용되고, 낮은 농도(100μM)에서는 AKT1과 K^+에 대한 친화력이 매우 높은 HAK5라 불리는 수송통로를 함께 사용하며, 매우 낮은 농도(<10μM)에서는 HAK5만을 사용해 수송한다.

토양수에 녹아 있거나 토양입자에 흡착하여 있는 어떤 무기이온은 이들과 결합하는 킬레이트(chelate)와 복합체를 이룬 형태로 존재하다가 뿌리로 포획될 수 있다. 예를 들면 애기장대와 같은 쌍떡잎식물에서는 뿌리로부터 H^+이 분비되고 토양입자로부터 철(Fe^{3+})이 떨어져 Fe^{3+}-chelate 복합체를 이루어 안정적으로 토양수에 존재하다가 세포막에서 $Fe^{3+} \rightarrow Fe^{2+}$로 환원된 후 수송체를 통해 흡수되나, 벼와 같은 외떡잎식물에서는 뿌리에서 분비된 phytosiderophore(PS, ㊞ mugineic acid)와 Fe^{3+}-PS 복합체를 형성해 안정적으로 존재하다가 수송체를 통해 복합체를 세포 내로 흡수되는 식물 종에 따른 다른 흡수 양상을 보여준다.

질소(N)는 주로 NO_2^-이온으로 흡수하는데, K^+에서 같이 농도가 다른 주변 환경에서 더욱 효율적으로 흡수하기 위한 다른 수송체계를 갖는다. 두 종류 즉 높은 농도(>0.5mM)에서 작동되는 낮은 친화력의 수송체계(NITRATE TRANSPORTER 1/PEPTIDE TRANSPORTER FAMILY, NPF)와 낮은 농도(<0.5mM)에서 작동되는 높은 친화력의 수송체계(NITRATE TRANSPORTER 2, NRT2)가 작동된다.

인(P)은 토양 및 뿌리 표피 및 피층 세포 밖에서 그 확산 속도가 느려 뿌리 권역 및 식물 내에서 쉽게 고갈되기 쉽다. 음전하를 띤 세포벽 또한 세포벽 농도에 영향을 준다. 세포막 H^+-ATPas의 작용으로 만들어진 양성자(H^+) 기울기를 따라 H^+와 함께 $H_2PO_4^-$는 인 수송단백질을 통과한다. 현재까지 상세한 수송 메커니즘은 밝혀지지는 않았으나, 세포 주위의 인 농도에 따라 인-수송체의 양적인 변화가 수송체 유전자의 발현으로 조절된다. 인 농도가 낮을 때에는 수송체의 수가 증가하여 흡수가 높아진다. 균근(mycorrhiza)은 많은 식물에서 인의 흡수를 도와준다.

탐구 IV-2-1 H^+은 전하가 +1이라 토양입자에 대한 양이온 흡착력이 낮음에도 불구하고 양이온 치환에 매우 효과적인 이유는 무엇인가?

탐구 IV-2-2 H^+-ATPase를 통한 이온 흡수 메커니즘을 설명해보자.

탐구 IV-2-3 뿌리 세포의 세포막에서 수송체를 통한 Mg^{2+} 흡수 메커니즘을 알아보자.

3

무기물의 기능

식물에 필요한 무기원소들은 다양한 역할을 갖는데, 세포 구조, 유기 분자 구성, pH 조절, 효소 활성, 전자전달(산화환원) 반응, 삼투압 또는 이온 균형 조절 및 기타 생장 촉진 등 다양한 기능을 갖는다고 알려져 있으며, 한 가지 원소가 다양한 기능을 가지며 아직도 그 정확한 기능에 대해서 밝혀져야 할 것이 많다. 일반적으로 한 원소의 기능은 식물에서 그 원소의 결핍 또는 공급했을 때 나타나는 생리적인 증세 및 분자적인 결과를 보고 파악된다. 대개는 무기양분을 충분히 준 대조구(control)와 한 가지 원소가 결핍된 용액을 준 실험구(experimental group)를 설정해 비교하여 그 효과를 알아볼 수 있다. 주로 용(양)액 재배가 사용되는데, 그 이유는 토양은 다양한 무기물을 이미 함유하고 있어서 순수하게 한 가지 원소가 결핍된 토양을 얻기 어려워 정확하게 한 원소의 기능을 밝히기 어렵기 때문이다. 사용하는 용기도 무기질이 함유된 재질을 피하여야 한다. 구조와 유기 분자 구성에 참여하는 원소들은 대체로 많은 양이 필요하나 그 외에 효소 활성 조절이나 산화환원

반응에 참여하는 원소는 비교적 적은 양을 필요로 한다.

C, H, O, Ca, P 등은 구조 구성에 많이 필요로 하는 원소들인데, 식물의 많은 양을 차지하는 세포벽의 주성분이 C, H, O로 구성된 셀룰로스(cellulose)임을 통해 알 수 있다. Ca는 세포벽의 주 구성원이며 P는 세포막 인지질의 구성원으로 대량원소로 분류된다.

먼저, 다량원소의 역할을 알아보면 탄소(C)는 탄수화물, 단백질, 지질, 핵산 등의 거대분자를 포함하는 다양한 유기 분자의 구성원이다. H는 물의 구성원이고 C와 함께 유기 분자의 구성원이며 특히 에너지 저장 결합에 참여한다. H는 이 밖에 이온 균형, 능동적인 펌프와 막을 통한 물질 수송, ATP 형성, 환원제 등 그 기능이 매우 다양하다. 산소(O)도 물의 구성원이며 C와 함께 유기 분자를 구성하고 전자전달계에서 최종 전자수용체임으로 고에너지 분자로부터 에너지 추출에 사용된다. N은 아미노산의 구성원으로 단백질을 포함한 다양한 유기 분자의 구성원이고 이 밖에 이차대사물(예 alkaloid), 엽록소, 핵산의 퓨린 염기 등을 구성한다.

P는 ATP의 구성원으로 에너지 전달을 통한 효소 활성, 막의 인지질, 탄수화물과 핵산의 구성 요소가 된다. K는 삼투와 이온 균형 조절에 관여하며 탄수화물과 단백질 형성 조절, 효소 활성을 의한 조요소, 당 및 지질의 형성과 전달, 광합성 산물 수송, 체관액 이동 유도 등의 기능을 갖는다. Ca는 세포벽 중간박막층(middle lamella) 구성원, 효소(예 ATPase, kinase 등) 활성 조절, 핵산과 단백질 결합으로 세포분열 조절에 관여한다. Mg는 엽록소의 구성원, 인 흡수와 변환, 효소(탄수화물대사) 활성 조절, ribosome 구성에 관

여한다. S는 아미노산(예 cysteine, cystine, methionine), 전자전달체(예 ferredoxin), 휘발성 화합물(예 thiocyanate), 에틸렌 전구물질(S-adenosyl methionine), 비타민(예 thiamine), 산화환원반응의 글루타치온(glutathion) 구성원이다.

미량원소인 Fe는 전자전달, heme(예 cytochrome, ferredoxin 등) 구성원, 엽록소 형성, NADP 생산, N과 S의 환원에 필요하다. Zn은 효소 활성(예 dehydrogenase, RNA polymerase, proteinase 등), 세포막 유지, auxin 합성, 독성의 활성산소로부터 보호, 당 수송에 필요하다. Mn은 광합성 기구에서 물 분해를 촉매하는 산소-발생 복합체(oxygen-evoving complex)의 조요소, ATP와 효소를 연결해 활성화하며, 활성산소를 제거하는 superoxide dimutase(SOD)의 구성원이다. Cu는 많은 효소(예 oxidase)의 구성원, 탄수화물 및 질소 대사 조절, 전자전달체인 plasticyanin 구성원 등이다. Boron(B)은 세포벽 및 막 구조 유지, 공변세포에서 K^+ 흡수, 페놀화합물, 질소 및 핵산 대사, 당 수송, 이온 흡수, 질소 고정, RNA 염기 형성 등에 관여한다. 몰리브덴(Mo)은 질소 동화에 필요한데 nitrogenase와 nitrate reductase의 구성 요소로서 NO_3를 NH_4로의 전환에 관여한다. 이 밖에 Fe 흡수와 수송, 단백질 합성과 S 대사에 영향을 준다. 염소(Cl)는 광합성에서 물 분해 효소를 활성화하며 삼투 조절, 기공 개폐 조절, 조직의 물 흡수에 관여한다. 니켈(Ni)은 콩과류를 포함하는 질소 고정 식물에서 고정 산물 특히 요소(urea) 대사에 관여하는 다양한 효소들(예 urease, hydrogenase 등)의 활성에 필요하며, 일부 단백질과 결합하기도 한다.

모든 식물에 필수적이지는 아니지만 어떤 식물에서 미량으로 필요한 원소들인 '유익원소' 중 Si는 기계적인 지지, 곰팡이 질병 저항성, 무기영양 등에 필요하다. Al은 일부 효소(예 dehydrogenase와 oxidases) 활성에 필요하며 양분 흡수, 스트레스에 저항, 대사 증진의 기능을 갖는다고 알려져 있다. 요오드(I)는 셀룰로스와 리그닌 합성을 촉진하고 스트레스 내성을 증가시키며 아미노산 티로신(tyrosine)이 구성 요소이며 다양한 peroxidase 효소의 활성을 조절한다. 또한 잎에서는 약 82종의 단백질이 요오드를 함유하며 잎보다는 뿌리에서 더 많은 다양한 유전자가 요오드에 의해 발현이 증가하는 것으로 알려져 있으나 그 기능에 대한 더 많은 연구가 필요하다. Na는 일부 식물 종(예 시금치와 사탕무)에서 K의 역할을 대체하며 엽록소 합성, 팽압 및 삼투 조절, 기공 기능, 양분 수송, 효소 활성에 관여한다. C_4 및 CAM 식물은 광합성을 위해 Na가 요구된다고 알려져 있다. 이 밖에 코발트(Co)는 중요한 cobalamin 구성 요소로서 여러 효소 및 조효소 작용에 필요하다. 질소 고정식물의 뿌리혹에서 질소고정 과정에서 요구되며, 엽록소와 단백질 형성, 에틸렌 생성에 관여하며, 비료로 공급하면 줄기 발달, 엽초 신장, 눈(싹) 형성, 성장 및 생산성을 증가시킴이 발견되었다. 티타늄(Ti)은 낮은 농도에서 효소 활성 증가, 엽록소 농도 및 광합성 증진, 양분 흡수 증진, 스트레스 내성 증가, Fe 흡수 증진의 효과를 나타냈으나 그 작용 메커니즘은 알려지지 않았다.

탐구 IV-3-1 식물에서 한 원소의 생리적 기능을 알아보기 위한 실험을 고안해 보자.

탐구 IV-3-2 식물에서 Mg^{2+}의 생리적 기능을 상세하게 알아보자.

탐구 IV-3-3 한 식물 종(예 토마토)을 선택하여 생활사(발아~결실)를 마칠 때까지 필요한 모든 원소를 열거하고 그 생리적 기능도 알아보자.

4

무기물 결핍증세와 무기영양 관리

한 원소가 결핍되면 그 원소가 기능을 갖는 식물 대사가 정상적으로 일어나지 않아 식물은 정상적인 생장을 할 수 없다. 그러므로 한 원소의 결핍 증세는 그 원소의 독특한 기능에 기초하여 파악할 수 있으나 식물에서 한 대사는 다른 대사와 연관되는 복잡한 과정이라 정확하게 한 원소 종의 결핍을 확인하기는 어려운 일이다.

식물에서 원소 결핍으로 나타나는 증세는 생장 상태, 기관의 발달, 세포 및 조직 상태, 분자 수준에서의 변화, 토양 및 식물 조직 내 원소의 함량 분석 등을 통해서 파악할 수 있다. 농업에서는 외관상 농작물의 전체적인 생장과 기관(잎, 꽃, 열매, 눈, 줄기, 뿌리 등)의 발달 상태를 파악해 적절하게 원소를 공급해주는 일이 매우 중요하다.

식물의 일반적인 외관상 원소 결핍증세는 생장 저하, 황백화(chlorosis), 괴사(necrosis), 녹색 외 색깔(적색, 청동색, 황색 등) 증가, 기관(잎, 줄기, 열매, 뿌리, 꽃) 기형, 시듦 등인데, 한 원소의 독특한 결핍 증세는 나타나지 않고 식물 종에 따라서 차이가 나타나기도 하므로 여러 가지 결핍 증세를 종합하여 판별한다.

외관상 식물의 결핍 원소 파악은 식물 내에서 그 원소가 보여주는 이동성에 따라 나타나는 증세를 관찰하여 알아본다. 식물 내에서 이동성이 높은 원소는 N, K, Mg, P 등이며 느린 원소는 Zn, Mn, Ca, S, Fe, B, Cu 등이다. 토양 내 원소가 부족하면, 식물은 그 원소를 흡수할 수 없게 되며, 기존에 그 원소를 흡수하여 저장한 하부에 있는 오래된 성숙 잎으로부터 원소가 필요한 상부의 어린잎이나 눈으로 원소를 이동시킨다. 그러므로 이동성이 느린 원소는 신속하게 상부로 이동하지 못하므로 상부의 기관은 결핍을 겪게 되며, 이동성이 빠른 원소는 오래된 잎에 저장된 원소가 빠르게 상부로 이동하므로 오래된 하부 잎이 결핍을 겪게 된다. 즉 결핍 증세가 먼저 식물의 어느 부위에서 나타나는가를 파악하여 일차적으로 어떤 부류의 원소가 부족한지를 파악할 수 있다. 이후 원소의 독특한 기능과 결핍 증세를 고려하여 판별한다.

먼저 오래된 성숙 잎에서 또는 어린 잎이나 정단부에서 탈색, 황변, 괴사, 기형 등이 나타나는가를 파악하여 부족한 원소 집단을 대략 추정하고 이후 증세의 균일성, 국부성, 기타 독특성(엽맥 사이, 잎 주변 색깔 변화, 기형 등)에 기초하여 부족한 원소를 판별하는데, N, K, Mg, P, Cl, Na, Zn, Ca, S, Fe, B, Cu 등은 이런 방법으로도 어느 정도 판별해 낼 수 있다. 몇몇 중요 농작물(예 콩, 옥수수, 대마, 토마토 등)에 대한 원소 부족 증세를 파악할 수 있는 판별 표가 작성되어 있으므로 농부들이 참고하고 있다.

잎이나 줄기의 색깔 변화인 백화(chlorosis)나 안토시아닌 색소 형성은 원소 부족에 대한 주요 지표가 되므로 최근에는 자라는 식물에서 원소 종류에 따른 색깔 변화를 직접 탐지할 수 있는 도구들이 많이 사용되고 있는데, 색차계, 적외선 탐지장치 등이 그 예이다. 눈으로 파악할 수 있는 부족 증세는 이미 많이 진행된 상태여서 이때 부족한 원소를 공급하기에는 생산성 저하를 막기 어려울 수 있지만, 이들 탐지장치를 이용해 매우 일찍 외관상 증세가 나타나기 전 파악이 가능하여 생산성 저하 없이도 적절하게 부족 원소를 공급할 수 있어서 향후 많이 이용될 수 있을 것이다.

몇몇 주요 원소들에 대한 부족 증세를 좀 더 상세하게 알아보면, 질소 부족은 식물 전체가 연한 녹색을 띠게 되면서 가늘고 약하며 키가 작고, 하부 오래된 잎으로부터 증세가 시작되어 어린잎이나 줄기 끝으로 퍼진다, 잎은 연한 녹색이나 황색, 때로 옅은 분홍색을 띠기도 한다. 열매의 발달이 미약하다.

칼륨이 부족하면 잎 가장자리가 옅은 갈색을 띠는 황색 또는 자주색이며 개화와 결실이 빈약하다. 증세는 먼저 하부 오래된 잎에서 잎 가장자리의 백화가 진행되어 점차 엽맥 사이로 퍼진다.

칼슘이 부족하면 새로운 잎, 눈 및 뿌리 성장이 멈춘다. 증세는 상부 또는 어린잎이 잎 가장자리와 끝이 갈색으로 변하고 아래쪽으로 말리며 끝이 죽는다. 열매의 발달은 미약하고 모양이 불규칙하다. 일부 식물 종에서는 잎이 비정상적으로 녹색을 띠거나 뿌리가 짧아지고 뭉툭하다.

인이 부족하면 매우 느린 성장과 잎은 흐릿한 황색을 띠고 안토시아닌 색소 축적으로 자주색 또는 황동색이 나타나기도 한다. 증세는 하부 성숙 잎으로부터 나타나기 시작한다.

마그네슘은 엽맥 사이가 황색을 띠며 때때로 연한 적갈색을 띠기도 하는데 조기 낙엽이 일어난다. 결핍이 심해지면 성장이 감소하고 잎 크기가 줄어들며 성숙 잎이 떨어진다. 열매는 발달이 미약하고 적게 달린다. 증세는 하부 성숙 잎에서 시작된다.

황이 결핍되면 어린잎이 황색으로 변하기 시작하여 전체로 번진다. 증세는 질소와 유사하지만 어린 부위로부터 시작된다. 성장이 멈추고 줄기가 가늘어진다.

철 부족은 어린잎에서 엽맥 사이가 황색이나 백색을 띠고 잎 가장자리는 갈색이 나타나고 잎 조직에 죽은 반점이 형성된다. 줄기 정단이 내부 쪽에서 죽기 시작해 심하면 새로 형성되는 잎은 크기가 작고 고사 반점 형성과 함께 거의 흰색으로 변한다.

망간이 부족하면 새로 형성되는 잎에서 엽맥 사이에 탈색과 잎에 얼룩이 생기며 백화와 괴사 반점이 생긴다. 새로운 잎은 크기가 작아지며 끝이 말라 죽을 수 있다.

몰리브덴 부족은 잎이 길쭉하고 꼬인 형태로서 주로 유채류에서 나타난다.

붕소는 증세가 상부에서 나타나기 시작하는데, 성장이 느리고 기형이며 줄기 말단이 말라 죽는다. 식물에 따라 잎의 탈색, 줄기의 갈색 균열, 열매가 군데군데 갈색으로 움푹 들어가는 형상이 나타나기도 한다. 중심 줄기에서 곁눈 가지가 '빗자루병'이라 불리는 모양으로 증식한다. 꽃피는 관목류에서는 마디가 짧아지고 주름지거나 찻잔 모양의 작고 부서지기 쉬운 잎이 발달한다.

아연이 부족하면 어린잎의 엽맥 사이 백화, 청동색 또는 얼룩이 생기며, 잎이 작아진다. 줄기 사이가 짧아져 길이가 감소하여 로제트 모양의 식물체를 형성한다.

원소 결핍 증세를 요약해보면 백화현상(엽록소 감소, chlorosis), 조직 죽음(괴사, necrosis), 성장 저하, 안토시아닌(anthocyanin) 형성, 개화 시기 변화, 말라 죽음, 기관 기형을 포함한 형태 변화 등으로 나타나는데, 이를 원소별로 분류해 볼 수 있다. 식물 종에 따라 결핍 증세가 차이가 있을 수 있으며, 한 증세는 한 원소 결핍의 독특한 특징이 아닐 수 있다.

1) 백화: N, K, Mg, S, Fe, Mn, Zn, Mo, Cu
   엽맥 사이 백화: Mg, Fe, Mn, Zn
   잎 가장자리 백화: K, Mo
2) 괴사: Mg, K, Ca, Zn, Mo, Cu
3) 성장 저하: N, P, Ca, K, S
4) 안토시아닌 형성: N, S, Mo, P, Mg
5) 조기 개화: N, Ca
6) 개화 연기: N, S, Mo, P
7) 시듦, 말라 죽음: Cu, Cl
8) 잎끝 구부러짐: Ca
9) 잎 크기 감소: Zn, Cu
10) 열매 괴사: B
11) 잎 가장자리 말림: K, Mo
12) 열매 형성 감소: Zn

13) 낙엽: N, Mg

14) 종지와 열매 크기 및 생산량 감소: K, P

15) 딱딱한 줄기 및 목질화: S

16) 잎 두꺼워짐과 말림: B

17) 잎 기형: Cu

18) 성장 부위에서 여러 개 싹: Cu

19) 짙은 녹색의 잎: P(초기에는 더 많은 뿌리 덩이)

20) 뿌리 수 감소 및 긴 뿌리: P

21) 뿌리가 짧고, 조밀한 측근, 두터움: Ca, B

22) 피다 만 꽃: Ca, B

23) 짧은 마디 간격(로제트 몸체): B, Zn

탐구 IV-4-1 백화현상(Chlorosis)은 왜 일어나며, 부족하면 백화를 일으키는 모든 원소를 열거해보자.

탐구 IV-4-2 부족하면 잎이나 줄기가 자주색 띠게 유도하는 원소들을 나열해보자.

탐구 IV-4-3 주위에서 비정상적인 생장을 보이는 한 식물을 찾고 무기원소 부족 측면에서 그 원인을 설명해보자.

이상에서 살펴본 다양한 결핍 증세를 바탕으로 생장 중인 식물(또는 농작물)에서 결핍 원소를 판별하고 대처하는 일은 중요하다.

일반적인 절차는 다음과 같다. 첫째, 식물의 어떤 부위(하부의 성숙 잎, 상부의 어린잎이나 자라는 부위, 식물 전체)에서 증세가 나타나는가를 확인하고 가설적인 원소 집단(이동성에 따른)을 추정한다. 둘째, 판별 키(key)를 통한 원소 판별한다. 셋째, 다량원소인가 미량원소인가 판별한다. 넷째, 적절한 양의 원소 공급한다.

원소결핍판별 key의 예는 다음과 같다.

▷ 하부의 성숙 잎에서 증세 나타남

- 조직이 죽은 반점(괴사), 잎이 시들거나 마름, 잎 가장자리에 괴사 반점 → 칼륨(K)
- 탈색(백화)으로 연한 녹색 또는 노랗게 변함
  - 마다 사이에서 형성 또는 잎 가장자리는 녹색이나 가운데는 녹색 → 마그네슘(Mg)
  - 잎에 균일하게 퍼져 있음
- 조기 개화/ 또는 낙엽 → 질소(N)
- 비정상적으로 짙은 녹색 또는 자주색의 잎, 특히 하부 잎이 건조해 짙은 녹색/ 짧은 뿌리 → 인(P)

▷ 상부 또는 어린잎에서 증세 나타남

- 잎이 말라가거나 괴사가 나타남
  - 작은 잎과 짧은 마디, 중앙 잎에서 엽맥 사이에 백화, 성장 둔화 → 아연(Zn)

- 어린잎의 백화, 끝이 시든 모습을 갖다 죽음. 작고 연한 꽃 → 구리(Cu)

- 어린잎이 기형이고 괴사가 나타남

- 기형의 잎이 괴사하고, 끝눈이 갈고리처럼 구부러지고 죽음, 회색 가장자리를 갖는 기형 잎 → 칼슘(Ca)
- 성장하는 말단이 죽고, 짧은 마디 사이, 두꺼운 잎, 끝눈이 비틀리거나 죽음, 잎은 회색의 가장자리와 갈색 반점, 곁눈 생장으로 빗자루 모양 → 붕소(B)
- 뭉툭한 괴사 잎 말단 주위에 짙은 녹색 부위, 두꺼워지고 말린 잎 → 니켈(Ni)

- 백화

- 마디 사이가 백화로 노랗게 변함. 엽맥과 탈색 부위의 명확한 구별 → 철(Fe)
- 마디 사이가 황갈색 반점이 생기는 백화. 엽맥과 탈색 부위에 불분명한 구별 → 망간(Mn)

▷ 전체 또는 중앙부에서 증세가 나타남

- 잎 가장자리에서 백화가 일어나다 괴사가 진행 → 몰리브덴(Mo)
- 잎은 연한 녹색, 백화 반점이나 무늬는 생기지 않음. 백화가 균일하게 일어나거나 연한 꽃 색깔 → 황(S)

부족 원소는 결핍 증세를 수시로 점검하여 판별 후 즉시 공급해야 한다. 심각한 결핍 증세를 보일 때는 부족 원소를 공급하더라도 이미 생산성이나 질을 회복하기 힘들 정도로 식물이 손상된 상태이므로 조기 진단이 필요하다.

한 원소 부족 증세가 나타날 경우, 보통 그 원소 이름이 표기된 비료를 공급하며 그 원소가 다량 함유된 천연비료를 공급할 수도 있다. 질소 부족 증세가 나타날 경우, 암모늄, 아질산, 요소 등이 표기된 비료나 동물 배설물을 공급한다. 철은 침전을 막고 용해도를 높이기 위해 철-킬레이드(Fe-chelate)로 공급한다. 이 밖에 천연비료로는 칼슘 부족의 경우 석회질 비료를, 인의 경우 골분(bone) 등을 사용한다. 퇴비는 동식물의 사체나 분뇨 등을 비료로 공급하기 위해 장기간 삭혀 만든다. 이러한 유기질 비료는 토양에 공급하면 장기간 무기물을 방출하기 때문에 그 효과가 오래가며, 토양의 수분 보유력과 통기성도 증가시켜 미생물이나 토양 서식 작은 동물도 증가시켜 토양의 질도 향상된다. 토양 미생물 증가는 토양 유기물의 무기물화를 촉진해 무기물 공급을 증대시키고 토양의 질도 향상된다.

탐구 IV-4-4 식물의 각종 무기물 부족을 보충하기 위해 판매하는 비료를 알아보자.

탐구 IV-4-5 식물이 무기물 부족을 보충해주기 위한 유기질 비료로는 무엇이 있으며, 그 제조법에 대해서도 알아보자.

탐구 IV-4-6 토양에 유기물 비료를 주면 왜 토양이 좋아지나?

참고문헌

Kan, S., and Kafkafi, U. Impact of Mineral Deficiency Stress. https://plantstress.com/mineral-deficiency.

Maillard, A., Diquélou, S., Billard, V., Laîné, P., Garnica, M., Prudent, M., Garcia-Mina, J-M., Yvin, J-C., and Ourry, Alain. (2015) Leaf mineral nutrient remobilization during leaf senescence and modulation by nutrient deficiency. Front. Plant Sci., 13.https://doi.org/10.3389/fpls.2015.00317

Owen, J. Jr. Mineral nutrient deficiencies and toxicities. https://agsci.oregonstate.edu/sites/agscid7/files/horticulture/osu-nursery-greenhouse-and-christmas-trees/Octoberpest%2006%20Mineral%20Nutrient%20Defeciencies.pdf

Qiuyun, J. (2020) Identifying Nutrient Deficiency in Plants. Nparks Buzz. https://www.nparks.gov.sg/nparksbuzz/oct-issue-2020/gardening/identifying-nutrient-deficiency-in-plant

Guide to Symptoms of Plant Nutrient Deficiencies. https://extension.arizona.edu/sites/extension.arizona.edu/files/pubs/az1106.pdf

Nutrient deficiency guide for crops. https://cropnuts.com/plant-nutrient-deficiency-symptom-guide-for-crops/

Nutrient deficiency symptoms of plants. https://agritech.tnau.ac.in/agriculture/agri_min_nutri_def_symptoms.html

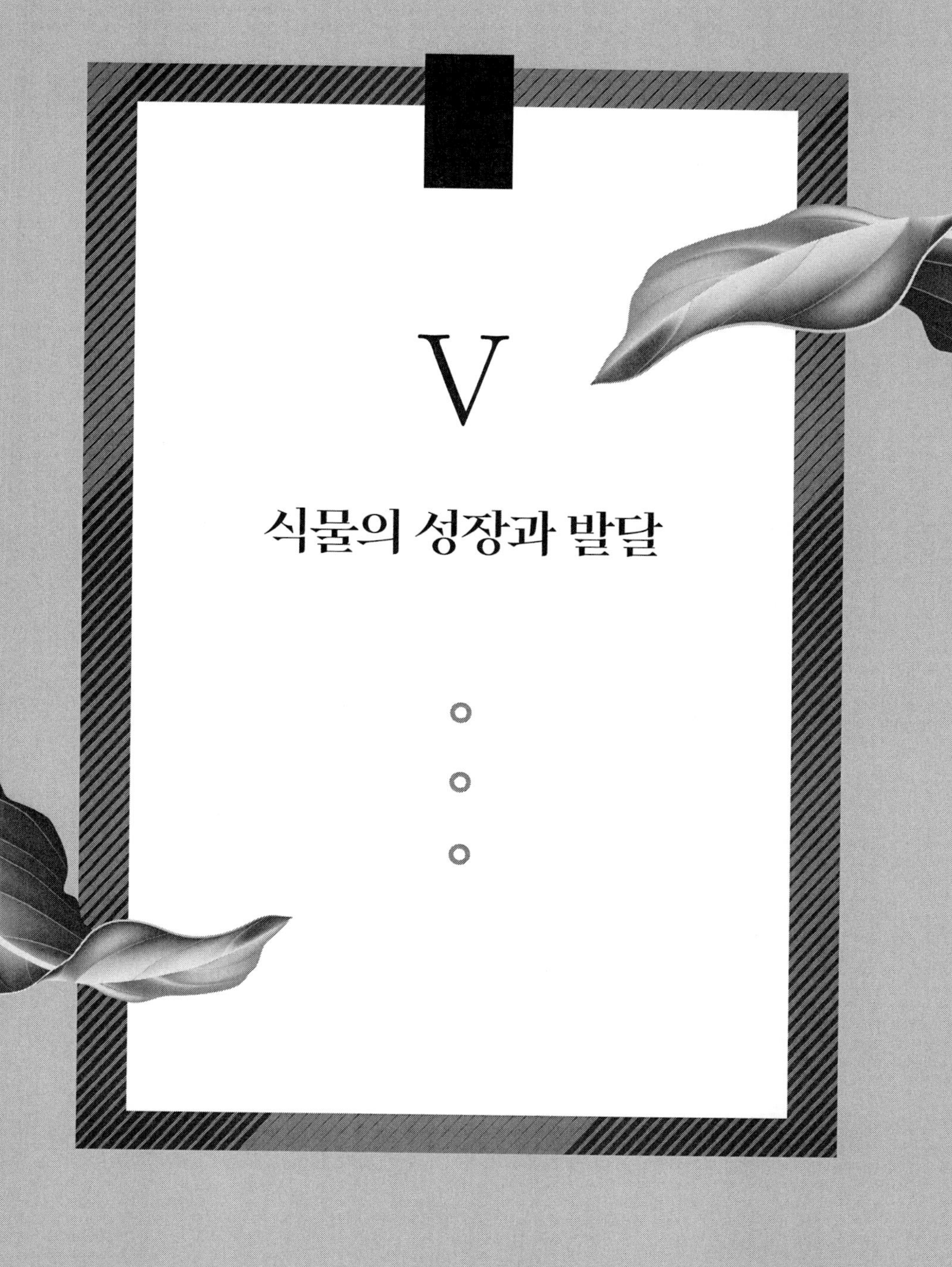

V

식물의 성장과 발달

발아

식물은 한 계절, 1년 또는 여러 해를 거치며 다양한 성장단계를 통해 생장하는데, 종자의 싹틈(발아), 유묘, 영양생장, (잎, 가지, 꽃을 만들기 위한) 새싹 형성, 개화, 종자(열매) 완성의 성숙 단계를 갖는다.

식물의 생활사는 종자의 발아부터 시작된다. 종자는 대개 발아에 필요한 구조 및 필요한 요소를 갖추고 있으며 이 외에도 외부 환경요소인 물, 산소, 빛 중력 등이 필요하다. 많은 종자는 성숙하였을 때 발아에 필요한 환경조건이 주어지더라도 발아하지는 못하는데, 두터운 종피를 갖거나 발아를 억제하는 앱시스산(abscisic acid)과 같은 휴면화합물의 축적, 발아에 필요한 효소(예 amylase)나 발아 유도 호르몬(예 지베렐린, gibberellin)의 결여 등이 그 원인이며, 이러한 발아억제는 좋지 않은 환경에서 종자가 발아하여 어린 식물이 죽는 것을 막아준다.

1) 종자의 구조

종자는 쌍떡잎식물과 외떡잎식물에서 차이는 있으나 기본적으로 다음과 같은 구조를 갖는다.

- 종피(Testa): 종자 바깥 껍질로 배아의 식물을 보호
- 주공(Micropyle): 종자 바깥 껍질에 있는 작은 구멍으로 물을 흡수하는 통로
- 떡잎(Cotyledon): 쌍떡잎식물 종자에서 양분을 저장하며 배아의 잎을 형성
- 유엽(Plumule): 배아의 줄기로 상배축(epicotyl)이라 부르기도 한다.
- 유근(Radicle): 배아의 뿌리
- 배젖(Endosperm): 외떡잎(화본과)식물 종자에서 양분 저장 조직
- 배반(Scutellum): 외떡잎(화본과)식물 종자에서 발아할 때 배젖 분해물질 흡수기관
- 엽초(자엽초, Coleoptile): 외떡잎(화본과)식물 종자에서 어린잎을 감싸는 조직
- 근초(Coleozhiza): 외떡잎(화본과)식물 종자에서 배아의 뿌리를 둘러싸고 있는 층
- 호분층(Aleuron layer): 벼과식물에서 종피와 배젖 사이에 있는 효소단백질 함유 세포층. 양분저장 및 종자 발아에 관여

탐구 V-1-1-1 외떡잎식물과 쌍떡잎식물 종자 구조에 있어서 차이점은 무엇인가?

탐구 V-1-1-2 종자 구조에 있어서 각 부위의 기능은 무엇인가?

탐구 V-1-1-3 우리 주위에서 흔히 볼 수 있는 종자(예 옥수수, 콩, 땅콩 등)의 구조를 살펴보고 각 부위를 확인해보자.

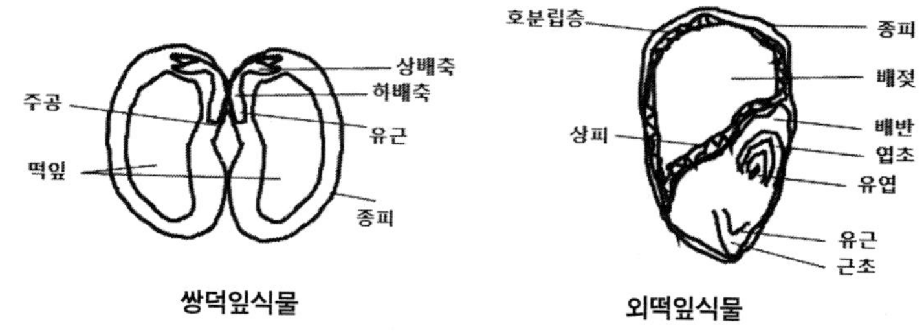

2) 종자 발아 요소

발아에 영향을 주는 요소로는 빛, 온도, 물, 통기성(산소)과 같은 무생물적 요소와 종자의 생존력 및 휴면기 같은 생물적 요소가 있다. 휴면 종자는 대개 건조한 상태로 생장 중인 세포의 10% 전후의 물을 함유한다. 물 흡수는 종피와 주공을 통해 이루어지며 발아에 필요한 효소를 활성화하여 대사를 진행하고 종피를 연하게 하여 가스 교환이 일어나고 싹이 트거나 물질 투과성을 증대시켜 준다. 물은 또한 용존 산소와 불용성 양분을 용해성으로 변환시켜 성장하는 배아로 이동하도록 만들어주기도 한다.

발아 종자는 많은 에너지를 위한 왕성한 호흡을 위해 충분한 산소가 필요하다. 필요한 산소 대부분은 토양 내 공기로부터 얻기 때문에 토양이 물에 잠기거나 너무 깊게 심어도 발아하지 않는다.

종자 발아에 대한 온도의 영향은 대사 활성과 관련이 있는데, 발아는 왕성한 대사를 필요로 하므로 효소 활성 및 세포질 활성에 적절한 종자의 발아 적정 온도는 25~30°C이나 비교적 광범위한 범위 내에서 발아한다. 대개 바로 수확한 어떤 식물의 종자는 발아 온도의 범위가 좁지만 성숙한 후에는 그 범위가 넓어지기도 한다.

빛이 발아에 미치는 영향은 식물 종에 따라 다르게 나타난다. 농작물을 포함한 많은 식물에서 발아는 빛과 무관하나 어떤 식물 종은 빛이 전혀 닿지 않도록 깊게 심으면 발아하지 않으며(예 상추, 담배, 벼과 식물 등) 빛이 오히려 발아를 억제한다(예 토마토, 양파, 백합 등). 농업에서는 잡초와 농작물의 종자 발아가 이루어지는 토양의 깊이를 이해함으로써 잡초 발생을 줄일 수도 있는데, 잡초의 경우 15㎝ 정도 깊이에서 종자가 발아하므로 농작물을 심기 전에 토양을 갈아엎으면 종자 발아가 억제되기도 한다.

이 밖에 수서식물의 경우 pH(특히 높은 산성)가 발아에 영향을 주기도 하며 많은 식물(예 난초)에서 곰팡이 감염이 발아를 촉진하기도 하며, 기생식물의 종자는 숙주식물 뿌리 근처에서 발아하는데 숙주식물 뿌리가 발아에 필요한 성장 호르몬을 분비한다.

종자 내 여건도 발아에 중요한데, 종자가 성숙하여 땅에 떨어지거나 분산될 때 배는 미성숙 상태를 유지한다. 이러한 종자는 배가 성숙해야 발아할 수 있는데, 배 성숙에 필요한 충분한 호르몬(예 지베렐린)이 없거나 휴면을 유지케 하는 호르몬(예 앱시스산)이 축적되어 있다. 종자가 적절한 호르몬 수준을 유지하기 위해서는 일정 기간이 필요하며 이는 서식 환경 및 식물 종에 따라 다르다. 배가 성숙하더라도 물이 통과하기 어려운 두터운 종피, 성장억제 화합물, 유기 및 무기양분, 효소 등에 따라 종자는 발아할 수 있는 유효기간도 갖는데(예 콩류를 제외한 농작물의 경우 2~5년), 이 또한 환경이나 식물 종에 따라 차이가 있다(미모사는 100년 이상, 자작나무와 차나무는 한 계절). 시간이 갈수록 종자의 발아력은 떨어지기도 하지만 수명 내에서 발아 여건이 되면 발아를 회복한다.

탐구 V-1-2-1 종자가 발아하는데 필요한 요소를 알아보자.

탐구 V-1-2-2 종자 발아에 필요한 요소 중 빛과 물의 역할을 설명해보자.

탐구 V-1-2-3 종자 발아 및 휴면에 있어서 관련된 호르몬은 무엇인가? 그 역할은 무엇인가?

3) 발아 과정

종자 발아 과정의 전체 순서를 살펴보면, 먼저 발아 시작 단계에 있어서 종자가 물을 빠르게 흡수하고 부풀어나며 종피가 연해지는데 이를 '물 흡수(imbibition)' 단계라고 부른다. 물을 흡수하면서 종자는 호흡을 개시하고 단백질을 만들며 저장 양분을 분해하는 유도기(lag phase) 단계가 나타나며 한다. 종피가 파열되면 유근이 성장하면서 1차 뿌리를 형성하여 물을 흡수하기 시작한다. 유근과 유엽이 나오면 줄기 정단부가 땅 위로 성장하며 솟아난다. 종자의 세포들은 대사 활동이 왕성하여 신장하고 분열하여 유묘가 형성된다. 종자는 성장을 위한 에너지와 원료를 떡잎 또는 배젖에 저장하는데, 저장 양분의 형태는 보통 전분이다. 전분은 불용성이며 종자가 사용하기 위해서는 효소의 도움을 받아 용해성 당(예 포도당) 분자로 변환되어야 한다.

적절한 온도에서 물이 흡수되면, gibberellin 또는 gibberellic acid (GA)가 형성되고 이 호르몬은 아밀라아제(amylase) 효소 유전자의 발현을 촉진해서 아밀라아제 효소가 형성된다. 아밀라아제는 전분을 엿당(maltose)으로 분해하여 포도당이 형성된다. 배에서 형성된 포도당은 발아를 일으키는 에너지원으로 사용되고 일부는 세포벽 성분인 cellulose 합성에 사용된다.

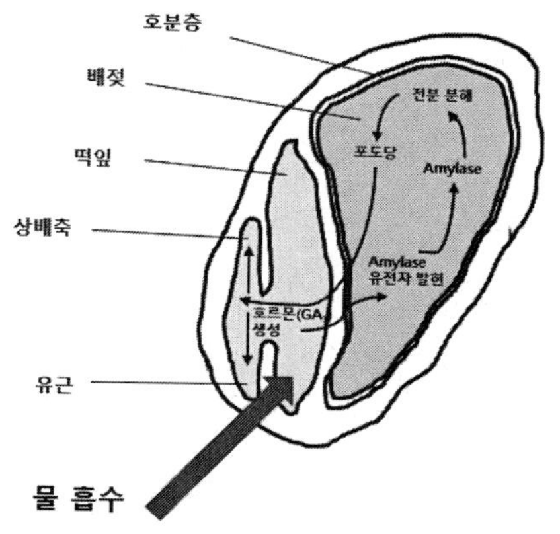

종자 발아 유도 과정: 물이 흡수되면 GA가 형성되고, GA는 전분분해효소 amylase를 발현을 유도해 전분 분해로 포도당이 형성되어 잎과 뿌리 생장부위로 이동한다. 동시에 호분층에 저장된 단백질이 분해되어 아미노산이 공급된다. 빛, 온도 등은 피토크롬 등을 통해 관련 유전자 발현을 유도한다.

탐구 V-1-3-1 Amylase 효소 형성 과정을 순서대로 말해보자.

탐구 V-1-3-2 배젖과 호분층의 기능은 무엇인가?

탐구 V-1-3-3 상추씨 등은 발아 시 빛이 필요하다. 빛은 어떤 역할을 하는가?

4) 발아 형태

발아 형태는 쌍떡잎식물과 외떡잎식물 사이에 차이가 있다. 쌍떡잎식물에서 제일 먼저 종자로부터 형성되는 식물 부위는 유근(radicle) 또는 1차 뿌리라고 불리는 배아의 뿌리이다. 이 뿌리를 통해 어린 식물(유묘)은 땅에 고착하여 물을 흡수하는 것이 가능해진다. 뿌리가 물을 흡수한 후 배아 줄기 또는 싹(shoot)이 형성되기 시작한다. 이 싹은 떡잎, 떡잎 하부 줄기(하배축, hypocotyl) 및 떡잎 상부 줄기(상배축, epicotyl)로 구성된다.

식물 종에 따라서 싹이 트는 방식에도 차이가 있다.

- **자엽 지상(떡잎 지상,** Epigeal)**:** 하배축이 신장하며 고리형태를 만들어 떡잎과 정단분열조직을 지상부로 당긴다. 일단 지상으로 나오면 곧게 펴지며 떡잎과 줄기 정단이 공기 중으로 당겨져 나온다. 즉 떡잎이 지상으로 나오는 형태이다. 콩이 그 예이다. 떡잎은 남아서 광합성을 수행하거나 양분을 공급한 후 죽는다.
- **자엽 지하(떡잎 지하,** Hypogeal)**:** 상배축이 신장하며 고리 형태를 이룬다. 떡잎은 땅속에 남아서 성장에 양분을 공급하고 궁극적으로 분해된다. 즉 떡잎은 지상으로 나오지 않는다. 완두가 그 예이다.

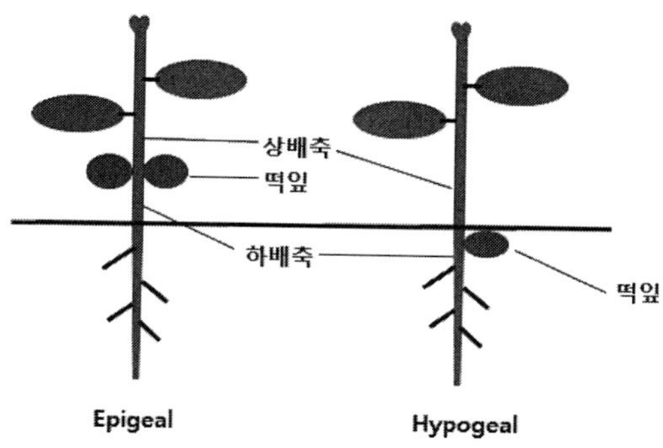

외떡잎식물(예 옥수수)에서는 종자의 유근은 근초(coleorhiza)로, 떡잎은 엽초(coleoptile)로 각각 싸여있다. 근초는 종자로부터 밖으로 형성되는 최초의 부위이며 이어서 유근이 밖으로 자란다. 엽초는 지표면에 도달할 때까지 상부로 밀어 올려지며, 지표에서 신장이 멈추고 최초의 잎이 나온다.

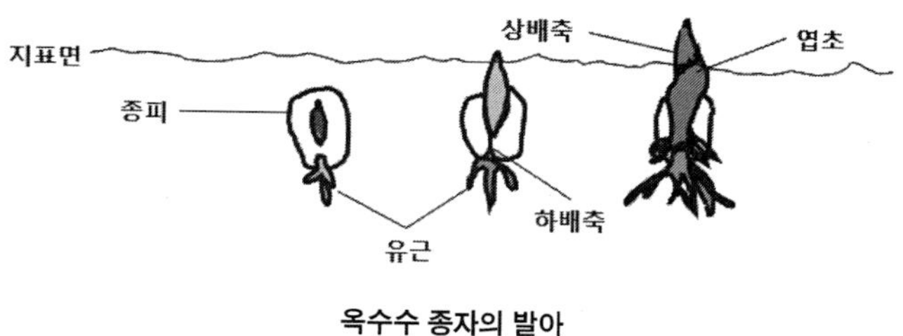

옥수수 종자의 발아

탐구 V-1-4-1 자엽지상과 자엽지하 형태에서 떡잎의 변화를 구분해보자.

생장

식물은 지상부와 뿌리가 세포분열로 세포 수가 증가하고 형성된 세포가 신장하면서 길어져 성장한다. 식물은 줄기와 뿌리 정단을 포함한 성장 부위에 계속해서 분열하는 분열조직(meristem)이 존재한다. 분열조직은 계속해서 분열하고 분화할 수 있는 미분화된 세포로 구성되는 조직이다. 초본류(예 외떡잎식물)는 대개 정단 부위의 세포분열과 세포 신장으로 길이 성장이 일어나지만, 목본류는 이 외에도 횡적인 세포분열과 세포 신장으로 인한 부피 성장도 일어나서 몸체가 커지게 된다. 줄기와 뿌리의 길이 성장을 1차 성장(primary growth), 횡적인 부피 성장을 2차 성장(secondary growth)이라 부른다. 즉 초본류는 1차 성장을, 목본류는 1차 성장과 2차 성장이 모두 나타난다.

세포는 형성된 후 세포 분화를 거쳐 다양한 유형의 세포로 완성되는데, 일단 분화된 세포는 다시 분열하지 않는 특수 기능의 세포가 된다. 식물은 또한 노화되거나 손상된 세포를 대체하고 복구하기도 한다.

뿌리와 줄기 끝 성장 부위에 존재하는 분열조직을 정단 분열조직(apical meristem)이라 부르며, 1차 성장 즉 길이 성장에 기여한다. 줄기에서는 이와 더불어 잎과 꽃이, 뿌리에서는 측근이 형성되기도 한다. 정단 분열조직은 다양한 유형의 세포를 형성하기 위해 3가지 유형의 분열조직으로 다시 분화한다. 원표피조직(protoderm)은 표피조직을 생산하며, 기본분열조직(ground meristem)은 기본조직(예 유조직)을, 원형성층(procambium)은 물질 운반 통로 기능의 물관과 체관을 생산한다. 1차 성장은 이 세 가지 유형의 조직이 형성되어 길이와 높이가 증가함을 의미한다. 줄기에 있는 싹(액아, axillary bud)은 평소에는 성장하지 않고 있다가 정단 싹이 잘리거나 잎이 손상되면 자라서 새로운 잎과 가지를 형성한다.

나무와 같은 목질 식물에서는 2차 분열조직(Secondary meristems)이 발달하여 성장한다. 2차분열조직에는 물관부(목부, xylem)와 체관부(사부, phloem)를 형성하는 관다발(유관속) 형성층(vacular cambium)과 표피 하부에 코르크(cork)조직을 형성하는 코르크 형성층(cork cambium)의 두 가지 유형이 있다. 관다발 형성층에서는 형성층 세포가 분열하여 바깥쪽으로는 체관부를, 안쪽으로는 물관부를 만드는데, 물관부는 죽은 세포로 영원히 남아서 리그닌(lignin)이 축적되어 단단한 목재(wood) 층을 형성하나 체관부는 수명이 짧아 약 2년 이상이 되면 사라지므로 줄기 횡단면에서는 목재 층이 대부분을 차지하며 체관부와 표피층은 바깥쪽에 엷게 존재한다. 매년 새로 형성되는 물관부의 목재 층은 봄에 형성된 것(춘재)은 크고 벽이 엷으나 가을에 형성된 것(추재)은 작고 벽이 두터워 모양이 차이가 있어서 환상의 띠 형태로 나타나며 이를 성장테(또는 나이테)라고 부른다. 코르크 형성층은 체관부와 표피 사이에 존재하며 수피(bark; 사부, 코르크층 및 표피를 합쳐서 부르는 용어)의 일부이다. 성숙한 나무에서, 코르크층은 결국 표피층을 대체하게 되는데, 소나무나 참나무 표면에 울퉁불퉁한 코르크층을 쉽게 관찰할 수 있다. 나무에서는 뿌리에서도 코르크층이 형성되기도 한다.

뿌리는 외떡잎식물에서는 종자가 발아할 때 형성된 최초의 뿌리는 점차 죽어 없어지고 줄기에서 형성되는 많은 뿌리로 이루어진 수염뿌리(뿌리가 아닌 부위에서 형성된 모든 뿌리를 나타내기도 한다)로 자라나나 쌍떡잎식물에서는 최초의 뿌리가 그대로 유지되어 주축을 이루며 성장하고 이로부터 측근(곁뿌리)이 형성되는 원뿌리(주근, primary root)를 형성한다. 뿌리의 신장은 뿌리 정단 분열조직의 세포분열과 세포 신장으로 이루어진다. 뿌리털은 표피의 돌출 변형으로 형성되나 측근은 내피 안쪽에 존재하는 내초(pericycle)의 분열로 형성된다.

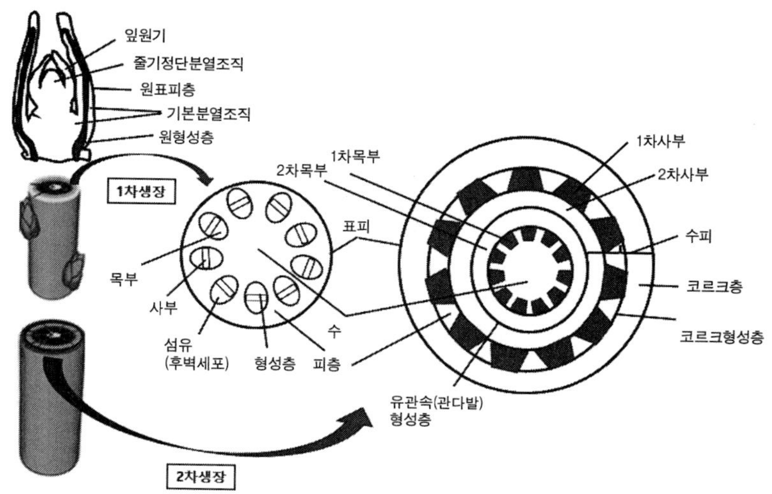

지상부(Shoot)의 1차생장과 2차생장

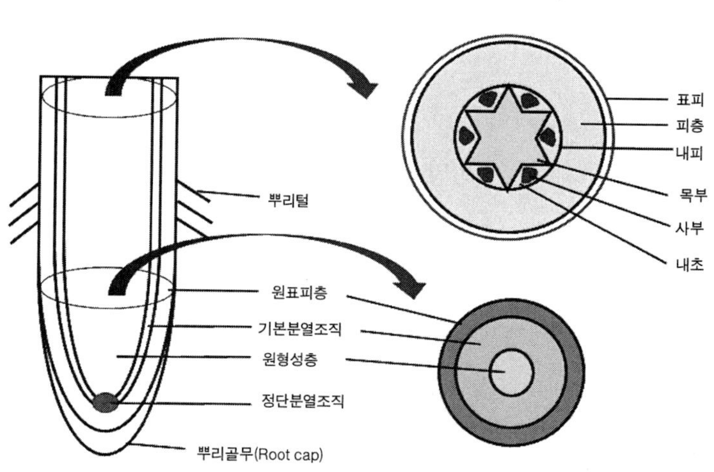

뿌리의 생장

생식

식물은 주로 포자 또는 종자로 번식하는 유성생식을 하지만 일부 식물 종은 줄기나 뿌리 등으로 이루어지는 무성생식을 하기도 한다. 식물의 유성생식 생활사는 포자(spore)를 만드는 포자체(sporocyte)와 배우자(정자와 난자)를 만드는 배우체(gametophyte)의 두 단계로 이루어져 있다. 이끼, 석송류 및 양치류는 주로 포자를 만들고 이 포자로부터 생산된 난자와 정자의 수정을 통해 자손을 만드나 겉씨식물과 속씨식물에서는 암컷 포자와 수컷 포자를 생산하여 각각 난자와 정자로 발달시킨 후 수정을 통해 종자를 생산한다.

이끼류(선태식물)는 우리가 주로 관찰하는 식물체는 배우체로서 정자와 난자를 형성한다. 배우체인 식물체의 정자 형성부(수컷 배우체, 장정기)에서 생산된 정자는 헤엄을 쳐서 다른 식물체의 난자 형성 부위(암컷 배우체, 조낭기)로 들어가 수정이 되며 수정체는 바로 포자체로 발전한다. (포자체는 자루가 막대 끝에 달린 황색의 형태로 난자를 형성하는 배우체 식물 끝에서 일시적으로 수정 후에 형성되는데 눈으로 관찰이 가능) 포자체는 감수분열을 통해 포자를 생산하며 포자는 땅에 떨어져 발아하여 식물체(배우체)로 발달하는 생활사를 계속한다. 포자체는 별도의 식물체가 아니며 배우체에 부착해 의존해 발달한다.

양치류(예 고사리)는 우리가 주로 관찰하는 식물체가 포자체로서 가을(또는 적절한 시기)에 잎 아랫면에서 감수분열로 포자를 형성한다. 형성된 포자는 땅에 떨어져 온도가 적절하고 비가 오는 시기에 발아하여 정자와 난자를 생산하는 일시적인 독립체의 식물체(배우체)가 된다. 이 배우체 식물체는 난자 형성부(조낭기)와 정자 형성부(장정기)를 모두 갖고 있으며, 형성된 정자는 헤엄을 쳐서 다른 배우체 식물의 조낭기로 접근해 안에 있는 난자와 수정을 한다. 수정체는 새로운 포자체 식물로 성장하는데 바이올린 줄감개 형태의 초기의 어린 식물을 채취해 나물로 먹기도 한다.

겉씨식물(예 소나무)은 주변에서 볼 수 있는 식물체가 포자체이며 한 식물이 일시적으로 대개 정자와 난자를 독립적으로 생산하는 배우체를 갖는다. 우리가 쉽게 볼 수 있는 소나무의 솔방울(수구과)은 암컷 기관으로서 수명이 약 2년 정도이고 감수분열로 난자를 형성하는 배주(ovule) 즉 배우체의 조낭기(대포자, megaspore)를 함유하며 수정이 일어나 종자를 형성한다. 수컷 기관은 일시적인 기관으로 수구과(strobillus, 또는 꽃은 아니지만 보통 수꽃이라 부름)로서 꽃가루 형성기인 봄에 꽃가루(pollen)를 형성한 후 말라 죽는다. 꽃가루는 소포자(microspore)로 불리며 수구과 내에서의 감수분열로 형성되는데, 형성된 소포자는 방출되어 바람을 타고 이동해 솔방울(암구과)에 도착해 내부로 들어간다. 이러한 소포자 내에서 분열을 통해 정자를 만들며 대포자가 분열해 형성된 난자와 수정해 수정체가 되어 종자로 발전한다. 이때 배주를 싸는 주피는 종피가 된다. 종자는 솔방울 성장과 함께 성숙하면 방출된다. 종자는 땅에 떨어져 발아하여 새로운 포자체의 식물로 성장한다.

속씨식물은 식물체가 포자체이며 성숙하면 꽃을 피운다. 꽃은 암술, 수술, 꽃잎, 꽃받침 등으로 이루어져 있는데, 암술 내에서는 암 배우체가 형성되고, 수술은 꽃가루를 형성하며 꽃가루가 수 배우체로 발전한다. 암술은 배주(ovule), 주피, 암술대 및 암술머리로 이루어져 있는데, 배주 내에서 대포자모세포가 감수분열하여 대포자가 형성되며, 대포자는 다시 3번의 연속적인 체세포분열을 거쳐 8개의 세포(3개의 반족세포, 2개의 극핵, 1개의 난세포, 2개의 조세포)가 되며, 이중 난세포는 1개 정자와 합쳐서 수정체가 되고 2개의 극핵은 1개의 정자와 합쳐져 영양조직인 배젖이 된다. 2개의 정자가 참여하므로 이를 '중복수정(double fertilization)'이라고도 부른다. 수술에서 소포자모세포(microsporocyte)가 감수분열로 형성된 꽃가루가 소포자인데, 소포자는 생식핵과 영양핵으로 이루어져 있다. 꽃가루가 암술머리에 떨어지면 꽃가루관이 암술 내 배주를 향하여 길게 자랄 때 생식핵이 분열하여 2개의 정자를 형성한다. 이 두 개의 정자가 중복수정에 참여하는 것이다. 배주 내에서 수정체는 배아가 되고 배젖은 양분 저장 조직, 주피는 종피가 되어 종자가 형성된다. 대개 배주를 싸는 암술조직이 과육으로 발달한다. (사과와 같은 일부 식물의 과육은 꽃받침이 자라 형성된 것이다.)

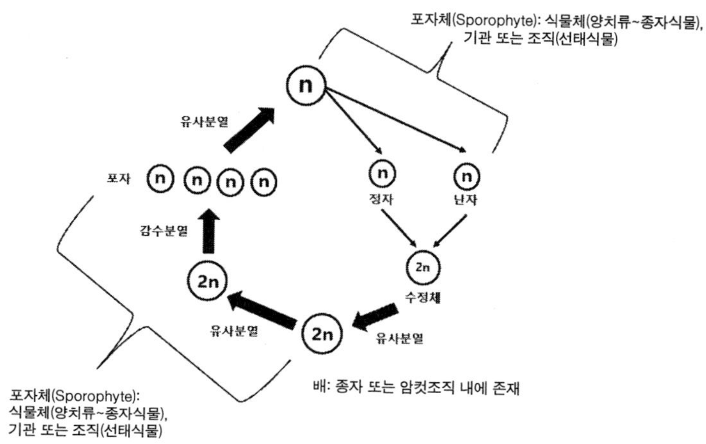

식물의 생활사

탐구 V-5-3-1 식물생활사가 동물의 것과 다른 점은 무엇인가?

탐구 V-5-3-2 현재 우리 주변에 서식하는 식물의 생활사 단계를 알아보자.

탐구 V-5-3-3 식물의 생활사는 지구환경 변화에 따라 변화해왔는가?

VI

식물이 생산하는 이차대사물

단백질, 탄수화물, 지질 등 생물의 성장과 발달에 직접적으로 관여하는 물질을 일차 대사물이라 한다면 이차 대사물은 직접적으로 정상적인 성장, 발달 및 생식에 관여하지 않는 유기 화합물로서 식물을 비롯해 세균과 곰팡이가 생산한다. 이차 대사물은 생존이나 생식에 선택적인 이점을 주는 생태적인 상호활동을 지원하는데, 식물의 경우, 질병을 일으키는 생물이나 포식자의 공격을 피하거나, 환경 스트레스에 내성을 유도하거나, 타감작용(allelopathy), 꽃가루를 전달하기 위해 수분 매개자를 유인하기 위해 생산한다. 다른 유형의 이차 대사물은 다른 생물 종의 생태학적 니치(niches)를 형성하기도 하여 다양한 생물들이 서로 다른 서식지에 서식하게 만들기도 한다. 진화적으로도 이차 대사물은 생물의 다양성을 창출하는 중요한 물질이다. 오늘날 인간은 식물의 이차 대사물을 의약품, 향료, 색소, 기호품, 산업재 등 다양한 용도로 사용한다.

식물이 생산하는 이차 대사물은 화학적인 구조에 근거하여 4종으로 분류되는데, 테르페노이드(terpenes), 페놀화합물(phenolics, phenylpropanoids), 글루코시노레이트(glucosinolate) 및 알카로이드(alkaloids) 등이 있다.

테르펜 (테르페노이드)

우리 주위에서 흔하게 찾아볼 수 있는 테르펜은 식물 호르몬(지베렐린, 브라시노스테로이드, 스트리고락톤, 앱시슨산 등), 인삼의 사포닌(saponin), 대마의 마약 성분인 테트라하이드로 카나비놀(tetrahydrocannabinol), 향쑥(Artemisia)이 생산하는 말라리아 치료제인 아르테미시닌(artemisinin), 은행이 함유한 지코리드(gikolides), 박하향의 멘솔(menthol), 토마토의 피톨(phytol), 당근의 레티놀(retinol), 제충국의 피레츠로이드(pyrethroids) 등 약 30,000종이 알려져 있다.

테르펜은 5개의 탄소로 구성된 이소프렌(isoprene)을 기본 단위로 한다. 이소프렌 수에 따라 헤미테르펜(hemiterpene; 1개 isoprene), 모노테르펜(monoterpene; 2개 isoprene), 세스퀴테르펜(sesquiterpene; 3개 isoprene), 디테르펜(diterpene; 4개 isoprene), 세스테르펜(sesterpene; 5개 isoprene)으로 분류한다.

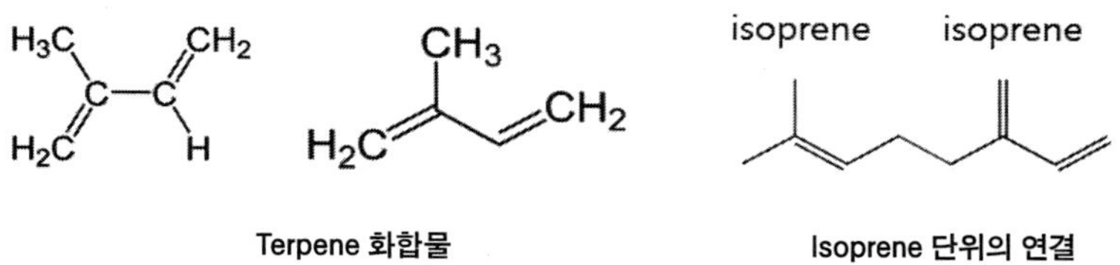

Terpene 화합물 Isoprene 단위의 연결

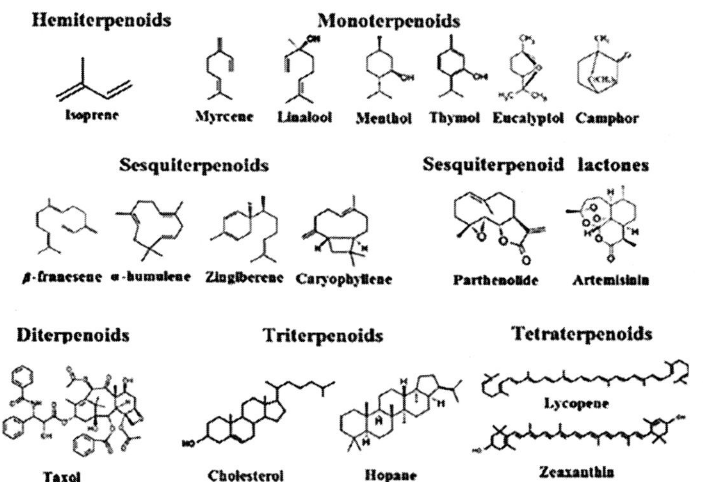

http://www.researchgate.net/publication/319645034_A_Glimpse_into_the_Biosynthesis_of_Terpenoids_figures?lo=1

탐구 VI-1-1 우리 주변에서 흔히 찾아볼 수 있는 테르펜 화합물을 예로 들어 보자.

탐구 VI-1-2 테르펜 화합물의 기본 구조는 무엇인가?

②

페놀화합물

페놀화합물은 가장 풍부한 식물의 이차 대사물로서 간단한 페놀산(phenolic acid)과 쿠마린(coumarins)으로부터 복잡한 폴리페놀(polyphenols)의 플라보노이드류(flavonoids)와 비 플라보노이드류인 탄닌(tannins), 리그난(lignans) 및 스틸벤류(stilbenes)를 포함한다. 페놀산에는 카페인(caffeic acid), 쿠마린산(p-coumaric acid), 페룰린신(ferulic acid), 갈산(gallic acid), 바닐라 향의 바닐린산(vannilic acid) 등이 포함되며 폴리페놀인 플라보노이드류에는 아피제닌(apigenin), 루테올린(luteolin), 탄게레틴(tangeretin)을 함유하는 플라본(flavones), 퀘르세틴(quercetin)과 캠페롤(kaempferol)을 포함하는 플라보놀(flavonol), 제니스타인(genistein)을 포함하는 이소플라보놀(isoflavonols), 나린제닌(naringenin)을 포함하는 플라바논(flavanones), 카테킨(catechin)을 포함하는 플라바놀(flavanols), 시아니딘(cyanidin), 펠라르고니딘(pelargonidin) 등의 색소를 포함하는 안토시아닌(anthocyanins), chalcones 등이 있다. 주위에서 흔히 볼 수 있는 화합물로는 설익은 과일의 떫은맛의 탄닌(tannin), 포도가 함유하는 레스베라트롤

(resveratrol), 다양한 냄새 및 색깔의 플라보노이드(flavonoids), 아스피린 원료인 살리실산(salicylic acid), 오렌지가 함유하는 탄게레틴(tangeretin), 카페인산(caffeic acid), 혈액응고방지제 쿠마린(coumarins), 바닐라 향료인 바닐린(vanillin), 백혈병을 포함한 암 치료제 덴비노빈(denbinobin) 등이 있다.

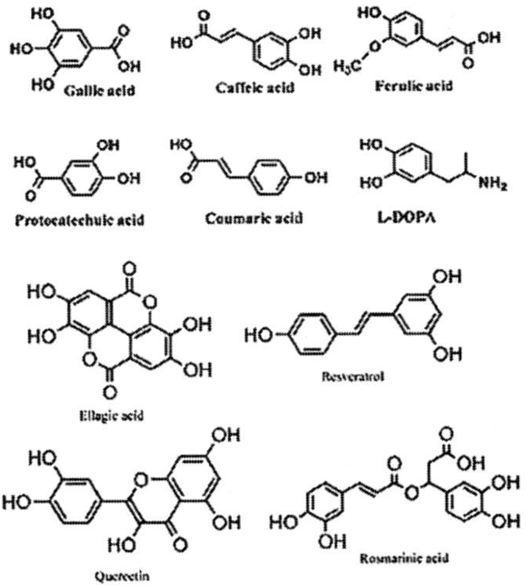

식물이 생산하는 페놀화합물의 예

(http://www.researchgate.net/publication/309214196_An_Overview_of_Plant_Phenolic_Compounds_and_Theri_Importance_in_Human_Nutrition_and_Management_of_Type_2_Dabetes_figures?lo=1)

페놀화합물은 방향의 고리(aromatic ring)로 구성되어, 플라보노이드, 페놀류 및 탄닌의 냄새의 원인이 된다. 또한 이 벤젠 고리의 이중결합은 다양하게 변형되어 자외선을 포함한 다양한 파장의 빛을 흡수하거나 반사하여 다양한 색깔을 띤다. 특히 플라보노이드류는 항산화제로서 다양한 의약품의 원료로 사용되며 우리가 잘 알고 있는 색소 안토시아닌(anthocyanin)은 꽃과 열매가 노랑, 적색, 분홍색, 자주색 등 다양한 색깔의 원인이다.

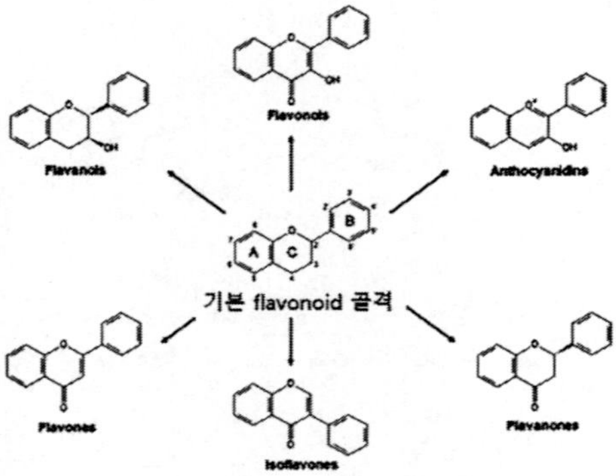

플라보노이드의 기본 골격과 파생물
http://encyclopedia.pub/5364

탐구 VI-2-1 우리 주위에서 찾아볼 수 있는 식물성 페놀화합물을 예로 들어 보자.

탐구 VI-2-2 플라보노이드 화합물의 예를 들고 식물에서의 역할에 대해 알아 보자.

탐구 VI-2-3 플라보노이드 화합물의 다양한 색깔은 어떻게 만들어지나?

3
알카로이드

알카로이드 화합물이 다른 이차 대사물과 다른 점은 하나 이상의 질소(N)를 함유하고 있으며 아미노산으로부터 만들어진다는 점이다. 그 화학적 특성에 근거하여 크게 호데닌(hodenine), 콜히친(colchicine), 택솔(taxol)을 포함하는 비 이종 고리형(non heterocyclic) 화합물과 키니네(quinine), 카페인(caffeine), 니코틴(nicotine) 등을 포함하는 이종 고리형(heterocyclic) 화합물로 나뉜다. 이밖에 식물이 생산하는 알카로이드에는 의약품 성분이 많은데 동물 신경계에 작용한다. 동공확장제인 아트로핀(atropine), 마약인 코카인(cocaine), 감기약 성분 코데인(codeine). 진통제 모르핀(morpine), 항암제 빈블라스틴(vinblastine) 등이 있다. 식물에서 알카로이드 화합물은 대개 쓴맛을 가져 포식자가 먹지 못하게 만든다.

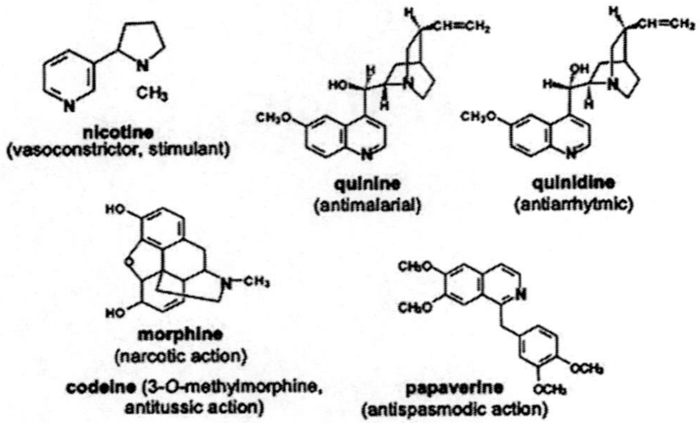

알카로이드

Facchini, P. J., and Morris, J. S. (2019) Frontiers in Plant Science 10, 1058.

탐구 VI-3-1 의약품 및 치료제로 이용되고 있는 식물성 알카로이드 화합물을 예로 들어보자.

탐구 VI-3-2 알카로이드 화합물의 특성으로 미루어 보아 식물에서는 어떤 경로를 통해 생성되나?

4

글루코시놀레이트
(Glucosinolates)

이 화합물은 독특한 향과 매운맛을 띠는 브로콜리, 케일, 컬리플라워, 겨자, 양배추, 고추냉이 등을 포함하는 십자화과(주로 유채류) 식물이 주로 생산하는데, 식물을 질병이나 포식자로부터 보호한다. 동물이 섭취하면 대사되어 isothiocyanate가 만들어지는데 많은 초식동물, 곰팡이, 세균 및 선충류가 회피하도록 만들지만, 인간에게는 다양한 만성질환, 스트레스, 염증, 미생물 감염을 억제하고 항산화 작용을 높이는 것으로 알려져 있다.

이 화합물의 기본 구조 세 부위는 황을 포함하는 포도당(β-thioglucose), thiohydroximate-O-sulfonate 및 질소 함유 aglycone의 R기(여기에 붙은 화합물에 따라 다양한 화합물 글루코시노레이트가 형성)로 이루어져 있다. 현재까지 200여 종의 글루코시노레이크가 알려져 있다.

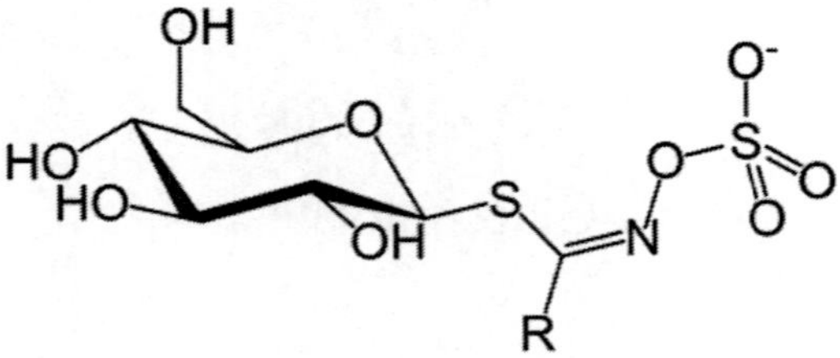

이 화합물은 식물의 모든 부위에 존재하며 한 식물에서 15종이 발견되기도 하지만 식물 종, 조직 유형, 식물 발달 시기, 질병이나 영양 상태 등에 따라 다르며 대개는 3~4종이 존재한다. 주로 꽃과 종자 같은 생식기관이 더 많은 양을 함유한다. 이 화합물의 역할은 평소에는 N, S 및 호르몬 저장물로서 생장요소로 작용하지만, 곤충, 곰팡이, 미생물 감염 시에는 그 가수분해 산물이 방어 기능을 부여한다. 식물의 조직이 손상되면, 이 화합물은 가수분해되어 β-d-glucose, 안정하지 못한 glycone 및 thiohydroximate-O-sulfate로 분해된 후 다시 재구성되어 다양한 대사물이 만들어진다.

탐구 VI-4-1 글루코시놀레이트의 식물서의 주요 기능은 무엇인가?

탐구 VI-4-2 글루코시놀레이트는 농업에서의 생산성 증진을 위해 어떻게 이용할 수 있을 것인가?

참고문헌

Chowdhary, V., Alooparampil, S., Pandya, R. V., and Tank, J. G. (2021) Physiological function of phenolic compounds in plant defense system. DOI: 10.5772/intechopen.101131

Dai, Jin., and Mumper, R. J. (2010) Plant phenolics: extraction, analysis and their antioxidant and anticancer properties. Molecules, 15(10), 7313-7352. doi: 10.3390/molecules15107313

Facchini, P. J., and Morris, J. S. (2019) Molecular origins of functional diversity in benzylisoquinoline alkaloid methyltransferases. Frontiers in Plant Science 10, 1058.
DOI: 10.3389/fpls.2019.01058

Falcone Ferreyra, M. L., Rius, S. P., and Casati, P. (2012) Flavonoids: biosynthesis, biological functions, and biotechnological applications. Front. Plant Sci.
https://doi.org/10.3389/fpls.2012.00222

Levin, D. A. (1971) Plant Phenolics: An Ecological Perspective
The American Naturalist, 105(942), 157-181.

Martínez-Ballesta, M. del C., Moreno, D. A., and Carvajal, M. (2013) The physiological importance of glucosinolates on plant response to abiotic stress in Brassica. Int J Mol Sci., 14(6), 11607-11625. doi: 10.3390/ijms140611607

Perveen, S. (2018) Introductory Chapter: Terpenes and Terpenoids DOI: 10.5772/intechopen.7968
https://www.intechopen.com/chapters/6257

Pichersky, E., and Raguso, R. A. (2018) Why do plants produce so many terpenoid compounds? New Phytologist, 220, 692-702. doi: 10.1111/nph.14178.

Pratyusha, S. (2022) Phenolic compounds in the plant development and defense: An Overview.
DOI: 10.5772/intechopen.102873

Redovnikovic, I. R., Glivetic, T., and Vorkapic-Furac, J. (2008) Glucosinolates and their potential role in plant. Periodicum Biologorum, 110(4), 297-309.

Robinson, T. (1974) Metabolism and function of alkaloids in plants: Alkaloids appear to be active metabolites, but their usefulness to plants remains obscure. Science, 184(4135), 430-435. DOI: 10.1126/science.184.4135.430

Singh A. (2017) Glucosinolates and plant defense. In: Mérillon, J. M., Ramawat, K. (eds) Glucosinolates. Reference Series in Phytochemistry. Springer, Cham. https://doi.org/10.1007/978-3-319-25462-3_8

Waller, G. R., and Edmund, N. K. (1978) The Role of alkaloids in plants. In: Waller, G. R. et al. (eds), Alkaloid Biology and Metabolism in Plants. Plenum Press, New York. pp 143-181

Ⅶ

식물호르몬

식물은 성장 기간 중 외부 환경이나 자극에 반응하며 대처한다. 이러한 반응과 대처는 체내에서의 식물 호르몬(plant hormone)을 포함한 식물생장조절의 화학물질 생성과 세포 수준에서 이 물질을 감지하면서 나타난다. 식물 호르몬은 종자의 발아로부터 개화하여 열매(종자)를 맺으며 생을 마감할 때까지 식물의 모든 생활을 조절하고 영향을 준다. 심지어 광주기와 굴성과 같은 빛에 대한 반응, 다년생 식물과 종자에서의 생장 및 발아 휴면, 질적 및 양적인 빛 변화에 따른 반응 조절 등이 포함되기도 한다.

보통 특정한 분비선(gland)에서 분비하여 먼 부위로 이동하여 각 호르몬이 고유의 활성을 나타내는 동물 호르몬과는 달리 식물의 모든 세포는 식물 호르몬을 생산할 수 있는 능력이 있으며 생장 시기, 식물체 부위, 생장 환경에 따라 다른 호르몬이 생성되기도 한다. 일단은 생성된 세포에서 저장되거나, 가까운 주변 조직의 세포 또는 멀리 떨어진 부위까지 이동하여 활성을 나타내기도 한다. 식물 호르몬은 각각 고유의 활성도 있지만 대부분 둘 이상의 호르몬이 서로 공조하거나 길항적으로 작용하여 상황에 따른 다양한 반응을 표출한다.

식물이 생산하는 호르몬은 비교적 그 발견 역사가 오래된 5개의 주요 집단으로 분류된다. 옥신(auxins), 시토키닌(cytokinins), 지베렐린(gibberellins), 에틸렌(ethylene) 및 앱시스산(abscisic acid). 이 밖에도 최근에 브라시노스테로이드(brassibosteroid), 살리실산(salicylic acid), 자스몬산(jasmonic acid), 괴당류(oligosaccharides) 등이 식물호르몬 목록에 추가되었다.

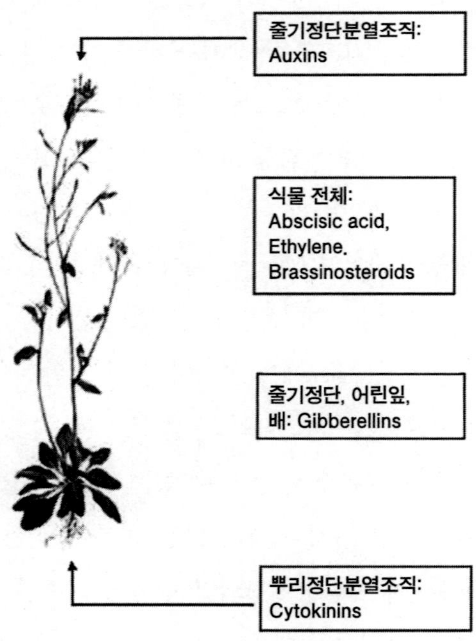

주요 식물호르몬의 생성부위

식물호르몬의 일반적인 기능	
호르몬	기능
옥신 (Auxins)	세포 신장, 정단우세, 비, 중력, 접촉에 의한 굴성, 가지 및 측근 형성, 관다발조직 분화, 낙엽 및 낙과 억제, 에틸렌 형성 유도, 열매 발달 증진
시토키닌 (Cytokinins)	세포분열, 측아(곁눈) 생장, 노화 억제, 뿌리 생장, 휴면 싹 활성화
지베렐린 (Gibberellins)	줄기 신장, 뿌리 성장, 종자 발아, 개화 및 꽃 발달, 열매 성장, 줄기 신장, 꽃가루관 성장 촉진, 추대(꽃줄기) 형성 촉진
앱시스산 (Abscisic acid)	기공폐쇄, 종자 성숙, 발아 억제, 휴면, 건조 내성, 뿌리와 줄기 성장, 잎 노화
에틸렌 (Ethylene)	개화, 열매 숙성, 종자 발아, 낙엽 및 낙과 촉진, 수서식물 줄기의 기강조직 형성, 성 결정
브라시노스테로이드 (Brassinosteroids)	뿌리와 줄기에서의 세포분열 및 신장, 광형태형성, 생식기관 발달, 잎 노화, 스트레스에 대한 반응, 개화 유도, 굴성 관여
자스몬산 (Jasmonic acid)	해충 공격으로부터의 방어반응. 뿌리 성장억제, 병균에 대한 괴사 반응, 종자 발아 조절, 환경 스트레스에 대한 반응
스트리고락톤 (Strigolactones)	가지치기, 잎 노화, 뿌리 발달, 식물-미생물 공생
살리실산 (Salicylic acid)	방어 메커니즘에 관련된 유전자 활성화

옥신

옥신은 자연적으로 존재하는 호르몬이 인돌초산(indole acetic acid, IAA)으로서 식물의 생리적인 활동을 조절하는데, 주위에서 줄기의 신장을 일으키며 흔히 볼 수 있는 빛에 대한 식물의 주기적 반응과 빛을 향해 식물이 굽는 굴광성과 뿌리가 땅 쪽을 향하게 만드는 굴지성에 관여하는 호르몬의 하나이다. 이 밖에도 물관과 체관을 구성하는 유관속 조직 유도, 잎의 발달과 배열을 조절, 곁눈(lateral bud)의 발달을 억제하는 정단우세(apical dominance) 유도, 개화 유도, 열매의 형성과 성숙 유도, 잎과 열매의 조기 떨어짐을 억제, 뿌리 성장 억제, 부정근 형성 촉진, 잎 노화 억제, 세포 신장과 세포분열 촉진하기도 한다.

옥신의 효과는 식물 부위에 따라 다르게 나타나기도 하는데, 줄기 신장은 유도하나 뿌리의 신장은 억제함이 그 예이다. 줄기에서 세포 신장은 세포벽의 유연성을 증가시켜 일어나는데, 옥신이 먼저 원형질막에 있는 양성자 펌프를 활성화해 H+을 세포벽으로 분비하면서 유도된다. 세포벽에서의 pH 감소는 셀룰로오스 섬유가닥을 느슨하게 만들고 익스팬신(expansin) 단백질의 발현을 증가시켜 세포벽의 탄성을 더욱 증가시키게 된다. 이때 물이 세포 내로 유입되면 세포는 크기가 증가하게 된다. 줄기나 뿌리의 굴성은 옥신이 한쪽으로 이동하여 축적되어 그쪽 세포의 신장을 유도하고 옥신이 축적되지 않은 다른 쪽의 세포는 신장하지 않아 굽어져서 일어난다.

천연 및 합성 옥신(예 2,4-dichlorophenoxyacetic acid, 2,4-D)은 농업에서 농작물 재배에 많이 이용되는데, 삽목이나 잎으로부터 뿌리(부정근) 유도, 동시다발적인 열매 형성 유도, 씨 없는 열매 형성, 제초제 등으로 사용된다.

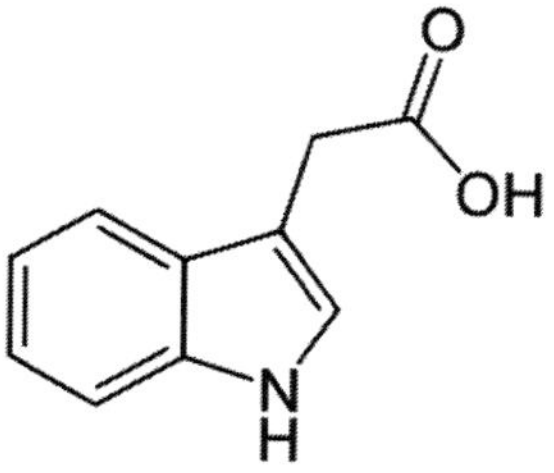

Indole-3-acetic acid

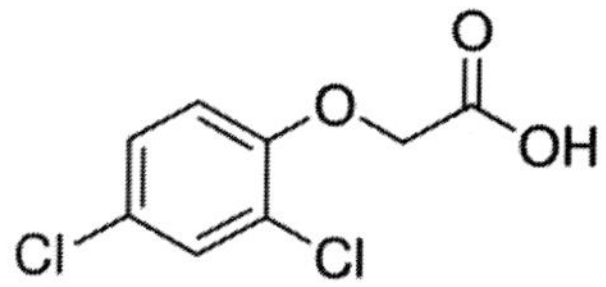

2,4-Dichlorophenoxyaceticacid

탐구 VII-1-1 천연 옥신과 합성 옥신 종류에 대해 알아보자.

탐구 VII-1-2 옥신의 세포 신장 메커니즘에 대해 알아보자.

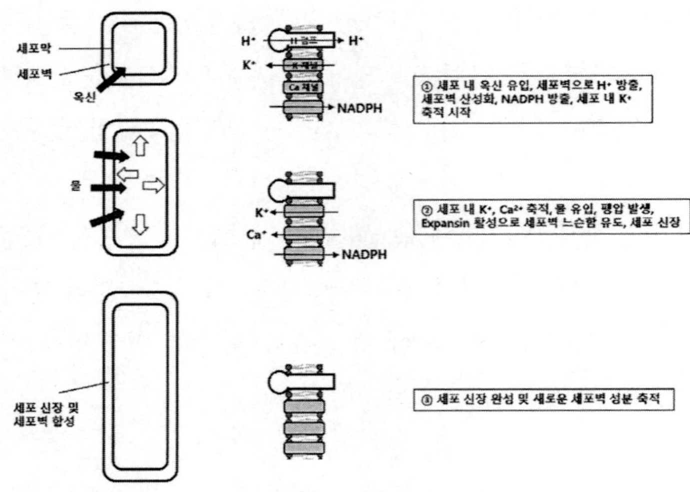

옥신에 의한 세포 신장 유도 과정

2

시토키닌

시토키닌은 대부분 뿌리에서 합성되나 형성층과 활발히 분열하는 조직에서도 일부 합성되며 대개는 물관을 통해 이동하여 뿌리, 배, 열매 등의 성장 중인 조직에서 많이 나타나는 세포의 분열(cytokinesis)과 분화를 촉진하는 물질로서 지아틴(zeatin)을 포함한 약 200가지의 천연 시토키닌이 밝혀졌는데, kinetin, zeatin 및 6-benzylaminopurine을 포함하는 아데닌 유형(adenine-type)과 식물에서는 나타나지 않는 diphenylurea와 thidiazuron(TDZ)를 포함하는 페닐우레아 유형(phenylurea-type)으로 분류된다. 이 중 지아틴은 식물에서 가장 풍부하게 나타나는 천연 시토키닌이다. 시토키닌은 세포분열을 증진하므로 잎의 노화를 억제하며 줄기와 뿌리에서 분열조직 분화를 유도한다. 많은 경우에 옥신과 같은 다른 호르몬과 복합적으로 작용하는데, 정단우세는 곁눈의 발달을 억제하는 옥신과 성장을 촉진하는 시토키닌 사이에 균형을 통해서 일어난다. 상업적으로 판매하는 시토키닌은 원예산업에서도 이용되는데 절화를 시들지 않고 오랫동안 싱싱하게 유지하기 위해 사용된다.

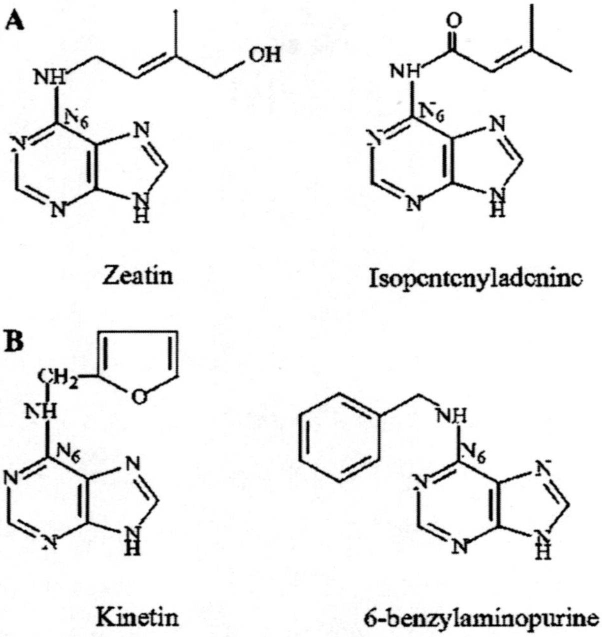

A

Zeatin　　Isopentenyladenine

B

Kinetin　　6-benzylaminopurine

시토키닌은 세포분열과 줄기 및 뿌리 형성을 포함하는 다양한 식물 활동에 관여하는데, 옥신과 함께 액아(곁눈) 성장과 정단우세를 조절한다. 옥신은 정단에서 합성되어 아래로 이동하여 곁눈 및 가지 성장을 억제하지만, 시토키닌은 뿌리에서 합성되어 지상부로 이동해 곁눈 성장을 촉진한다. 이에 따라 두 호르몬은 식물의 부위에 따른 농도기울기가 형성되고 적절하게 곁눈 및 가지 성장이 조절된다.

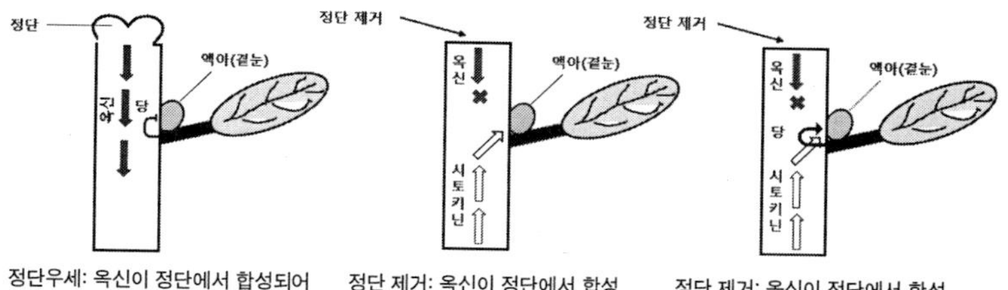

정단우세: 옥신이 정단에서 합성되어 하부로 이동하면 곁눈으로의 당의 이동이 정지되어 식물 상부 곁눈이 생장 정지(휴면)

정단 제거: 옥신이 정단에서 합성 안되면 뿌리에서 합성된 시토키닌이 곁눈으로 이동해 성장 유도

정단 제거: 옥신이 정단에서 합성 안되면 잎에서 합성된 당도 곁눈으로 이동해 성장 및 발달에 사용

정단우세는 옥신, 시토키닌, 당의 이동에 의해 조절

두 호르몬의 복합적인 조절은 식물조직배양에서도 볼 수 있는데, 배지에 첨가한 두 호르몬의 상대적 비율에 따라 형성되는 기관이 달라져서 옥신이 높으면 뿌리가, 시토키닌이 높으면 싹(잎과 줄기)이, 비율이 동등하면 미분화된 캘루스(callus)가 형성된다.

시토키닌은 식물기관의 노화를 늦추기도 하는데 잎의 노화를 늦추고 녹색으로 만든다. 이는 양분을 모으고 단백질 합성을 유도하여 일어난다. 이밖에 가뭄 조건에서 뿌리에서의 시토키닌 감소는 더 많은 뿌리를 발달시켜 식물이 가뭄 내성을 갖도록 유도한다고 알려져 있다.

탐구 VII-2-1 정단우세에 의한 곁눈의 휴면, 성장 및 발달을 옥신, 시토키닌, 당의 이동을 이용해 설명해보자.

탐구 VII-2-2 합성 및 천연 시토키닌의 종류를 알아보자.

탐구 VII-2-3 절화를 시토키닌 함유 용액에 담그면 오래가는 이유는 무엇인가?

지베렐린

지베렐린(GAs)은 뿌리와 줄기의 정단분열조직, 어린 잎, 종자의 배에서 생산되며 약 125 종류가 알려져 있는데 줄기 신장, 종자 발아, 개화, 열매 및 꽃 성숙에 관여한다. GA는 또한 종자의 휴면을 타파하여 발아를 유도하고(이에 비해 앱시스산은 휴면을 유도한다) 씨 없는 열매 발달, 잎과 과일의 노화 억제를 유도한다.

현재까지 알려진 GA는 120종 이상인데, 식물 외에도 곰팡이와 세균이 생산한다. 식물의 GA는 대부분 성장 중인 기관의 색소체에서 terpenoid 경로를 통해 합성이 시작되어 세포질에서 완성되며 탄소를 19개와 20개를 갖는 두 부류로 나뉘며 19형이 생물학적으로 활성을 갖는다. 지베렐린은 발견된 순서에 따라 번호를 붙이는데 보통 지베렐린이라 일컫는 지베렐린산(gibberellic acicd)은 탄소가 19개인 GA3이다.

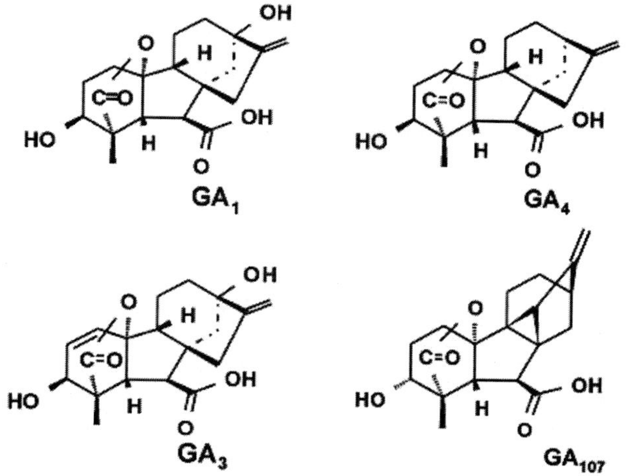

Gibberellin

지베렐린의 합성은 다른 호르몬에 의해 조절될 수 있는데, 옥신은 지베렐린의 합성을 증가시키고 에틸렌은 지베렐린 생성을 감소시킨다고 알려져 있다. 종자 발달과 발아는 ABA와는 반대로 촉진한다. 환경도 지베렐린 형성에 영향을 주는데, 빛은 지베렐린 생성을 통해 종자 발아, 형태, 광주기성 줄기 신장 및 개화를 유도한다. 저온을 포함한 다양한 스트레스 요소들도 지베렐린 농도에 영향을 준다.

지베렐린의 효과는 종자 발아에 대한 연구에서 상세하게 밝혀졌는데, 종자가 물을 흡수하면서 지베렐린은 배에서 형성된 후 호분층(aleurone layer)으로 가서 배젖에 저장된 전분을 분해해 발아에 필요한 에너지를 얻기 위해 알파-아밀라아제(α-amylase) 효소의 발현을 유도한다. 이후 아밀라아제는 배젖에 흡수되어 전분을 분해해 말토오스와 포도당이 형성된다. 지베렐린은 아밀라아제 유전자의 발현을 막는 억제단백질(DELLA)-전사요소 복합체를 분해해 방출된 전사요소가 유전자 발현을 촉발하게 만든다.

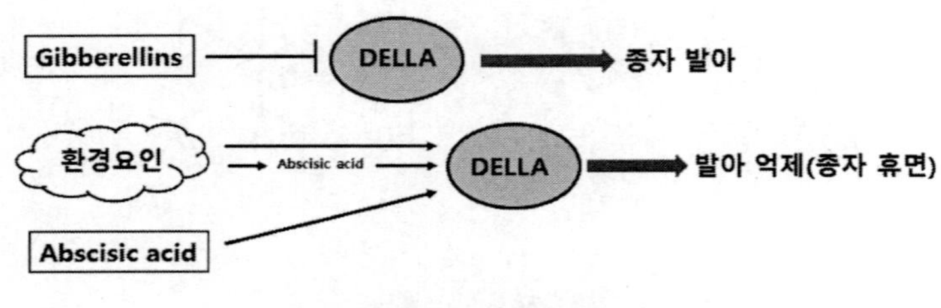

DELLA 활성과 종자 발아의 관계

탐구 VII-3-1 종자 발아에 있어서 지베렐린과 DELLA 활성의 관계를 설명해 보자.

탐구 VII-3-2 식물에서 종자 발아 외 지베렐린의 다양한 기능에 대해 열거해 보자.

앱시스산

앱시스산(ABA)은 종자와 싹의 휴면, 기공 개폐, 기관의 크기 조절과 같은 식물 발달에 관여하는데, 특히 스트레스 완화 호르몬으로서 건조, 토양 염분, 적절하지 못한 온도(저온, 고온 및 냉온), 중금속, 병균 감염 등과 같은 스트레스 환경에서 식물이 많이 생성하며, 줄기 신장 억제, 곁눈 휴면 유도, 종자 휴면 유도처럼 GA와 옥신과는 반대 효과를 나타내는 경우가 많다. 겨울 동안 저온은 종자에 축적된 ABA를 분해하여 종자가 휴면으로부터 탈출하기 때문에 이듬해 봄에 발아하기도 한다. ABA는 또한 정단분열조직을 휴면의 겨울눈으로 발달시키기도 하며, 겨울의 건조한 토양은 ABA 형성을 유도하여 기공을 닫게 만들어 겨울눈에서 물 손실이 일어나지 않게 만들어준다.

ABA는 가을에 겨울을 대비하여 끝눈(정단아, terminal buds)에서 생산되어 싹의 자람을 억제하고 휴면에 들어가게 한다. 또한 관다발 형성층의 세포분열을 억제하여 성장을 억제한다.

ABA는 또한 토양 수분 함량이 낮을 때 뿌리에서 생산되어 물관을 통해 잎으로 이동하여 기공을 닫게 만드는데, 이는 공변세포로부터의 이온(주로 K^+) 유출과 삼투압 감소(삼투퍼텐셜 증가)를 통해 일어난다. 공변세포 폐쇄에 따른 증산작용 억제는 식물로부터 물 손실을 막는다. 즉 잎의 ABA 농도 증가와 기공을 통한 물의 유출 감소는 건조한 환경에서 식물을 보호하는 중요한 보호 수단이 된다. 가뭄이 잦은 지역에서 농작물에 ABA 살포는 증산을 억제해 식물 피해를 줄여 생산성 감소를 막아주기도 한다. 토양 염분이 높을 때 ABA는 내피에 작용하여 뿌리 성장을 억제한다. 이 밖에 ABA는 성숙 중인 열매의 종자에서 합성되어 종자 휴면을 유도하거나 광합성에 필요한 효소 발현을 억제한다.

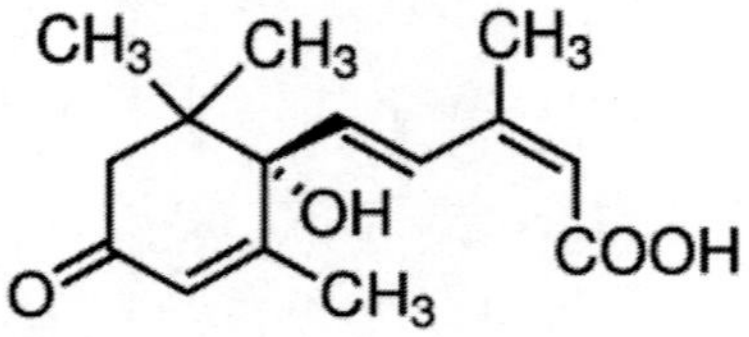

ABA

ABA는 분자식이 $C_{15}H_{20}O_4$인 sesquiterpene으로서 합성은 뿌리, 꽃, 잎, 열매, 줄기 등 색소체(엽록체와 백색체)를 함유하는 거의 모든 세포에서 일어날 수 있다. 합성경로는 대부분 색소체에 일부가 세포질에 존재한다. 색소체에서 그 선조 물질은 zeaxanthin과 같은 카로티노이드가 2-C-methyl-D-erythritol-4-phosphate (MEP) 경로를 통해 분해되어 xanthoxin이 형성되고 산화되어 만들어진다. ABA

는 필요치 않을 시 (+)-Abscisic Acid 8'-hydroxylase 효소에 의해 분해되어 phaseic acid를 형성하는데 이 밖에 분해 대사물 자체가 ABA의 호르몬 효과를 나타내거나 중재하기도 한다. 비활성 형태(ABA-GE)로 액포나 소포체에 저장되기도 한다.

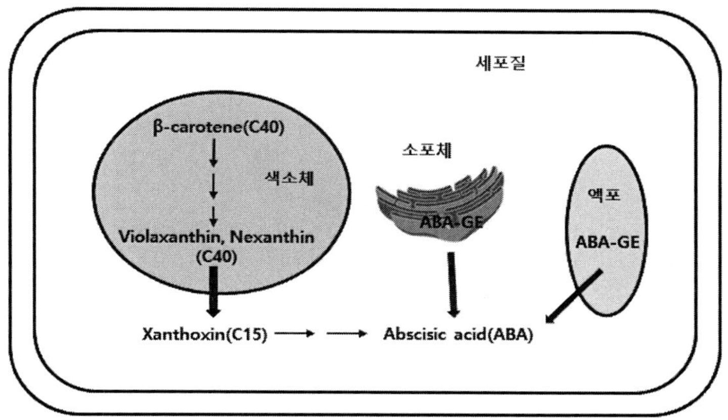

앱시스산 합성경로: 색소체에서 시작되어 세포질에서 합성. 소포체와 액포는 비활성의 ABA(ABA glucosyl ester, ABA-GE) 형태로 저장했다가 방출하여 활성형 ABA로 전환하기도 한다.

ABA 신호전달경로에 관한 많은 연구는 ABA가 많은 식물유전자의 발현을 조절하는데, 이는 ABA 반응요소 결합단백질유전자의 전사요소(bZIP, AP2, WRKY, MYB 등) 활성화를 통해 이루어짐을 밝히고 있다. 밝혀진 ABA 수용체로는 PYR/PYL/RCAR 등이 있는데, ABA가 존재하면 이들 수용체는 ABA 신호전달을 억제하는 효소들(예 Protein Phosphatase 2C)의 활성을 억제하여 신호전달경로를 활성화한다.

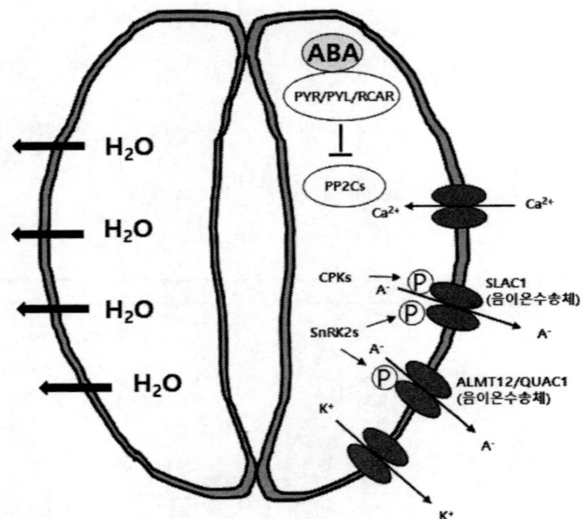

ABA에 의한 기공 폐쇄 신호전달경로: ABA가 PP2Cs 단백질을 활성화는 PYR 등의 단백질과 결합하면 PP2Cs는 비활성화 되고 Ca^{2+}이온이 유입되어 인산화효소인 CPKs와 SnPK2s가 활성화하여 음이온 수송체인 SLAC1과 ALMT12/QUAC1이 인산화되어 활성화하고 음이온이 공변세포 세포 밖으로 배출된다. 음이온 배출은 세포의 탈분극을 유도하여 K^+이온이 배출된다. K^+ 배출은 세포 내 삼투(수분)퍼텐셜을 높여 물이 세포 밖으로 나와 공변세포는 위축되고 기공이 닫힌다.

탐구 VII-4-1 가뭄 환경에 반응하여 식물이 ABA를 합성하는 경로를 설명해 보자.

탐구 VII-4-2 ABA에 의한 기공의 닫힘(폐쇄) 유도 신호전달경로를 순서대로 설명하자.

에틸렌

에틸렌(C_2H_4)은 기체로서 식물 형태에 큰 영향을 미친다. 잎, 줄기, 뿌리, 꽃, 열매, 괴경 종자 등 거의 모든 식물 부위에서 생산되며 특히 종자 발아, 줄기, 열매 숙성, 꽃 노화, 낙엽 시기에 자연적으로 생산되어 발아 생장, 열매 숙성, 개화, 꽃 시듦 및 낙엽을 유도, 밤낮 변환에 따른 잎의 펴짐과 숙임, 스트레스 상태에서 잎의 숙임 등에 관여한다. 에틸렌은 생활사 후반기에 식물이 다양한 생물적 및 무생물적 환경에 적응하기 위한 유연성을 만들어주기도 하는데 싹을 꽃으로 전환하거나 꽃의 암수 전환 조절 등이 그것이다. 에틸렌은 전분을 당으로 전환하여 열매를 숙성시키고 곡물에서 발아를 촉진하며 감자와 구근의 싹틈을 유도한다. 에틸렌은 수생식물에서 줄기와 잎이 물에 잠기지 않도록 줄기를 신속하게 신장시키기도 한다. 이 밖에 에틸렌은 식물의 기계적 손상, 환경 스트레스(온도, 수분, 염, 빛 등), 에틸렌 자체 또는 옥신과 시토키닌을 포함하는 화합물에 의해 생산이 유도될 수 있다. 따라서 에틸렌의 효과는 옥신과 같은 다른 호르몬과 복합적으로 작용하여 식물의 형태적인 성장에 영향을 주는데, 식물 종, 발육단계 및 성장조건에 따른 세포벽 성질 변화를 통한 뿌리와 지상부의 신장을 촉진하거나 억제하는 현상이 이에 속한다. 에틸렌의 신장 촉진 효과는 세포분열 촉진을 통해 나타나는데 종자 발아 시 상배축의 신장과 구부러짐(hook), 줄기 관다발 발달 유도는 그 예이다. 지속적인 스트레스 상태에서 에틸렌은 식물을 성장 방향을 재설정하여 방어적으로 만들거나 적절하게 생장 저하를 유도하여 생산성 저하를 막아준다. 이러한 세포분열 억제는 세포주기에서 S 단계 진입을 억제, 지베렐린 형성 억제, 세포주기 단백질(cyklin) 유전자 발현 억제 및 단백질 분해 등을 통해 일어날 수 있다.

에틸렌은 엽병이나 상배축에서 세포 확장에도 관여하는데, 세포의 확장은 세포벽을 재구성하여 느슨하게 만들고 물이 흡수되어 일어나는바 에틸렌은 미세소관(microtubule) 배열 방향을 변화시키고 세포벽의 익스팬신(expansin) 단백질과 xyloglucan endotransglycolases/hydrolases (XTHs) 효소의 발현을 유도하여 일어난다.

에틸렌은 농업에서도 많이 사용되는데, 에틸렌 가스를 뿜어 열매 숙성시기를 조절하기도 하며 에틸렌 가스를 제거하여 꽃과 잎이 떨어짐을 막기도 한다.

식물에서 에틸렌의 선조 물질은 methionine으로서 S-adenosyl-L-methionine(SAM)과 1-aminocyclopropane-1-carboxylic acid (ACC)으로의 변환을 거쳐 형성된다. ACC로부터 에틸렌으로의 전환을 촉매하는 ACC oxidase가 경로의 중요한 조절 효소인데 이 효소가 인산화되면 활성화되어 에틸렌 형성이 증가하며 이 효소는 다양한 환경요소에 의해 전사와 발현이 유도된다. 에틸렌 선조 물질인 메티오닌, ACC, 복합체(conjugate)들은 아미노산 수용체를 통해 세포내로 흡수되며 물관을 타고 식물 전체로 퍼진다. 에틸렌의 신호전달경로는 에틸렌 수용체(소포체와 골지체 막에 존재)에 결합하여 전사요소들이 발현되고 이 전사요소들이 에틸렌 합성 및 반응에 관련된 유전자들을 발현시켜 활성화된다. 그러나 과도한 에틸렌 신호전달 및 합성 관련 유전자들의 발현은 오히려 세포팽창을 억제하여 잎을 작게 만들기도 하기 대문에 에틸렌의 억제 작용은 과도한 이들 유전자의 전사수준에서의 발현과 과도한 에틸렌 생성으로 인해 일어난다.

식물의 성장, 발달 및 기관의 노화는 광합성, 양분 흡수 및 이동에 영향을 주어 식물 생산성에 영향을 주기 때문에, 에틸렌의 작용 메커니즘 이해는 농작물 생산 증진에도 적용될 수 있다. 에틸렌은 스트레스 조건에서 식물 노화를 증진하므로 관련 유전자들의 돌연변이 식물체 또는 녹다운(knock-down) 식물체를 이용한 에틸렌 형성을 억제 또는 증진하는 유전자들의 발현 조절을 통해 식물 생산성을 증진하는 것이 가능하다. 최근에는 CRISPR/Cas9과 같은 유전자 편집기술이 이러한 목적으로 많이 적용되고 있다. 예를 들면 에틸렌 합성효소(㉮ ACS)의 발현 억제는 가뭄 조건에서 노화를 억제하여 생존력을 증진하며 이는 에틸렌 생성을 낮추거나 식물의 에틸렌 감수성을 억제하여 이루어진다. 에틸렌 수용기(세포막의 ETR/ERS/EIN4, RTE1, 또는 소포체막의 CTR1)와 신호전달 경로에 관여하는 유전자들의 발현을 조절함에 의해서도 유사한 효과를 얻을 수 있다.

한편 에틸렌 합성 또는 작용억제제를 식물에 적용하여 식물의 노화 억제, 꽃의 보관시간 연장이나 열매의 신선도 유지 등을 증진하기도 하는데, 에틸렌 억제제인 aminoethoxyvinylglycine (AVG), aminooxyacetic acid (AOA), 1-methylcyclopropene (1-MCP), $AgNO_3$ 등이 그 예이다. 에틸렌 자체 또는 형성 촉진제인 ethephon의 직접적인 적용은 식물의 개화를 유도하여 생산성을 증진할 수도 있다.

탐구 VII-5-1 식물에 있어서 에틸렌 기능을 열거해보자.

탐구 VII-5-2 에틸렌 합성경로에 대해 알아보자.

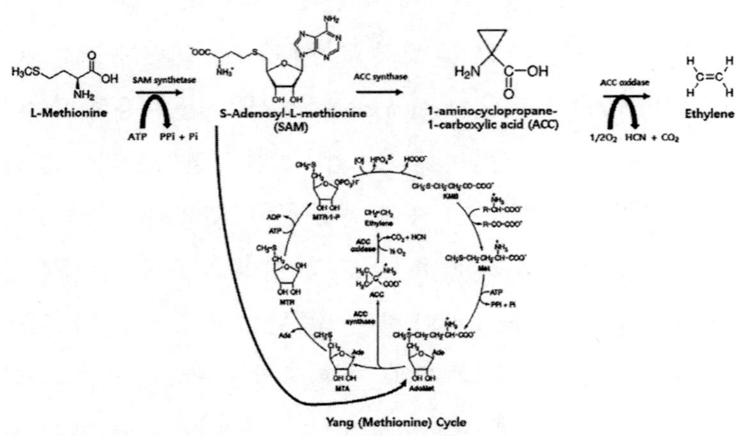

식물에서의 에틸렌 합성 경로

탐구 VII-5-3 벼 식물이 키가 작고 생산성(낟알 형성)이 낮다면 이러한 원인을 에틸렌과 관련하여 어떻게 추리해낼 수 있을까? 식물을 더 크고 생산성이 높은 식물을 에틸렌 정보를 이용해 어떻게 개발할 수 있는지 탐구해보자.

6

살리실산

살리실산(SA, $HOC_6H_4CO_2H$)은 페놀화합물로서 식물의 종자 발아, 개화, 열매 익음을 포함하는 성장과 발달, 병균에 대한 저항성, 방어 물질의 합성, 엽록소와 카로티노이드 합성 증가를 통한 광합성과 대사 증진으로 키, 엽면적, 가지 수 및 건중량 증가, 기공 활성화를 통한 증산작용 증진, 이온 흡수와 양분의 이동 등 다양한 과정에 관여한다고 알려져 있다. 또한 해충이나 병균과 같은 생물적 및 건조, 저온, 열, 중금속, 무기염을 포함하는 무생물적 스트레스에 대한 식물의 저항성을 증가시키고 견디게 해주며 이에 대한 신호전달체계를 밝히는 많은 연구가 진행되고 있는데 식물에서는 비교적 낮은 농도에서 화학적 신호전달자로서 생물학적 과정을 조절함이 발견되었으며, 프롤린이나 아르기닌과 같은 아미노산과 복합체를 이루고, 활성산소를 없애기 위한 항산화제 생산과 superoxide dismutase 유전자의 발현을 포함한 항산화효소 생산을 유도하며 신호전달체계를 통해 병균 침입에 대한 국부적인 또는 전신의 발병-관련 단백질(pathogenesis-related proteins)과 방어 대사물을 생산하는 전신습득저항성(systemic acquired resistance) 등의 면역반응을 유도하기도 한다.

SA 합성은 isochorismate 및 phenylalanine ammonia-lyase 경로의 두 가지 경로를 통해 일어난다. 휘발성의 살리실산 메틸 에스터(methyl ester, methyl salicylate)는 대기로 확산하여 식물과 식물 사이에 소통을 유도하는데, 공격받은 식물로부터 합성되어 대기로 날아가 아직 공격받지 않은 주위 식물의 기공을 통해 흡수되어 살리실산으로 전환된 후 면역반응을 일으킨다.

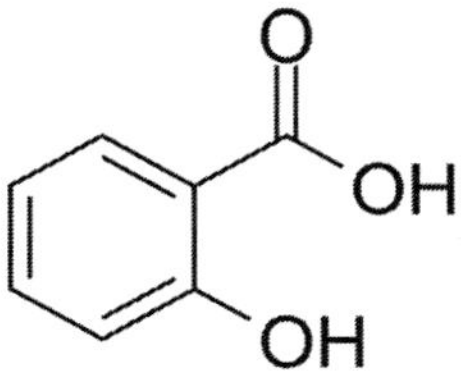

Salicylic acid

지구상의 다양한 식물 종은 지리적 분포 및 환경적으로 다양한 서식지에 살며 다양한 SA 농도를 함유하고 SA 역할의 관점에서도 환경에 대한 다양한 반응을 보인다. 광주기와 같은 생체주기(circadian rhythm)가 SA 형성과 관련이 있다는 보고도 있다. 일반적으로 단자엽 식물이 쌍자엽 식물보다 더 높은 SA 농도 (또는 SA 과농도에 대한 허용능력)를 함유한다고도 알려져 있다. 환경이나 지리적인 다양성에 따른 다양한 내재적인 SA 농도 및 역학적인 생성능력으로 미루어 SA 합성 유전자들(예 ICS)은 다형적(polymorphic)이라 판단할 수 있다. 진화적인 또는 생태적으로 적응된 식물의 SA 형성 능력과 환경에 대한 반응에 대한 이해는 환경에 더욱 적응된 식물 개발에 적용할 수 있다.

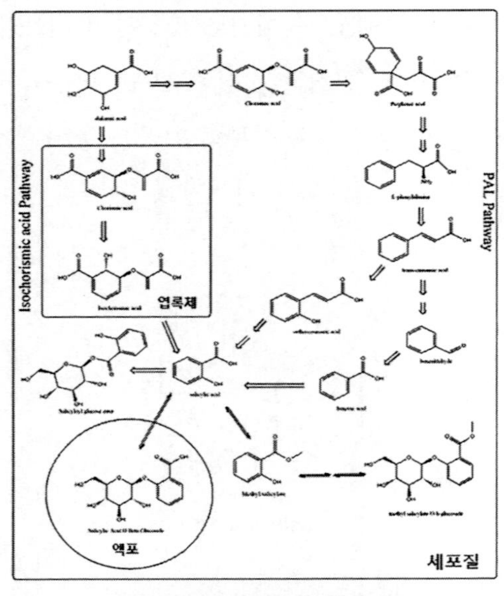

식물에서의 살리실산(SA) 형성 경로
Sharma et al. (2020) Molecules, 25(3), 540.

식물에 가해준 적절한 농도의 SA(acetylsalicylic acid의 형태로)는 처리하지 않은 식물에 비해 성장률 및 광합성, 종자 발아를 증진하고 건조량과 생체량을 증가시키며 꽃망울 형성과 열매 발달을 촉진하며, 염분 및 질병 스트레스에 대한 내성도 증가시킨다. 바이러스에 취약한 식물에 아스피린(acetyl-SA)을 가하면 담배모자크바이러스(tobacco mosaic virus, TMV)에 대한 내성을 갖는다.

SA 합성의 유전자들은 주로 엽록체에 존재하며 다양한 식물 종에 거쳐 보존적이라 알려져 있는데, 형성경로의 유전자들(예 NPR, isochromate 형성 효소 ICS)의 과발현(overexpression)은 광범위한 질병 저항성을 증진하며 특히 SA 합성 유전자의 특이적인 전사요소(예 SARD1/CBP60)의 환경에 따른 또는 종 특이적인 발현에도 관심이 높다. 향후 환경변화가 크게 일어나고 있는 지구에 있어서 스트레스 내성 식물 개발 및 육종은 물론 종 다양성을 유지하기 위한 노력은 더욱 활발해질 전망이다.

탐구 VII-6-1 식물에서 살리실산의 기능을 설명해보자.

7

자스몬산

자스몬산(JA)은 식물계에 광범위하게 존재하며 sesquiterpene류의 일원으로 스트레스에 노출되거나 손상된 식물에서 지방산(엽록체막의 성분인 β-linolenic acid)이 산화로 합성되는 호르몬으로 광범위하게 식물에서 다양한 스트레스에 반응하여 생성되므로 세균, 곰팡이, 바이러스, 곤충, 선충 등의 생물적 및 무생물적 스트레스와 기계적 손상으로부터 식물을 보호함은 물론 괴경(tuber) 형성을 포함한 성장과 발달에 관여한다. JA는 스트레스 환경에 의해 유도된 활성산소(㉩ 세포막 NADPH oxidase 활성화로 형성된 H_2O_2, 세포벽 guaiacol peroxidase 활성에 의한 $O2^{\bullet -}$ 형성, catalase 활성 억제로 인한 H_2O_2 축적 등)로 촉발된 JA의 그 수용체(COI1 단백질) 결합과 신호 경로의 활성화로 기공 메커니즘을 조절하여 물의 손실을 최소화하여 가뭄 스트레스에 대한 내성을 증진하기도 한다. JA 합성과 그 신호전달경로는 양성적 되먹임반응고리(positive feedback loop) 체계로 JA 자체가 자신의 합성을 촉진한다. 한편 JA 축적은 잎 노화(낙엽)를 촉진하여 가뭄 환경에서 식물의 물 보유력을 높여주기도 한다. 초식동물이 식물을 뜯어 먹을 때 난 상처는 JA 생성을 유도하며 포식자에 독성효과를 나타내는 이차대사물의 생산이 연계적으로 증가한다. 이러한 이차대사물 중에는 포식자의 천적을 끌어모으는 휘발성 물질이 포함된다. 상처가 난 잎에서의 JA 축적과 JA-반응 유전자들의 발현은 그 잎으로부터 멀리 떨어져 있는 다른 잎에서 감지될 수도 있다. JA-반응 유전자들은 항산화제(ascorbate, glutathione 등)와 방어 단백질 정보를 함유한다.

JA는 SA처럼 식물체가 상처를 입었을 때 생산되어 전신습득저항성을 유도한다. JA는 초식동물이 섭취하였을 때 단백질 분해효소(protease) 억제제를 활성화하여 동물의 단백질 소화를 억제하여 질소 공급을 막는다. JA는 또한 quinolines 생산을 촉진하는 polyphenol oxidase를 발현시켜 곤충의 효소 생산을 방해하고 소화된 식물의 양분을 감소시킨다.

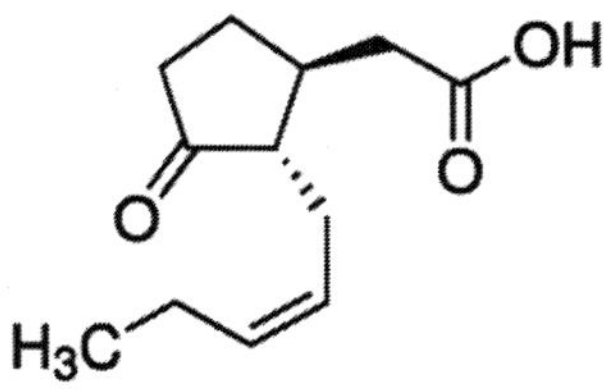

OH
O
O
H_3C

Jasmonic acid

식물은 휘발성의 methyl jasmonate(Me-JA)를 형성하여 다른 식물에 전달하고 형성된 JA는 isoleucine 등과 화합물(예 jasmonoyl isoleucine)을 이루거나 더욱 대사되어 다양한 화합물(-OH나 -COOH가 부가된)을 형성해 신호전달 물질로서의 작용을 나타내기도 한다. MeJA도 NADPH oxidase 활성에 의한 활성산소 의존성 경로를 통해 기공 개폐를 조절하는 것으로 알려져 있다.

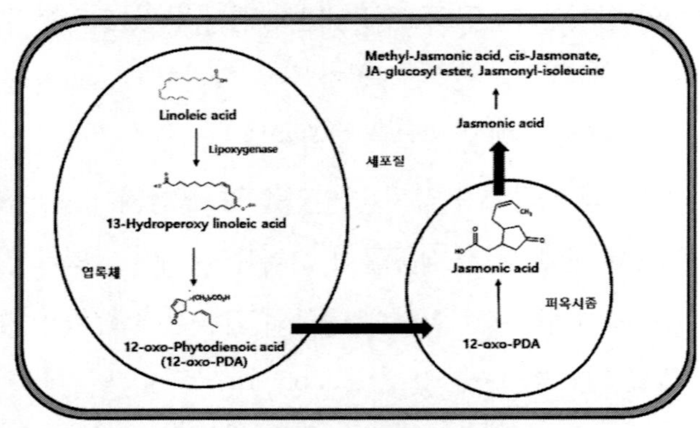

식물에서의 자스몬산(JA) 합성경로

JA 합성에 있어서 양성적 되먹임반응고리는 수용체(COI1) F-box 단백질 보조수용체(SCFCOI1-JAZ)에 이해 작동되는데, JA 농도가 낮으면, JAZ 억제자 단백질이 MYC2와 같은 전사요소에 결합하여 JA-반응성 유전자들의 활성자(activator) 기능을 막는다. 반면에 JA(또는 JA-Ile)가 존재하면, SCFCOI1는 JAZ 단백질을 분해해 MYC2와 같은 전사요소가 JA-반응 유전자들의 프로모터를 활성화한다. JA-반응 유전자들에는 PR-3, 영양적 저장단백질2(vegetative storage protein 2, VSP2), thionin 2.1(THI2.1) 및 plant defensin 1.2(PDF1.2) 등이 포함되어 식물의 방어반응을 활성화하고 내성을 갖게 만든다.

외부에서 가해준 JA는 식물 내 JA 축적을 높이고 항산화물(예 ascorbate, glutathione, tocopherol 등)의 생성과 활성을 증가시켜 식물의 스트레스에 대한 저항성을 높여준다. 외부로부터 가해준 JA는 또한 PAL 효소의 활성을 증진하여 페놀 생합성 경로를 활성화하고 식물 내 페놀화합물의 생산을 증가시켜 준다. 이렇게 형성된 항산화물과 페놀화합물은 활성산소화합물(ROS)를 제거하고 지질과산화반응(lipid peroxidation)을 억제하여 식물의 스트레스에 대한 내성이 증가한다. JA로 처리한 식물은 초기 단계의 바이러스 감염을 막고 증식을 억제하며, 처리한 종자는 처리하지 않은 종자에 비해 RUBISCO 발현과 NADH 형성을 증가시키고, 엽록소 생성과 생장에서 유묘의 잔류 농약에 대한 피해를 감소시킨다.

탐구 VII-7-1 식물이 해충에 의해 공격을 받았을 때 자스몬산은 어떤 경로를 거쳐 일어나나?

탐구 VII-7-2 식물의 생산성을 높이기 위해 자스몬산을 어떻게 이용할 것인가?

8

브라시노스테로이드

브라시노스테로이드(BR)는 5α-cholestane의 hydroxyl이 다수 부착된 유도체로 구조적 변이는 A와 B 고리의 부착 물질 및 C-17 곁사슬 길이(예 C27, C28, C29 등)에서 나타난다. 식물에서는 65종의 자유 BR과 5종의 BR 복합물(conjugates)가 알려져 있다. BR은 유채(Brassica napus) 꽃가루가 많이 함유하는 성장 증진 기능의 steroid로 발견된 이후 식물의 줄기 신장과 세포분열 등 성장 촉진을 유도한다고 알려지면서 식물 호르몬으로 취급되었는데 세포 팽창과 신장, 유관속 분화, 꽃가루관 신장, 뿌리 성장과 낙과 억제, 조직의 노화, 온도, 염분 및 가뭄을 포함하는 무생적 스트레스와 포식자 공격과 같은 생물적 스트레스로부터 스트레스 내성 유전자 발현을 증진해 식물의 보호, 질병 저항성 유도 등 다양한 작용에 관여한다.

탐구 VII-8-1 BR의 구조적인 특징에 대해 설명해보자.

탐구 VII-8-2 BR의 식물에서의 기능에 대해 설명해보자.

BR 생합성은 그 합성경로가 식물의 생리적인 상태에 따라 다양하게 나타나는데, 처음으로 제시된 경로는 sterol인 campesterol이 campestanol로 변화되면서 일어난다. Campestanol은 산화 과정을 거쳐 castasterone으로 변환을 거쳐 마지막으로 brassinolide로 변환된다. 이와는 다른 campestanol과 무관한 경로도 제시되었으므로 스트레스의 다양한 유형과 생리적 상태에 따른 다양한 생합성 경로가 연관된 경로들 사이에 복합적으로 작동되는 것으로 보이며 이 경로에 대한 더 많은 연구가 필요한 상황이다. 합성경로가 밝혀지면서 관련 유전자와 단백질들에 관한 연구도 활발하다. 밝혀진 유전자들은 대개 campestanol을 brassinosteroid로 전환하는 cytochrome P450 monooxygenases(CYPs)의 정보를 갖고, DET2 단백질은 steroid 대사 효소의 정보를 갖는다.

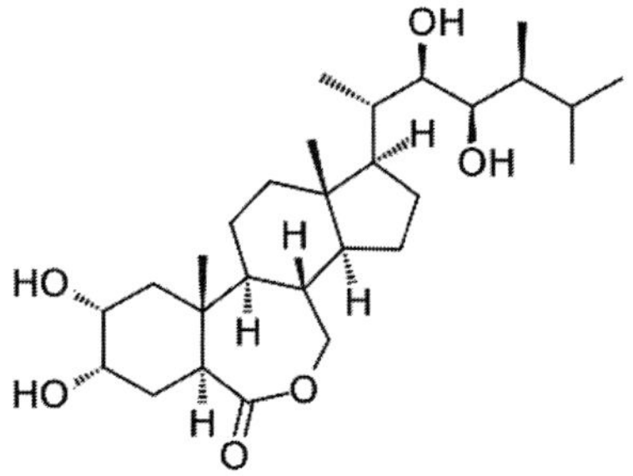

OH
H
OH
H
HO
H
H
HO
H
O
O

Brassinosteroid

생성된 BR의 대사 변화는 환경에 따라 달라지며 조직 내에서 분해되거나 활성과 비활성 형태로 변환되어 BR 농도에 영향을 준다. BR은 에피머화(epimerization), 산화(oxidation), 하이드록시화(hydroxylation), 술폰화(sulfonation) 또는 포도당(glucosylation)이나 지질에 결합(conjugation)을 통해 불활성화한다. BR 분해효소로는 두 가지가 알려져 있는데, 첫째는 steroid 26-hydroxylase 활성을 갖는 CYP 단백질 BAS1으로 불활성의 26-hydroxy-brassinosteroid를 형성한다. 두 번째는 glucosylation 활성의UDP-glycosyltransferases (UGTs) 효소군이다. 이러한 합성경로에 대한 정보는 BR 역할을 규명함에 도움이 되는데, BR-돌연변이체(BR 생합성경로의 마지막 단계인 brassinosteroid-6-oxidase, BR6ox 유전자 돌연변이)는 뒤틀리고 불규칙한 잎을 가지므로 BR은 잎 발달에 관여함이 제기되기도 하였다.

탐구 VII-8-3 BR의 활성형과 비활성형은 구조적으로 어떻게 결정되나?

극한 온도는 엽록소의 빛 흡수능력을 감소시켜 광합성을 억제하는데, 식물 내 BR 증가는 엽록소 분해효소(chlorophyllase)로 인한 엽록소 분해를 감소시키며 rubisco acivase와 같은 유전자를 발현 유도 및 활성화하여 극한 상황에서도 광합성을 지속하게 해주는 것으로 알려져 있다. BR은 또한 glutathione S-transferase, peroxidase, catalase를 포함하는 항산화효소의 발현을 증가시켜 활성산소를 감소시키고 체세포분열 활성을 높이고 엽록체 이상을 감소시켜 식물의 저항성을 높인다.

탐구 VII-8-4 BR은 어떻게 산화적 스트레스를 감소시키나?

BR의 저온 및 염분 스트레스 완화 효과는 에틸렌과 시토키닌 농도를 증가시키고 ABP 농도 감소를 수반한다. BR은 또한 금속-phytochelatin 복합체 형성, 항산화효소 활성화 및 중금속 축적 감소를 통해 중금속의 독성을 감소시킨다.

BR과 GA는 식물에서 세포 신장이나 종자 발아 등에 있어서 유사한 기능을 보여주기도 하는데, BR은 독립적으로 DELLA와 전사요소 사이에 직접 상호작용하며 전사 활성과 신호전달은 인산화/탈인산화를 통해 조절된다. GA 활성의 하나는 BR 신호전달 경로에 있어서 DELLA 단백질의 음성적(negative) 효과를 풀어주는 것이라는 보고도 있다. BR 신호전달경로는 수용체 kinase 활성을 함유하는 식물-신호전달경로의 가장 잘 연구된 것 중 하나이다. BR과 상호작용하는 단백질로는 BAK1과 negative 조절자인 BKI1 (BRI1 KINASE INHIBITOR 1)이 있는데 BR이 없으면 막에 결부되어 있다가 BR이 존재하면 BR과 BRI1이 결합해 막으로부터 분리하고 BR 신호전달경로가 작동한다. BSK1 (BR SIGNALING KINASE 1)은 BR 신호전달경로의 positive 조절자로서 세포질 수용체-유사 kinase이다. BRI1에 의한 BSK1의 인산화는 BSK1이 BSU1 (BRI1 SUPPRESSOR 1, phosphatase)와 같은 다른 양성적 BR신호전달 조절자와 상호작용해 경로 하부의 BIN2 (BRASSINOSTEROID INSENSITIVE 2) kinase 같은 음성적 조절자를 탈인산화 및 불활성화한다.

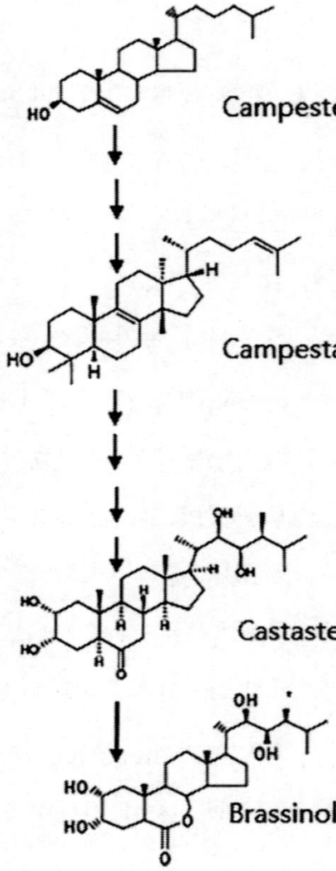

Campesterol

Campestanol

Castasterone

Brassinolide

식물에 있어서 브라시노스테로이드 생성 경로

탐구 VII-8-5 BR의 신호전달경로에 대해 설명해보자.

농업에 있어서 BR의 효과는 성장 촉진과 항 스트레스 효과로 식물의 성장과 발달을 도모하는데, 농작물에 BR 살포가 식물 내 BR 농도를 증가시키고 식물의 발달을 촉진하며 생산성을 증가시키고 병충해 감염을 억제하면서도 병충해의 저항성을 유도하지 않는 천연의 환경친화적이라는 연구 결과들이 많아서 향후 농작물 재배 및 원예산업에서 그 이용 가치가 높아지고 있으며 특히 스트레스 환경하에서 그 효과가 더 커서 스트레스 저항성 식물 개발에 기대가 크다. 가해준 BR(주로 BR의 입체이성질체인 2,4-epibrassinolide의 형태로)은 많은 식물에서 세포 신장의 효과가 크고(실제로 식물은 키 증가로 건조 환경에 더욱 저항성을 갖게 된다고 한다) 또한 종자 발아와 낱알 발달을 유도하기도 하며 auxin과 유사한 효과를 보여주기도 한다. BR은 또한 냉해에 대한 저항성도 증가시키는데, 2,4-epibrassinolide 살포로 저온에서 식물의 성장과 발달이 크게 증진하는데 키와 생체중량이 증가하고 종자 발아와 유묘 생장의 증가를 유도하였으며, 이러한 효과는 malondialdehyde (활성산소에 의한 산화적 스트레스로 인한 지질과산화반응의 산물) 생성 감소, superoxide dismutase 활성 증가, ATP와 proline 농도 증가도 수반하였다. 한편 BR 처리는 식물의 염분 저항성도 증진하였는데, 종자를 파종 전에 BR로 처리하면 염분이 높을 때 색소를 유지하고 nitrate 환원효소의 활성이 증가하였으며, ABA와 lectin 축적 감소, 발아와 유묘 성장 유지, 뿌리 증가, 핵산과 단백질 합성 증가가 나타났다. 이 밖에도 BR은 낱알 발달과 성숙을 촉진하는데 이는 BR이 동화물질 전이와 전분의 이삭 축적의 수용부(sink) 활성을 촉진해 일어난다.

BR은 의료용으로도 사용되는데, herpes simplex virus type 1 (HSV 1), RNA viruses, 홍역 virus 등을 포함하는 병원성 바이러스에 대한 항바이러스 활성 및 유방암 및 전립선암 세포의 억제 기능을 천연 homocastasterone와 epibrassinolide 및 합성 유사체가 갖는다고 알려져 있다.

탐구 VII-8-6 BR의 농업에 있어서 이용성에 대해 말해보자.

9

과당류
(Oligosaccharide)

식물에서 조절 기능이 있는 과당류(Oligosaccharide)는 대개 세포벽 수용체에 적절하게 결합할 수 있는 크기의 10~16개의 단위체(monomer)로 구성되며 동물에서와는 다르게 질소를 함유하지 않는다. 과당류는 다양한 입체화학성, 다수의 히드록실(hydroxyl)기 및 산소 원자, 소수성(hydrophobic) 글리코실(glycosyl) 잔기 등으로 인해 단백질을 포함한 수많은 분자에 접근하고 결합할 수 있는 리간드(ligand)로서의 기능을 갖는다. 중합체 길이(polymerization)와 분자량에 따라서 다른 기능을 갖는데, oligouronides, xyloglucan, xylan, galactoglucomannan, cellulose, rhamnogalacturonan I 및 rhamnogalacturonan II 등을 포함한다. 이러한 분자는 자체가 합성되거나 세포벽의 주성분인 xyloglucan, cellulose 및 pectin 등으로부터 주로 효소(endoglycanases)에 의해서 비교적 간단하고 빠르게 가수분해로 형성되는데 여기에는 oligouronides를 형성하는 polygalacturonase와 xyloglucan을 분해하는 endo-(1→4)-β-glucanase가 포함되며 또는 드물게 효소 없는 (활성산소에 의한) 가수분해로 형성된다. 세포 크기 증가, 열매 숙성, 기관 분리(낙엽 등의) 등은 효소 관여 없이 다당류가 분해되는 예이다. 이러한 간단한 효소반응 단계와 비효소적 형성은 빠르게 요구되는 식물 대사에 영향을 줄 수 있을 것이다. 형성된 과당류는 물관을 통해 상향 수송된다.

탐구 VII-9-1 식물의 세포벽을 구성하는 탄수화물에 대해 알아보자.

① 세포벽 탄수화물을 알아보고 다당류, 과당류, 단당류로 분류해보자.
② 세포벽 다당류와 과당류의 형성경로를 알아보자.
③ 세포벽 탄수화물의 기능에 대해 알아보자.
④ 과당류가 다른 생체분자와 결합할 수 있는 리간드로서의 구조적 및 화학적 특성에 대해 알아보자.

과당류는 분자 구조와 그 농도에 따라 다양한 생리적 반응을 유도 또는 억제하는데, 분자가 전하를 띠고 세포벽에 공유결합을 쉽게 형성하나 세포 내로 흡수되기는 어려워 세포벽이나 세포막 수준에서 작용이 나타날 것으로 예상되나 그 신호전달 경로와 작용 메커니즘은 상세하게 밝혀져 있지 않다. 외부에서 가해준 oligouronide가 ATP 분해와 인산기를 전이하는 kinase의 mRNA 전사를 증가시켰으므로 kinase 기능의 수용체(wall-associated kinase, WAK)가 세포벽과 세포막에 도메인(domain)이 존재하여 oligouronides와 공유결합하여 신호전달이 개시된다고 제시되기도 하였으며 한편으로 oligosaccharins의 수용체로서 kinase 기능을 갖는 lectin-유사 수용체도 후보로서 제시되었다. 이러한 과당류의 kinase mRNA 증가와 활성에 대한 효과는 전사 후(post-transcriptional) 또는 번역 후(post-translational) 조절에 의해 이루어진다는 의견이 많다. 인산화되는 단백질로는 34-kDa 크기의 세포막 단백질인 remorin이라고 제시되었으나 그 생리적 기능은 아직 밝혀져 있지 않다.

탐구 VII-9-2 과당류의 생리적 기능을 위한 신호전달경로

① 과당류의 신호전달경로를 수용체~유전자 발현 측면에서 설명해보자.
② 과당류에 의해 형성되는 다양한 mRNA 또는 단백질의 형성 메커니즘을 설명해보자.

과당류는 종-특이적인 반응이 나타나지 않아 한 종의 생산물이 다른 종에서도 기능을 나타내는 공통성을 가지며 세포 성장 및 분화에 영향을 주고, 상처나 질병균(곰팡이와 세균)으로 감염된 조직에서 방출이 유도되어 항생제 기능을 가지며 또한 이웃 세포를 죽여 질병균의 확산을 막아(과민성 반응) 식물을 보호하기도 한다. 감염된 미생물은 세포벽 다당류를 분해하는 가수분해효소를 분비해 과당류를 생성하며, 이렇게 형성된 과당류는 침입 병균에 대한 식물의 방어반응을 촉발하는 유도체(elicitor)로서의 기능을 갖기도 한

다. 스트리고락톤(strigolactones)을 포함하는 과당류가 종자 발아 촉진과 곁눈 발달 억제, 세균이나 곰팡이 감염 시 감염부위나 다른 조직으로 전달되어 방어 역할에 관여할 뿐만 아니라 근균(mycorrhizae)과 공생 확립에 관여한다고 알려져 있다.

Oligouronide

Oligouronides | C12H16O12 - PubChem (nih.gov)

Strigolactone

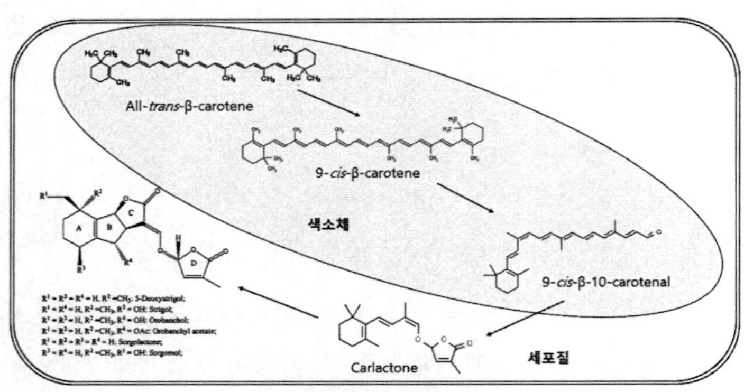

스트리고락톤 합성 경로

과당류는 다른 호르몬과도 상호작용하여 생리적 효과를 나타내는데 xyloglucan oligosaccharides, oligogalacturonides 및 galactoglucomannan oligosaccharides는 일반적으로 옥신에 의해 유도되

는 유전자의 발현 억제와 옥신에 의해 유도된 세포(줄기) 신장 및 뿌리의 형성, 세포분열을 억제하며 이러한 억제 효과는 옥신의 농도를 높이면 감소한다. Oligogalacturonide는 옥신 수용체에 영향을 주거나 옥신 반응에 관여하는 세포막 H^+-ATPase에 결합하여 옥신 수용체 복합체나 세포막 단백질을 불활성 시킨다고 제시되었는데, 세포 성장을 유도하는 pH 효과에 영향을 주는 것 같다. 이러한 옥신의 길항적인 효과는 옥신의 재분배 및 농도기울기(구배)를 통해 유도할 가능성도 제시되었다. 옥신은 펙틴 분해효소의 발현을 촉진하기도 하는데, 이렇게 형성된 분해효소가 oligosaccharins을 형성하여 옥신의 작용을 억제(조절)한다는 연구 결과도 있다. 또한 과당류의 스트레스 내성 증진 효과는 ABA와 공조해서 나타날 수 있다는 의견도 제시되었는데, 겨울밀 유묘에 oligosaccharin 처리는 결빙 저항성에서 ABA의 효과를 더욱 증진한다는 보고도 있다. 한편 과당류는 GA의 효과를 억제하는데, oligogalacturonides는 GA에 의한 α-amylase 축적을 억제하며 유묘 신장을 억제하였다. Oligogalacturonides는 cytokinin에 의한 줄기 형성을 촉진하였으며 열매의 에틸렌 형성을 촉진하기도 한다.

탐구 VII-9-3 과당류와 다른 호르몬과의 관계

① 생리적 기능 측면에서 과당류와 옥신과의 관계를 설명해보자.
② 생리적 기능 측면에서 과당류와 지베렐린과의 관계를 설명해보자.

Oligogalacturonide류는 활성화 산소 발생을 일으키며 phytoalexins, endo-β-1,3-glucanases, chitinases, proteinase 억제제 등의 합성을 활성화하고 lignin 합성을 유도한다. Xyloglucan에서 유래한 과당류(예 oligouronide)는 세포 성장의 농도에 따라 그 효과가 상반되게 나타나기도 하는데 낮은 농도에서는 억제, 높은 농도에서는 촉진 효과를 준다고 알려져 있다. 이 밖에 과당류는 뿌리와 꽃망울 형성, 공변세포 분열을 촉진, 가도관 분화를 억제하고 내초(pericycle) 세포벽을 두껍게 하며 결빙 저항성을 증진한다.

과당류의 생물학적 활성 기능을 어떻게 이용할 것인가에 대한 관심도 있는데, 농업 및 조직배양과 번식을 위한 식물 생명공학에서 다양한 목적으로 사용할 수 있다는 의견이 제시되었다. 과당류는 조직배양에서 뿌리 형성을 유도하기도 하는데, 실제로 이를 위한 과당류 복합체가 사용되고 있다. 뿌리 배양 및 증식은 식물의 생체량 증가와 산업적 및 의학적으로 이용하기 위한 이차대사물 생산에 필수적인 수단이다. 또한 옥신의 작용을 억제하므로 특히 xyloglucan oligosaccharide류는 식물 성장과 발달에 있어서 옥신에 의한 다양한 생리적 효과를 조절하기 위한 성장 조절제로 사용될 수 있다. 현재로서 광범위하게 사용되고 있지는 않으나 토마토와 포도 식물에 대한 과당류의 직접적인 살포로 생산 증가와 열매의 품질(색깔 및 단단함)이 증가하고 사탕수수의 경우 절간 길이, 줄기 수 및 즙액이 증가, 한 예도 있다.

과당류는 또한 비료 사용량 감소 및 질병균에 대한 저항성 식물 개발에도 이용할 수 있어서 화학적 살충제 사용을 줄 일 수도 있으며 환경친화적인 물질의 가능성이 있다. 이미 동물에서 동물 과당류의 면역, 항암, 혈액 응고, 장 기능 등 다양한 생리적 효과가 알려져 있으므로 식물 과당류의 건강 및 의료용으로서의 사용도 많은 관심을 끄는데, 식이섬유로서 유산균 증식과 유해균 억제, 배변 촉진 등 프리바이오틱(prebiotics)은 물론 항암제로서의 사용 가능성 연구가 많이 일어나고 있다.

탐구 VII-9-4 과당류를 어떤 목적으로 어떻게 이용할 것인지 탐구해보자.

① 농업에서의 생산성 증대
② 과수를 포함한 원예산업
③ 건강 및 의료
④ 재료, 건축, 제조산업
⑤ 에너지

참고문헌

Ali, Md. S., and Kwang-Hyun Baek. 2020. Jasmonic acid signaling pathway in response to abiotic stresses in plants. International Journal of Molecular Sciences 21(2), 621. https://doi.org/10.3390/ijms21020621

Asami, T., and Yoshida, S. (1999) Brassinosteroid biosynthesis inhibitors. Trends in Plant Science. 4(9), 348-353. DOI:https://doi.org/10.1016/S1360-1385(99)01456-9

Beltran, J. C. M., and Stange, C. (2016) Apocarotenoids: a new carotenoid-derived pathway. DOI: 10.1007/978-3-319-39126-7

Clouse, S. D. (2011) Brassinosteroids. Arabidopsis Book. 9,e0151. doi: 10.1199/tab.0151

Shimizu-Sato, S., Tanaka, M., and Mori, H. (2009) Auxin-cytokinin interactions in the control of shoot branching. Plant Mol Biol 69, 429. https://doi.org/10.1007/s11103-008-9416-3

Ma, Y., Cao, J,, He, J., Chen, Q, Li, X., and Yang, Y. (2018) Molecular mechanism for the regulation of ABA homeostasis during plant development and stress responses. International Journal of Molecular Sciences. 19(11), 3643. https://doi.org/10.3390/ijms19113643

Munemasa, S., Hauser, F., Park, J., Waadt, R., Brandt, B., 등 Schroeder, J. I. (2015) Mechanisms of abscisic acid-mediated control of stomatal aperture. Curr Opin Plant Biol. 28, 154-162. doi: 10.1016/j.pbi.2015.10.010

Pattyn, J., Vaughan-Hirsch, J. and Van de Poel, B. (2021) The regulation of ethylene biosynthesis: a complex multilevel control circuitry. New Phytol, 229, 770-782.
https://doi.org/10.1111/nph.16873

Sharma, A., Sidhu, G.P.S., Araniti, F., Bali, A.S., Shahzad, B., Tripathi, D. K., Brestic, M., Skalicky, M., and Landi, M. (2020) The role of salicylic acid in plants exposed to heavy metals. molecules. 25(3), 540.
https://doi.org/10.3390/molecules25030540

Ruyter-Spira, C., López-RáezJuan, J. A., Catarina, C. et al. (2013) Strigolactones: a cry for help results in fatal attraction. Is escape possible?
In: Isoprenoid Synthesis in Plants and MicroorganismsEdition, Bach, J. T. (Ed). Springer.
DOI: 10.1007/978-1-4614-4063-5_14

Steber, C. M., and Mccourt, P. (2001) A role for brassinosteroids in germination in Arabidopsis. Plant Physiology, 125(2), 763-769.
DOI: 10.1104/pp.125.2.763

Ⅷ

빛이 식물 형태형성에 미치는 효과

종자의 발아로부터 생식에 이르는 식물 생활사에서 일어나는 식물 성장과 발달은 유전적 및 환경 요소들에 의해 조절되는 신호전달체계에 의해 이루어진다. 특히 식물 발달 과정에 포함되는 생체량 증가, 개화, 종자 및 열매 성숙, 노화와 휴면, 질병균과 해충에 대한 반응 등은 농업에 있어서 관심사이기도 하다.

빛은 식물의 생존에 있어서 중요한 환경 요소의 하나로서 종자 발아로부터 개화 및 결실까지의 식물 성장 및 발달에 필요하다. 종자가 발아하면 아직 녹색화가 일어나지 않은(etiolated) 유묘는 성장을 거쳐 빛을 찾아 지표 위로 솟아난다. 빛을 받으면 유묘는 엽록체 발달 및 엽록소 합성이 일어나며 녹색화(de-etiolation)가 일어나며 독립영양생물이 된다. 다양한 파장의 빛은 종자 발아로부터 식물이 생활사를 마칠 때까지 성장 및 발달에 영향을 주는데 빛의 질(파장) 뿐만이 아니라 세기(강도) 모두 영향을 준다.

빛은 식물에서 크게 두 가지 기능을 갖는데 첫째는 에너지의 공급원으로서 물 및 CO_2를 재료로 광합성 반응을 통해 빛에너지는 화학에너지 형태(양분, 물질)로 전환된다. 두 번째는 광형태형성(photomorhogenesis) 기능으로서 식물의 생장, 발달, 생식 및 환경에 대한 반응에 관여하는데, 발아, 성장, 잎과 생식기관의 형성, 환경변화에 따른 반응 및 생장의 조절이 일어나게 한다. 환경의 빛은 지구의 자전주기, 밤과 낮, 기상, 물, 식물체의 밀도, 그늘이나 수관 등 다양한 요소들에 의해 그 질(파장)과 농도(빛의 세기)가 변화하는데 식물은 주위 환경의 빛을 생장을 위해 감지하고 적절하게 이용할 수 있는 능력을 함유하도록 진화해 왔으며 지구 낮과 밤의 길이를 인식하고 다양한 파장의 빛을 이용하기 위한 식물 발달에 있어서 시간에 따른 빛 사용 능력인 광주기(photoperiodism)와 이와 더불어 식물은 빛을 향하거나 피하는 능력의 굴성(phototropism)을 갖게 되었다.

빛에 의한 성장과 발달을 뒷받침하기 위해 식물에서는 광범위한 파장의 빛을 흡수하기 위한 다양한 광수용체(photoreceptor)가 진화하였다. 여기에는 UV와 청색 빛을 흡수하는 크립토크롬(cryptochrome, CRY1-2), 포토트로핀(phototropins, phot1-1), 청색과 UV-A를 받는 3가지 유형의 ZTL-형(ZTL/FKF1/LKP2) 수용체, UV-B를 받는 UVR8 수용체, 적색과 원적외선을 흡수하는 피토크롬(phytochrome) 등의 색소분자(chromophore)가 공유결합한 단백질의 복합체(chromoprotein)를 포함한다. 이미 살펴본 바와 같은 광합성은 엽록소와 카로티노이드를 통해 빛을 흡수하며 엽록체에 의해서 일어나나 광형태형성 기능은 세포질에 있는 피토크롬(phytochrome), 크립토크롬(cryptochrome), 포토트로핀(phototropins) 등의 단백질 복합체에 의한 빛 신호전달체계에 의해 유도된다고 알려져 있다.

특히 광수용체의 유전적 조작은 농업적으로 유익한 결과를 가져올 수 있는데, 광수용체 활성의 조절 변화로 발아로부터 결실에 이르는 발달단계에서 유용한 형질을 변화시켜 농업 생산성을 증가시킬 수 있기 때문이다. 또한 이러한 광수용체 조작은 최근 많은 연구가 이루어지고 있는 합성생물학에 있어서도 주요 도구로 이용될 수 있을 것이다.

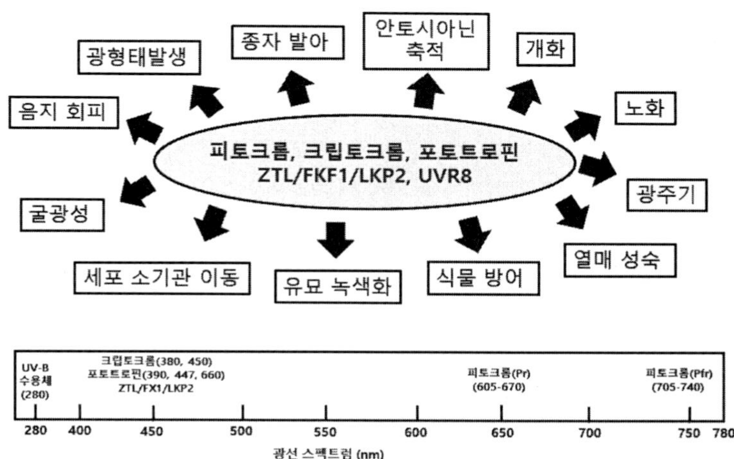

식물 광수용체의 생장 조절 기능과 최대 흡수 빛 파장 영역

식물의 빛 감지는 다양한 광수용체에 의해 일어나는데, 여기에는 적색/원적외선을 흡수하는 피토크롬(phytochromes), 청색/UV를 흡수하는 시토크롬(cytochromes)과 포토트로핀(phototropins), UV-B를 흡수하는 UVR8, 청색 빛을 흡수하는 ZTL/FKF1/LKP2 (ZEIT-LUPE/FLAVIN-BINDING KELCH REPEAT F-BOX 1/LOV KELCH PROTEIN 2) 등을 포함한다. 이들 광수용체는 UVR8을 제외하고는 각각 다른 유전자로부터 발현하는 유사성이 높은 여러 종류를 갖는다. 예를 들면 식물 피토크롬은 phyA, phyB, phyC, phyD 및 phyE를, 크립토크롬은 cry1, cry2 및 cry3를, 포토트로핀은 phot1 및 phot2를 갖는다.

탐구 VIII-1 빛이 식물에 미치는 두 가지 역할에 대해 설명해보자.

탐구 VIII-2 식물의 광수용체를 열거하고 어떤 빛을 인지하는지 알아보자.

탐구 VIII-3 식물의 광수용체를 열거하고 어떤 역할을 하는지 알아보자.

피토크롬
(Phytochrome)

식물은 그늘지거나 어둠에서 자라면 왜 엽록소가 없고 줄기가 더 길게 자라는가? 왜 빛이 있으면 빛 방향으로 자라고 줄기는 짧아지며 잎과 꽃이 형성되는가? 식물은 계절에 따라 왜 생장 및 발달에 차이가 나나? 이런 현상에 대한 의문은 피토크롬이 발견되면서 그 답을 얻게 되었다. 피토크롬은 색소-단백질 복합체로서 1950년대 적색 파장의 빛이 종자 발아와 개화를 촉진하며 원적외선이 이러한 적색 빛의 반응을 억제함을 발견하면서 그 존재가 추정되었으며 1959년에 확인되었고 1983년에 정제 및 유전자 확인, 1985년에 그 유전자 서열이 밝혀지고 1989년에 monoclonal antibody를 사용해 여러 종류의 피토크롬이 존재함이 확인되었는데, 현재는 식물 생활사 모든 면에 광범위한 기능을 갖기 때문에 많은 연구가 이루어지고 그 정보를 농업, 산업, 환경 유지 등에 사용하고 있다.

피토크롬은 일종의 빛 조절 스위치로서 식물체 주위 빛의 강도(세기), 질(색깔 또는 파장) 및 지속시간과 온도 등을 감지하여 생물학적 대사 및 형태 발생을 조절(촉진 또는 억제)한다. 피토크롬은 적절한 빛과 온도에 의해 활성형(Pfr)과 비활성형(Pr) 사이에 가역적인 변환이 일어나며 활성형과 비활성형의 역할은 매우 다양한데 그 메커니즘을 밝히는 일은 식물학에서 매력적인 연구주제의 하나이다. 일반적으로 적색 빛을 받아 활성화된 피토크롬(Pfr)은 직접적으로 세포질에 있는 다른 물질을 활성화하거나 유전자 수준에서의 발현을 조절 또는 억제를 통해 종자 발아, 엽록체 발달과 엽록소 형성 촉진을 통한 녹색화(de-etiolation), 줄기와 잎자루 신장의 억제, 잎 확장, 가지치기, 개화, 노화 등 다양한 기능을 수행하며 역으로 원적외선, 어둠 또는 온도에 의해 유도된 비활성화된 형태의 피토크롬(Pr)은 이와는 반대 기능을 수행하므로 식물의 발달단계 및 환경에 따라 적절하고 다양한 식물의 반응이 가능하다.

1) 피토크롬의 구조

먼저 피토크롬은 식물, 세균, 조류 및 곰팡이에서 phyA, phyB, phyC, phyD, phyE, phyN, phyP, phyO 등의 형태가 있으며 대부분은 세포질에 존재하나 일부는 세포막에 부착되어있는 것도 있는데 빛을 받으면 리간드의 성격을 띠게 되고 핵 내로 이동해 전사요소와 결합해 유전자를 발현하거나 즉각적인 피토크롬 활성을 갖기도 한다. 식물은 phyA~E의 5종이 확인되었으며 모두 공통으로 빛을 흡수하는 색소분자를 갖는다. 단백질은 주요 두 모듈(단위 또는 영역)로 구성되어 있는데, 빛 감지 및 흡수 수용체 모듈(PAS, GAF, PHY)과 빛 신호를 받아 유전자 발현에 이르는 신호전달체계를 작동하는 조절 모듈 부위이다. 특히 PHY는 생물들 사이에 보존된 영역(이를 PHY tongue이라고도 부른다)이다. 이 단백질은 ~1150 아미노산의 1차 구조를 가지며 분자량이 120~125kDa로 두 개가 부착된 이량체(dimer)로 존재한다(단백질의 3D 구조는 Wikipedia 참조).

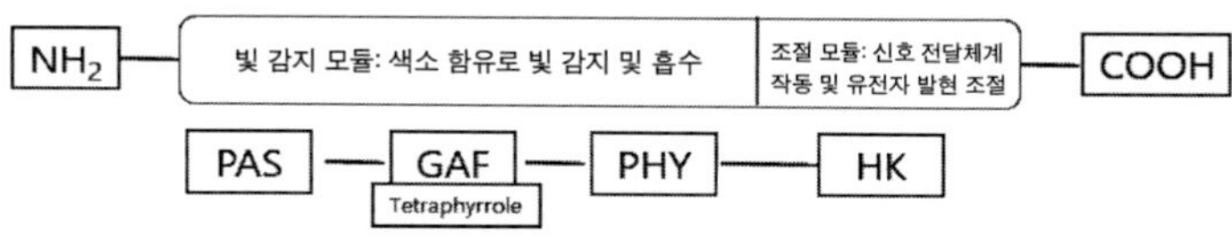

피토크롬의 주요 모듈(영역)

Per/Arndt/Sim (PAS), cGMP phosphodiesterase/adenyl cyclase/FhlA (GAF), phytochrome (PHY), histidine kinase(HK)

빛 수용체 또는 감지 모듈 부위는 단백질의 N-말단 부위로서 tetrapyrrole의 색소 분자(또는 bilin, 이 색소분자는 세균, 곰팡이를 포함하는 다른 생물 종에서 식물과는 차이가 있으므로 흡수되는 빛의 파장도 달라진다)가 GAF 영역(chromophore lyase 활성을 갖는다)에 있는 cysteine 잔기에 공유결합되어 있으며 여기에서 빛을 받는다. 이 선형의 tetrapyrrole 분자(엽록소의 빛 수용 부위인 고리형 tetrapyrrole과 유사)는 빛의 유무 또는 빛의 질에 따라서 그 구조가 가역적으로 변화하며(isomerization), 이 분자의 변화가 전체적으로 피토크롬의 형태를 변화시키므로 피토크롬이 활성형 또는 비활성형이 된다. 가시광선의 파장 중 적색(red, 600~699nm) 파장의 빛을 받으면 이 구조는 원적외선(far-red, 700~750nm) 파장을 받을 수 있는 형태(Pfr)로 변형되고 다시 원적외선 파장을 받거나 어둠(또는 열)에서 적색 파장을 받을 수 있는 형태(Pr)로 변화한다. 적색과 원적외선 환경에 따른 Pr과 Pfr은 다른 생리적 반응을 유도할 수 있는데 일반적으로 적색 파장을 받은 Pfr 형태가 종자 발아, 엽록소 형성, 엽록체 발달, 잎 확장, 가지치기, 개화, 노화, 줄기 생장 조절 등 식물에서 다양한 기능을 발휘하는 활성 형태로 알려져 있다.

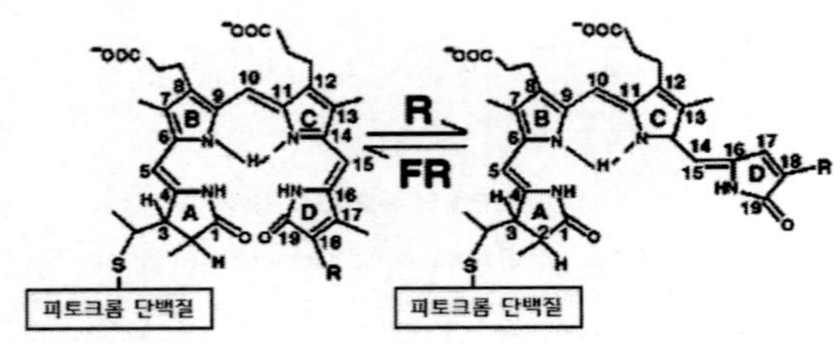

파장에 따른 피토크롬 tetrapyrrole 색소의 구조 전환

TheArabidopsis Book, 2004(3): (2002). https://doi.org/10.1199/tab.0074.1

탐구 VIII-1-1 피토크롬의 주요 영역을 말하고 빛을 인지하고 신호전달작용 부위는 어디에서 일어나는지 알아보자.

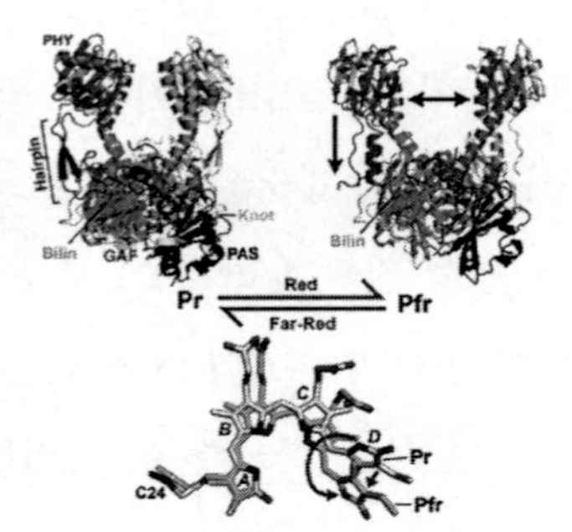

파장에 따른 피토크롬 구조의 가역적인 변화

https://doi.org/10.1016/j.str.2016.01.00

탐구 VIII-1-2 Tetrapyrrole 색소가 빛을 받아 구조 변환이 일어나는 과정을 설명해보자.

2) 피토크롬의 다양성

피토크롬은 그 종류가 다양하며 식물 종에 따라서도 차이가 있는데 대부분의 육지 식물은 한 종이 몇 가지의 피토크롬 형태를 함께 가지고 있다. 피토크롬 유전자(phys)는 다중유전자군(multi-gene family)에서 만들어지며 Arabidopsis는 5개의 PHY 유전자를(PHYA~PHYE)로부터 형성되는 5종(phyA~E), 벼는 3종(phyA~C)을 가지며 식물의 배수성에 따라서 유사 종을 둘 이상을 갖기도 한다. 꽃(피자)식물의 피토크롬은 그 반응에 따라서 Type I과 Type II로 나누기도 하는데, Type I(예 phyA)은 빛에 대해 불안정하며 낮은 빛 농도 또는 낮은 R/FR 조건(주로 종자가 묻힌 지하나 그늘이 우거진 환경)에서 발아와 탈 백화(de-etiolation) 현상을 일으키며, Type II(예 phytB~phyE)는 빛에 안정적이고 높은 비율의 Pfr 조건 즉 R/Fr 비율이 높은 환경(빛이 밝은 환경)에서 활성을 보인다. 각 피토크롬은 공통적인 빛 흡수 스펙트럼을 갖더라도 그 기본적인 역할의 차이가 있고 또한 환경 조건 및 발달단계에 따라 식물에 미치는 영향이 달라진다. 즉 환경 조건(빛과 온도)에 따른 발현 수준, 단백질의 구조 변환 및 안정성, 세포질과 핵 내 위치, 빛 신호의 전달경로 및 화학적 반응 등은 피토크롬의 역할에 영향을 준다.

다양한 피토크롬의 기능을 좀 더 상세하게 살펴보면 종자 발아로부터 개화에 이르는 식물 발달 시기, 빛의 파장, Pr/Pfr 비율에 따라 서로 중첩되거나 독특한 다양한 기능을 수행한다. 종자 발아에는 phyA, phyB 및 phyE가, 유묘 녹색화는 phyA, phyB, phyC가 줄기나 잎자루의 신장 조절, 개화기 변화, 잎의 빛으로의 방향 전환 등의 어둠(그늘) 회피에는 PhyB, phyD, phyE가 관여한다. 아직 그 작용기작에 대해서 명확히 알려지지 않았으나 phyA는 빛이 없이 자란 유묘에 많이 함유되어 있고 Pfr 형태가 되면 분해되는데 발아한 유묘가 빛을 받을 때 빛에 적응하게 해준다. 반면에 PhyB는 안정적이며 낮은 농도로 존재하고 짧은 적색 빛 노출에 활성화하고 원적외선을 쪼이면 불활성화하는데 유묘가 형성된 후 빛의 질 즉 적색과 원적외선 파장의 상대적인 비율을 감지하는 것으로 밝혀졌다. PhyB는 감자에 있어서 괴경 형성을 촉진하기도 하는데 이는 줄기 신장 유도, 마디 수 증가, 잎:줄기 비율 감소, 설탕 전달 단백질의 활성화 효과의 결과로 보이며, PHYB 유전자 발현 증가는 기공 전도도 증가와 광합성 촉진으로 단위 면적 당 식물 개체의 밀도를 증가(밀도를 증가시켜도 광합성 손실이 없어서)시킬 수 있으므로 농작물 육종에 사용될 수 있다고 한다. 이 밖에 피토크롬은 온도 감지기로서도 작용하는데, 온도 증가는 불활성을 증가시키며 이는 다른 요소들과 함께 식물의 발아 능력을 촉진한다.

탐구 VIII-1-3 식물 피토크롬의 종류를 열거하고 그 기능의 차이점을 말해보자.

탐구 VIII-1-4 PHYB 발현 증가는 왜 식물 밀도가 높아도 생산성 저하를 막을 수 있는가?

3) 피토크롬의 작용 메커니즘

피토크롬은 세포질에서 불활성인 Pr의 형태로 합성되어, 특히 적색 빛을 받으면 생물학적으로 활성형인 Pfr로 전환하여 핵 내로 이동해 어둠에서 어둠회피반응(빛을 찾아 줄기 또는 하배축이 길어지는 현상)을 유도하는 전사요소인 피토크롬 상호작용요소(PHYTOCHROME INTERACTING FACTORS, PIFs)에 직접적으로 결합하여 전사를 억제하여 어둠 회피반응이 더 이상 일어나지 않고 줄기가 짧아지고 잎은 녹색화하여 확장한다. 다양한 종류의 PIF는 직접적으로 옥신 생합성에 관여하거나 GA, brassinosteroid, jasmonate, 에틸렌 등의 신호전달경로에 관여하는 유전자들에 의해 일어나는 어둠회피반응을 유도하는 전사요소이다.

피토크롬은 또한 PHYA와 PHYB 및 광형태발생을 촉진하는 전사요소들(예 HY5, HYH, LAF1, LONG HYPOCOTYL IN FAR RED, HFR1 등)의 형성과 분해를 중재하는 COP1 E3 ubiquitin ligase/SPA 복합체와 결합한다. 빛이 없을 때 이들 전사요소는 COP1 E3 ligase에 의해 26S proteasome-중재 분해의 목표이다.

흡수한 빛 신호가 수용체로부터 조절 부위로 전달되는 과정은 아직 완전하게 밝혀져 있지는 않으나 빛이 흡수되면 tetrapyrrole

색소의 이성화(C와 D 고리 사이에 C15=C16 이성화와 피롤 고리 N의 양성자 변화로 인한 D 고리의 회전)로 인해 피토크롬의 형태적 변화가 일어나고 신호전달체계의 작동이 개시된다는 점은 밝혀졌다.

색소분자는 GAF 영역과 공유결합하지만, PHY 및 PAS 등 다른 영역과도 비공유 결합하여 있어서 빛에 의한 색소의 구조적 변화는 모든 영역의 형태적 변화를 일으켜 PHY 영역의 hairpin 구조는 β-병풍구조에서 α-나선구조로 변환되어 전체적인 구조적 재배열이 일어난다. 이러한 구조적 변화는 이량체에 있어서 PAS와 GAF 영역이 당겨지지만, PHY 영역은 분리되게 만든다. 이러한 빛 흡수에 의한 색소결합 및 인접 영역에서의 재배열에 따른 구조적 변화 즉 Pr의 Pfr 전환은 또한 HK 영역에도 영향을 주어 Pfr이 핵 내로 인도하거나 신호전달 경로에 포함된 전사요소 및 ubiqutin ligase 복합체와 같은 다른 단백질과도 상호작용이 가능하게 해준다.

빛 감지 모듈에서 흡수된 빛 신호가 피토크롬의 구조적 변화를 동반하며 조절 모듈로 전달되면 피토크롬은 세포질로부터 핵으로 이동하며 이 모듈 자체가 Ser/Thr kinases(세균에서는 histidine kinase로서 식물과는 다르다고 알려져 있다) 또는 tyrosine 인산화 영역이므로 활성화되어 ATP 분해와 인산기 전이 반응이 유도되어 전사요소의 활성 또는 비활성화가 일어나 목표 유전자의 발현이 조절된다. 피토크롬이 세포질로부터 핵 내로 이동하는 경로는 피토크롬(Type 1과 II)에 따라 차이가 있을 수 있으며 명확하게 밝혀져 있지 않은 상태이다.

피토크롬은 빛을 받아 활성화되면 궁극적으로 유전자 발현을 유도하는 신호전달경로가 작동되므로 유전자 발현을 조절(촉진 또는 억제)하는 전사요소를 포함하는 다양한 단백질(예 phytochrome interacting factor, PIF)과도 직접 결합하기도 한다. 즉 빛 N-말단을 포함하는 감지 영역에서는 빛을 흡수, 신호를 도입, 색소와 상호작용, PIF 결합이 일어나고 C-말단 영역에서는 이량체 형성, 핵으로 이동 유도, PIF 결합 등이 일어난다.

피토크롬의 생리적 효과를 나타내기 위한 궁극적인 유전자 발현은 전사요소 조절을 통해 이루어지는데 다른 빛 환경에 의해 다양한 영향을 받는다. 예를 들면 땅속에서 종자가 발아하면 유묘는 땅속 빛 조건에 의해 하배축(epicotyl)이 신장하면서 땅 위로 솟아야 한다.

탐구 VIII-1-5 COP1의 역할은 무엇인가?

탐구 VIII-1-6 피토크롬과 COP1과의 관계를 설명해보자.

탐구 VIII-1-7 피토크롬이 빛을 인지하여 일어나는 색소의 구조적 변화를 설명해보자.

탐구 VIII-1-8 피토크롬의 인산화에 따른 구조적 변화를 설명해보자.

발아한 유묘가 땅속에 있을 때 식물은 엽록소가 없는 상태(etiolation)로서 피토크롬은 불활성의 형태인 Pr이며 이때에는 핵 내에서 PIF, ethylene insensitive(EIN) 등이 LHC 단백질 유전자 발현을 억제해 엽록체 발달을 억제하고 백색화(etiolation) 및 신장을 증진하는 단백질들과 옥신 반응 유전자의 전사요소(auxin responsive gene factor, ARF)가 옥신 반응 유전자(이 유전자가 발현되어 옥신이 합성되면 유묘의 하배축 또는 줄기의 신장이 일어난다)를 활성화하여 유묘를 신장시키는 상태에 있게 되며, 이와 더불어 한편으로는 COP1(constitutive photomorphogenesis protein1)과 SPA(suppressor of phyA 유전자) 단백질도 녹색화를 유도하는 전사요소인 HY5(elongated hypocotyl 5)의 유전자를 억제하고 있다. 유묘가 땅 위로 올라와 빛을 받게 되면 줄기 신장 위주의 성장보다는 잎이 펴지고 더욱 견고한 형태의 발달이 일어나는데, Pr은 Pfr로 변환되며 PIF와 EIN은 분해되거나 프로모터에 결합하지 못하게 만들며, COP1/SPA의 억제작용을 풀어 HY5 전사요소가 발현되어 유전자를 활성화하고 ARF는 Aux/IAA 단백질과 결합해 옥신 반응 유전자 발현을 억제한다. 즉 빛에 의한 Pfr 형성은 엽록체 발달, 녹색화 유전자 발현, 옥신 반응 유전자 발현 억제를 통해 녹색화를 진행하고 식물적인 독립적인 영양의 능력을 갖추게 된다.

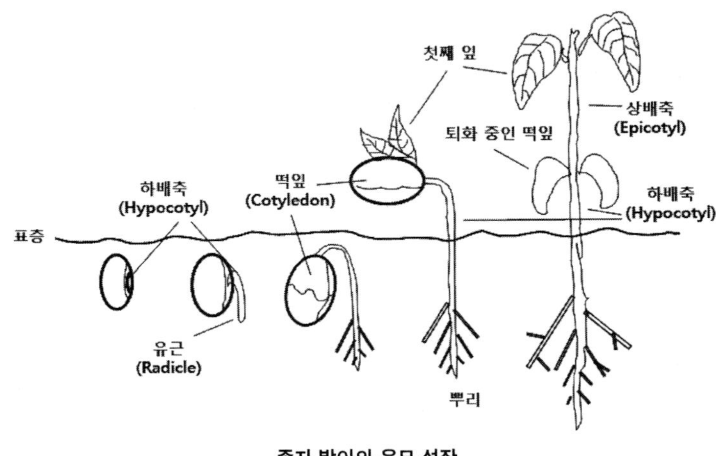

종자 발아와 유묘 성장

탐구 VIII-1-9 종자 발아와 어둠회피 반응 과정을 피토크롬의 역할을 위주로 설명하자.

빛을 받은 활성화된 형태의 피토크롬은 운반 단백질(예 phyA의 경우 FHY1/FHL)에 의해 핵 내로 들어가 유전자 발현을 일으키는 단계의 활성을 촉발한다. 핵 내에서 피토크롬을 운반한 단백질은 다시 피토크롬과 떨어지고 세포질로 나와 새로운 피토크

롬과 결합한다. 피토크롬은 이량체(dimer)로서 존재하고 각 단량체(monomer)인 Pr 또는 Pfr은 독자적으로 적색 또는 원적외선 빛(또는 열변환)을 받아 형태 변환이 가능하므로 빛의 양과 질, 온도 등에 따라서 3가지 형태인 Pr-Pr, Pfr-Pr, Pr-Pfr로 유지가 가능하다. 이들 이량체 형태는 일부 공통적인 빛 흡수 스펙트럼(spectrum)을

가지므로 낮에는 항상 존재하나 밤에는 (또는 온도 불활성으로) 모두 Pr 형태로 돌아갈 수 있다. 다양한 환경 즉 그늘, 밤(또는 낮)의 길이, 구름, 바위나 돌 등의 장애물 등은 식물이 받는 빛의 양(또는 지속시간)이나 질을 빛의 양(파장)을 차이가 나게 만드는데 이에 따른 Pr/Pfr 비율도 달라지게 만들어 식물 생장에 영향을 주게 된다. 즉 Pr/Pfr 조합의 다른 비율에 따라 독특한 잎과 줄기의 발달 및 성장 및 개화 등 식물 형태 발달에 다른 영향을 줄 수도 있다. 유묘를 재료로 실험한 경우의 예를 들어보면 어둠에 적응시켰을 때 피토크롬은 대부분 Pr 형을 가지나 적색 파장을 쪼이면 (Pr과 Pfr 흡수 스펙트럼은 일부 겹치므로) 87%가 Pfr 형태가 된다고 한다. 또한 온도도 Pr ↔ Pfr 변환에 중요한데 특히 PhyB은 또한 밤과 낮에 주위 온도를 인지해 Pfr → Pr 전환을 가능하게 한다고 알려져 있다.

땅속이나 수관 또는 조밀한 식물 밀도에서 다른 개체들로 인해 빛이 약한 환경에서 나타나는 어둠(그늘) 회피 반응에서는 낮은 R/Fr 비율의 빛이 Pr/Pfr 비율(또는 전체 피토크롬 중 Pr의 비율) 비율의 증가를 가져오게 되는데 이런 조건은 COP1/SPA 복합체 형성을 유도하여 PIF의 증가를 유도하고 성장 증진 유전자 및 LONG

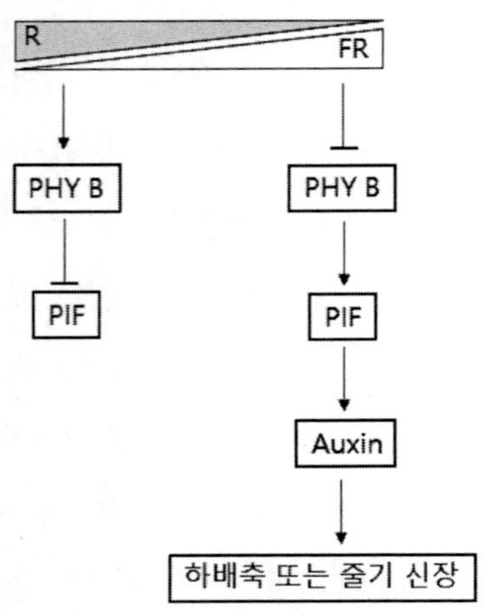

줄기 또는 하배축 신장에 대한
빛과 피토크롬의 작요 모식도

HYPOCOTYL IN FAR-RED (HFR1) 유전자 발현을 촉진하여 줄기 신장을 유도한다.

탐구 VIII-1-10 어둠회피의 반응과정을 Pr/Pfr 비율 변화를 중심으로 설명하자.

식물이 빛을 감지하고 반응하는 능력은 종자 발아로부터 시작되어 식물이 열매를 맺을 때까지 지속하는데, 정상적인 성장과 발달 및 변화하는 환경에 대한 반응이 포함된다. 모든 식물 생활사에 걸쳐서 피토크롬은 성장과 발달, 형태형성에 관여한다. 종자 발아에는 적절한 농도와 적합한 파장의 빛이 필요하며 발아 후 유묘는 빛을 찾기 위해 줄기 또는 하배축의 신장 등 유용한 빛 조건에 따라 발달 프로그램이 작동한다. 빛에 지속적인 노출은 떡잎의 확장과 녹색화를 진행하며 빛을 찾기 위한 줄기 또는 하배축 신장은 억제된다. 이렇게 되면 식물은 빛에너지를 이용해 독립적으로 양분을 합성하는 단계가 된다. 이후 밤과 낮의 길이 및 온도에 따라 성장, 분화, 개화, 결실 및 노화의 단계를 거치게 된다.

종자의 발아로부터 유묘 생장에 이르는 피토크롬의 역할을 좀 더 자세히 살펴보면

적색 파장 또는 낮은 R/Fr 비율의 빛은 종자의 발아를 유도하고, 새로 형성된 유묘는 땅속에서 엽록소가 없는 (etiolated) 형태이며 빠른 하배축 신장으로 유묘는 땅 위로 솟아난다. 땅 위에서 유묘는 빛을 받아 활성화된 피토크롬으로 엽록체의 발달과 엽록소를 형

성하여 녹색을 띠게 된다. 유묘는 지속적인 줄기의 신장과 잎을 형성하여 완전한 한 식물체로 발달하게 되는데 이때 지상의 빛은 식물의 Pr/Pfr의 비율(대체로 낮에 Pr/Pfr > 1)을 결정하며 이에 따른 발달이 나타난다. 많은 식물체가 동시에 인접해서 발아할 경우 식물체의 높은 밀도는 적색 빛과 청색 빛은 식물이 흡수하나 원적외선 빛은 반사하거나 통과하므로 이에 따른 Pr/Pfr 비율(대체로 Pr/Pfr<1)에 따라 줄기 신장, 잎의 위치 변환이 일어나는 어둠 회피 반응이 나타나게 된다. 이후 이 식물체가 자라면서 겪는 환경변화(온도, 습도, 낮과 밤의 길이, 그늘 등)는 식물의 Pr/Pfr 비율에 영향을 주고 이에 따른 대사 변화는 줄기 및 뿌리 발달, 개화, 노화 등의 성장 단계가 나타나게 만든다. 동일한 피토크롬을 사용해 이렇게 환경에 따른 다양한 작용이 가능한 이유는 특히 phyA와 phyB를 중심으로 설명할 수 있는데, 예를 들면 식물 지상부 수관(canapy) 하에 낮은 R/FR 비율은 phyB의 작용을 억제하고 대신 phyA를 활성화해 줄기가 신장하게 만든다(이렇게 되면 식물은 빛을 받기에 유리하다). 이와 유사하게 어둠에서 자란 유묘의 경우, phyA가 phyB보다 훨씬 많은 양으로 존재하기도 한다.

탐구 VIII-1-11 종자 발아에 있어서 Pr/Pfr 비율 변화와 역할에 대해 설명하자.

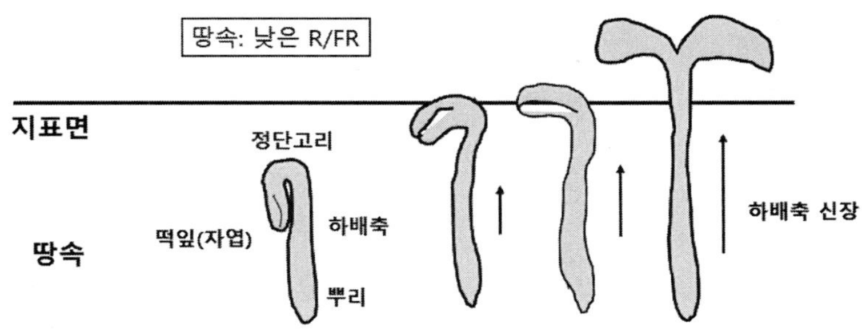

발아 유묘에서 피토크롬의 땅속 빛 신호 인지 → 옥신 합성효소 유전자 발현과
옥신 합성 → 옥신이 하배축으로 이동 → 하배축 신장 → 유묘가 지표면 위로 솟아오름

계절에 따른 식물의 생장과 발달은 낮 또는 밤의 길이에 따른 피토크롬 형태에 따라서 나타난다. 보통의 햇빛에는 적색 파장의 빛이 풍부하고 원적외선 파장은 낮으므로 아침부터 해지기 전까지는 잎에 Pfr 형태로 많이 존재한다. 그러나 밤에는 Pr 형태로 매우 느리게 돌아가는데 밤이 짧으면(즉 여름에) 새벽 동이 트기 전에도 여전히 Pfr 형태가 어느 정도 존재하나 낮이 짧으면 반대로 Pfr은 훨씬 줄어들게 된다. 즉

식물 내 Pr/Pfr 비율은 계절에 따라 달라지며 이러한 변화가 식물 생장에 영향을 미치게 되는 것이다. 식물은 이러한 Pr/Pfr 비율을 감지하며 이와 더불어 온도와 물의 유용성도 감지하여 계절이 바뀜을 알게 되고 적절하게 대비하게 된다. 일부 식물(중일식물)은 밤과 낮의 길이와 관계없이 개화하기도 하지만, 단일식물과 장일식물에서는 개화 유도에 피토크롬이 중요한 역할을 하는 것으로 여겨져서 이와 같은 비율을 인지해 각각 봄과 늦여름 및 초가을에 개화하게 되는데 개화에 필요한 낮 또는 밤에 길이 즉 Pr/Pfr의 높

은 비율과 낮은 비율이 다르게 요구된다.

피토크롬이 광합성에 미치는 영향은 Pr이 적색 빛을 받아 형성된 Pfr이 엽록체 발달과 엽록소 형성을 유도하여 광합성을 증진하는 사실로 알 수 있다. 이에 반해 피토크롬 수준이 낮은 R/FR 비율의 빛은 엽록소 농도를 감소시킨다. 피토크롬은 광합성과 관련된 유전자들의 발현도 전사 수준에서 조절하는데, RuBP 소단위(RBCs)와 엽록소 a/b 결합단백질(chlorophyll a/b binding protein, CAB) 등이 여기에 속한다. 즉 피토크롬은 적색 빛 노출 후 빠르게 이들 단백질의 mRNA가 축적한다. 그 외에도 엽록소 형성 유전자(HEMA1)와 빛 수확 복합체인 LHC 등의 유전자도 피토크롬에 의해 조절되는 것으로 알려져 있다. 반면 어둠에서 광합성 유전자 발현을 억제하는 PIF가 결여되면 이들 유전자 발현이 증가함은 피토크롬의 광합성 유전자 발현 조절 기능을 확인시켜 준다. 이같이 피토크롬은 적색 빛에서 광형태발생을 억제하는 PIF 발현을 억제하는데, 이에 길항제 역할을 하는 빛 반응-촉진 단백질(또는 새싹 단백질이라고도 부른다)인 HY5(LONGHYPOCOTYL5: 엽록소와 카로티노이드 합성을 조절) 발현도 증진한다고 알려져 있다. 피토크롬은 높은 조도에서 종종 크립토크롬과 함께 엽록체 대사와 Calvin 회로의 Rubisco와 Rubisco activase 조절에 관여하며, 낮은 조도 환경에서도 낮은 활성형의 피토크롬 농도가 광합성을 제한하지는 않는 것으로 알려졌다. 피토크롬의 광합성 증가 효과는 또한 기공 밀도 증가와 잎 울타리조직의 두께 증가 (즉 단위 면적 당 엽록소 농도 증가) 유도를 통해서도 일어난다.

탐구 VIII-1-12 광합성에 있어서 R/Fr 비율 또는 Pr/Pfr 비율의 엽록소 형성 빛흡수 수확체, Calvin 회로 활성화 대한 역할에 대해 설명하자.

피토크롬 신호전달은 광합성으로 고정하여 형성된 탄소 함유 물질의 탄소 대사경로와 이차 대사물 경로 조절에 관여하기도 하는데, 피토크롬 돌연변이들은 야생형과 비교하여 더욱 많은 수의 대사물들(㉔ 설탕 및 전분을 포함한 당류와 TCA 중간경로 물질)이 축적(또는 변화)됨은 이를 뒷받침 해준다. 낮은 R/FR 빛 조건에서 더욱 높은 설탕 축적이 나타나기도 한다. 적색 빛에 의해 발현이 유도된 유전자들의 약 30%는 세포 대사에 관여하는 것으로 피토크롬에 의한 대사 변화는 전사 수준에서 조절되는 것으로 보인다.

대부분의 TCA 회로 물질과 아미노산들이 피토크롬에 의해 조절되는데, Pfr에 의해 녹색화가 일어나면서 아미노산 농도와 TCA 회로 구성원 물질(㉔ fumarate, citrate 등)이 감소하며 이는 성장을 위한 피토크롬(특히 phyA, phyB 등)에 의해 중재된 단백질 합성으로 인한 것이다. 아미노산 중 글리신(Gly)은 낮은 온도와 낮은 R/FR 조건에서 가장 많이 증가하여서 온도에 의해서도 영향을 받는 것으로 알려져 있다.

탐구 III—1-13 피토크롬의 R/Fr 비율에 대한 조성 변화와 대사물(㉔ 당) 축적과 TCA 회로 활성화에 대한 효과를 설명하자.

피토크롬의 다른 역할로는 식물이 빛을 향해 자라는 굴광성

(photropism)이 있다. PhyA는 낮은 빛 조도에서 원적외선에 대해 민감성을 일으키며 빛을 향해 굽어짐을 유도하지만, phyB는 적색 빛에 더욱 민감하다. 뿌리에서도 적색 빛은 뿌리의 굴성을 유도하기 때문에 굴지성에서도 피토크롬이 관여하는 것으로 보이는데 phyA와 phyB가 특히 양의 굴지성에 관여하는 것으로 보인다.

피토크롬-전사요소(예 PIF) 상호작용과 조절 기능은 빛 수용체가 다양한 식물의 생리적 및 발달반응을 조절하는 원리를 밝히기 위한 첫 단계이다. 전사요소인 다양한 PIF는 피토크롬과의 작용 외에도 다른 호르몬 (예 브라시노스테로이드), 외적 및 내적 환경요소에 의한 신호 전달체계의 중추적인 역할을 한다. 전사요소 조절을 중재하는 피토크롬의 메커니즘은 Pfr이 전사요소 PIF를 억제하는 단계를 살펴보면 알아볼 수 있다. PfrA는 PIF1과 PIF3, PrfB는 PIF1-PIF8에 서로 작용하여 PIF의 DNA 결합을 억제한다. Pfr은 PIF를 인산화시키는데, 인산화된 PIF 중 PIF3는 LRBs와 EBFs에 의해 분해된다. 인산화된 PIF7은 14-3-3 단백질과 결합한 후 세포질에 머문다. 피토크롬은 PIF1, 3 및 4의 DNA 결합을 방해한다. PfrA와 PfrB는 SPA와 상호작용해 COP1/SPA 복합체를 방해한다. PfrB는 EIN3와 작용해 ERF-중재 EIN3 분해를 촉진한다. PfrA와 PfrB는 Aux/IAA와 작용해 SCFTIR1/AFB 분해를 막는다. PIF 양상과 풍부도는 발달단계 및 성장 조건에 따라 달라진다. 엽록소가 없는 유묘에서는 PIFs가 높은 농도로 축적되어 성장을 촉진한다. 유묘가 빛에 노출되면 PIFs은 피토크롬-중재에 의해 빠르게 분해된다 (반감기는 PIF1과 PIF5가 5분 이하, PIF3와 PIF4가 10분 이하이다. 이와는 달리 지속적인 빛 조건에서 자라 피토크롬 활성이 높은 유묘는 PIF가 높은 농도로 축적되기도 한다.

탐구 VIII-1-14 PIF의 역할은 무엇인가?

탐구 VIII-1-15 피토크롬과 PIF과의 관계를 설명해보자.

PIFs는 피토크롬과 선별적으로 작용하는 나선-고리-나선(helix-loop-helix, bHLH) 전사요소 군에 속하는 단백질이다. PIF는 N-말단 쪽에 있는 짧은 영역(phyB에 결합하는 APB motif와 phyA에 결합하는 APA motif)이 PFr과 상호작용한다. Arabidopsis는 8종의 PIFs(PIF1, PIF2/PIL1, PIF3-PIF8)가 APB를 가지며 APA 영역은 PIF1과 PIF3만을 갖는다. PIF-Pfr 상호작용으로 PIF는 여러 가지 방법으로 불활성 되는데, 이는 먼저 phyB-PIF 복합체 형성이 여러 PIF(예 PIF1, PIF3, PIF4 등)의 DNA 결합 능력을 막아서 일어난다. 한편 Pfr-PIF 복합체가 되면 대부분의 PIF는 인산화되며 ubiquitin이 표지되어 프로테아좀에 의한 분해가 일어난다. 그러나 일부 PIF(예 PIF7)는 인산화하면 오히려 세포질에 이 전사요소를 유지케 만드는 단백질과 상호작용하게 만들기도 한다. PIF는 전사 수준에서 조절되기 때문에, 낮 동안 피토크롬이 활성적일 때에도 축적된다. 빛에 의해 활성화된 피토크롬은 이같이 다양한 메커니즘에 의해 PIF를 억제하며 다양한 빛 조건 하에서 빛에 의한 이 같은 적절한 전사요소 조절이 가능하다.

피토크롬에 의해 조절되는 PIF 활성은 직접적으로 호르몬 합성이나 신호전달 유전자들의 발현을 목표로 호르몬 신호전달을 조절한다. 예를 들면 피토크롬에 의한 지베렐린 농도 조절은 유전자 발현을 억제해 성장을 억제하는 단백질인 DELLAs의 안정성을 조절한다. 피토크롬이 DELLA와 상호작용하면 PIF는 DNA에 결합하지 못한다. (물론 피토크롬 즉 빛과는 무관한 DELLAs와 PIF 상호작용으로 프로테아솜에 의한 PIF 분해가 일어나기도 한다.) 이렇게 빛과 호르몬에 의해 조절되는 성장과 발달반응 사이에 상호작용이 일어난다.

COP1 또한 빛에 의해 유도된 phyA 분해에 관여한다. COP1은 빛을 받지 않은 유묘에서 PIF 농도를 조절하기도 한다. 피토크롬은 이 밖에도 EIN3와 상호작용하는데, 이렇게 되면 EIN-SCFEBF! 복합체 형성, EIN 유비퀴틴 표지 및 분해가 일어난다. 옥신에 의해 조절되는 유전자 발현에서도 조절자인 Aux/IAA는 phyA와 상호작용에 의해 안정화되어 기능을 나타내기도 한다.

피토크롬은 빛에 의해 활성화하면 SPA와 작용하여 COP1/SPA를 억제해 유전자 발현에 영향을 주기도 한다. COP1과 SPA 단백질은 COP1/SPA를 형성하며 HY5(ELONGATED HYPOCOTYL 5) 전사요소가 조절 목표이다. 빛이 있으면 HY5는 안정화하여 빛으로 조절되는 발달에서 중요한 조절자이다. HY5와 PIF는 목표 유전자들을 공유하지만 서로 길항적인 형태로 조절한다. 어둠에서는 광합성 유전자의 발현을 억제하나 빛이 존재하면 주요 전사요소의 교환을 통해 발현을 유도한다. 광주기가 유도하는 개화의 주요 결정자인 CONSTANS 전사요소는 COP1에 의해 조절되며 수많은 광

형태발생을 조절한다. COP1이 목표로 하는 여러 전사 조절자들이 직접 PIF를 억제한다.

탐구 VIII-1-16 HY5의 역할은 무엇인가?

탐구 VIII-1-17 COP1/SPA의 역할은 무엇인가?

탐구 VIII-1-18 피토크롬이 HY5 발현 및 CONSTANS 활성에 미치는 과정을 설명하자.

피토크롬은 전사요소와의 상호작용을 통한 조절 외에도 다른 방법으로 전사, 전사 후 조절, 번역에 영향을 준다. 어떤 단백질의 경우 아미노 말단을 변형시켜 세포 내에서 위치를 변화하게 하는데 예를 들면 빛 조건이 일정하지 않거나 그늘진 식물에서 광호흡 효소인 glycerate kinase를 엽록체로부터 세포질로 이동시켜 광억제를 완화하기도 한다. 피토크롬은 녹화 과정(de-etiolation)에서 전사 후 단계인 대체 절단(alterantive splicing)을 조절하기도 하는데 이러한 조절이 직접적인지 아니면 간접적인 대사의 결과인지는 명확하지 않다. 녹화는 전사, 대체 절단, 번역 수준에서 많은 변화를 수반한다. 백화(etiolated)된 유묘는 세포질에 많은 전사물(mRNAs)의 번역이 억제된 상태로 존재한다. 빛이 쪼이면 피토크롬에 의해 이들 전사물의 해독이 시작된다. 그러나 현재까지의 대부분의 연구 결과는 피토크롬에 의해 유도된 생리적 효과가 핵 내에 존재하는 피토크롬에 의해 주로 이루어짐을 보여주고 있어서 피토크롬의 세포질에서의 기능에 대한 더 많은 연구가 필요하다.

핵 내에 존재하는 모든 피토크롬은 핵광체라는 빛수용체들이 집중된 핵 내 집체(foci)에 위치한다. phyA, phyB 등의 피토크롬은 물론 크립토크롬 등 다른 빛 수용체와 핵광체를 형성하기도 한다. 핵광체는 빛 조건에 따라 그 크기가 변화하기도 한다. 이러한 핵광체는 빛이 쪼인 후 빠르게(2분 내) 형성되었다가 이후 사라지고 상황(필요성)에 따라 다른 크기의 핵광체가 형성되기도 한다. 녹화된 유묘에서 R/Fr 비율을 증가시키면 phyB가 더 큰 핵광체로 이동하기도 한다. 반면 낮은 R/Fr 비율 또는 낮은 조도에서는 큰 phyB 핵광체가 여러 개의 작은 핵광체로 전환하기도 한다. 주변 온도 변화도 phyB 핵광체 크기 및 분포에 영향을 주는 것으로 보아 빛수용체의 생리적 기능이 핵광체 형성을 통해 나타날 수 있음을 추측할 수 있다. 이러한 핵광체의 크기에 따른 안정성은 다른 단백질들과의 상호작용이 관여하는데, HEMERA (HMR), NUCLEAR CONTROL OF PEP ACTIVITY (NCP) 및 REGULATOR OF CHLOROPLAST BIOGENESIS (RCB) 등은 큰 핵광체 형성에, PHOTOPERIODIC CONTROL OF HYPOCOTYL 1 (PCH1)와 PCH1-LIKE (PCHL)는 핵광체의 핵 내 위치에 관여한다.

탐구 VIII-1-19 핵광체(Photobody)는 무엇이며 피토크롬 핵광체는 R/Fr 비율은 핵광체 형성에 어떤 영향을 미치나?

핵광체의 유형에 따른 역할과 그 과정에 대한 정보는 잘 알려지지 않았으나 처음 형성된 phyB 핵광체는 PIF 분해와 늦게 형성된 핵광체는 활성적 phyB 유지와 연관이 있어 보인다. PCH1-phyB 상호작용은 Pfr → Pr 변환을 억제한다. 반면 PCH1과 PCHL 모두 밤과 상승한 온도에서 phyB 열 변환을 감소시켜 어둠에서 하배축 성장을 제한한다. PCH1과 PCHL 발현은 생체시계에서 해가 지는 시간에 가장 높은 것으로 보아 큰 phyB 형성과 관련이 있어 보이며 핵광체가 phyB Pfr 및 다른 단백질의 저장 및 유지 장소로 보인다. COP1과 SPA 단백질도 피토크롬과 함께 핵광체에 위치한다. 핵광체에서 피토크롬과 SPA와의 상호작용은 COP1-SPA 복합체를 불활성화하여 이 복합체의 목표 물질이 축적되게 하는 것으로 보아 핵광체가 피토크롬 신호전달 장소임을 암시한다. 또한 핵광체에 있는 TZP 염색질-결합 단백질은 phyA와 phyB와 상호작용해 빛으로 활성화된 피토크롬에 의해 조절되는 전사에 관여한다. 핵광체가 전사 후 변형(대체 절단 등) 조절에 관여한다는 증거는 PfrB와 상호작용하는 대체절단 참여 요소들인 SFPS와 U2 small ribonucleoprotein (U2 snRNP)-연관 단백질을 함께 갖고 있음에 의해 입증되었다. 빛에 의해 유도되는 PIF 분해에 필요한 HMR, NCP 및 RCB는 핵광체 크기를 조절하며 PIF-중재 phytochrome 신호전달과 밀접하게 연결되어 있다. 또한 HMR, NCP 및 RCB가 PIF 분해와 연결되는 과정에서 엽록체 유전자 발현 조절에도 관여함은 피토크롬-PIF 신호전달 단계가 엽록체와 핵의 공조된 조절로 이어져 식물이 독립적인 광합성 능력을 갖추게 만드는 데 중요한 역할을 함을 보여

준다.

모든 피토크롬-중재 반응이 특정한 세포 또는 부위에만 국한하여 나타나는 것은 아니며 전체 식물 생장 및 발달에 그 영향을 끼칠 수 있다. 실제로 빛을 인지하는 부위와 그 생리적 및 형태적 발달의 다양한 반응이 일어나는 부위는 멀리 떨어져 있을 수 있다. 그렇다면 세포 수준에서의 피토크롬 신호전달이 어떻게 식물 전체 수준으로 전달되게 될까? 많은 피토크롬-촉발의 원거리 신호전달은 호르몬에 의존한다. 피토크롬은 빛 인지 부위에서 PIF 조절을 통해 옥신, 지베렐린, 앱시스산 등 여러 호르몬의 율속인자(rate-limiting factor)인 촉매 효소 유전자의 발현을 조절한다. 또한 이들 호르몬에 대한 원거리 수송과 반응 조절이 피토크롬에 의해 이용된다. HY5나 FLOWERING LOCUS T(FT)와 같은 단백질은 원거리 이동하여 피토크롬 의존성 반응을 촉발한다.

탐구 VIII-1-20 피토크롬의 원거리 신호전달의 예를 들어보자.

종자가 물을 흡수하면 지하 빛 신호는 빠르게 지베렐린과 앱시스산의 비율을 조절하고 앱시스산을 배젖으로부터 배로 수송하여 발아하며 이때 배에서 phyA-의존성 신호전달을 막아 발아를 억제하는 배젖에 있는 phyB를 불활성화한다. 땅속의 백화된 유묘는 내피에 있는 녹말체(amyloplast)에 의한 굴지성을 보이는데, 표피에서의 선별적으로 발현된 phyB-중재에 의한 빛 인지는 내피에 있는 PIF를 분해하여 굴광성을 억제하며 녹말체는 엽록체로 전환한다.

즉 피토크롬과 PIF의 직접적인 상호작용으로 인한 PIF 분해 없이도 어떤 신호가 빠르게 표피로부터 내피 쪽으로 전달되는 것처럼 보인다. 엽록체가 형성된 유묘에서, 발아 후 음지(또는 약한 빛) 신호는 떡잎에서 phyB를 불활성화하여 PIF가 옥신합성 유전자의 발현을 유도하고 이렇게 해서 합성된 옥신은 하배축으로 이동해 신장을 촉진하나 떡잎 확장은 감소한다. 음지 신호는 또한 떡잎으로부터 하배축으로 당을 이동시켜 하배축 신장에 이용된다.

탐구 VIII-1-21 PhyA와 phyB에 의한 종자 발아 메커니즘을 설명하자.

식물은 주위 환경의 빛이 약하면 줄기가 길게 자라는 반응을 한다. 이를 그늘 피해 반응(Shade Avoidance Syndrome)이라고 부른다. 식물은 음지(그늘)에서 왜 더욱 길게 자라는지 좀 더 이해해보도록 한다.

성숙 식물체는 스스로 가지를 많이 치고 잎이 무성하거나 다른 식물에 의해 음지 환경을 만들 수 있는데, 음지 신호에 대한 반응은 기관들 또는 조직 사이에 신호전달을 포함한다. 잎끝에서 낮은 R/FR의 빛을 phyB가 감지하면 잎의 하편생장(hyponasty, 잎의 하부 또는 잎자루 아래쪽이 더욱 빠른 성장을 보여 잎이 빛이 공급되는 위쪽으로 휘어 자라는 현상)이 증진된다. 여기서도 원거리 신호전달은 잎 조직에서의 PIF 활성에 의한 옥신 합성 유전자 발현과 합성된 옥신이 잎자루 기부로의 이동에 의존한다. 반면 잎자루에서는 R/FR 감소가 하편생장을 일으키는 것이 아니라 잎자루의 신장을 일으킨다.

즉 옥신 합성과 반응은 기관(조직)에 따라 다르게 나타나는데 이와 같은 피토크롬 중재의 그늘 회피 반응에서도 나타난다.

탐구 VIII-1-22 PhyA와 R/FR 용어를 사용하여 유묘의 지상부로의 어둠(그늘) 회피반응과정을 설명하자.

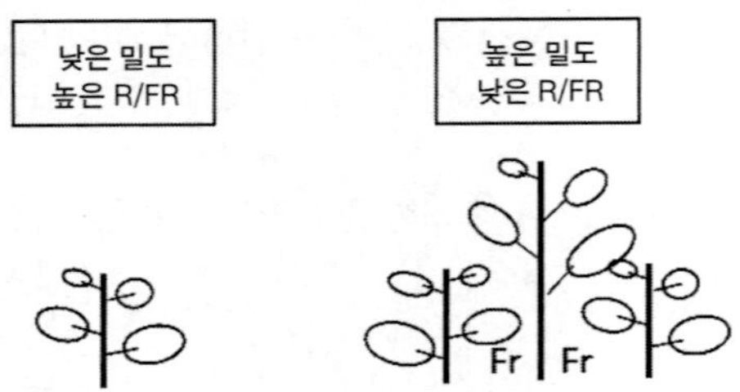

그늘 회피 반응(Shade Avoidance Syndrome)

<u>식물 개체의 밀도가 낮으면</u> 그만큼 햇빛에 더 노출되고 이 때 빛은 높은 R/FR 비율이다.
Phyb 활성(Pfr) → PIF 감소 → auxin 합성효소 발현 억제 및 옥신 합성 저하 → 줄기 신장 억제와 뿌리 발달 저하
<u>식물 개체 밀도가 높으면</u> 그늘이 지고 이 때 빛은 낮은 R/FR 비율이다.
PhyB 불활성(Pr) → PIF 증가 → auxin 합성효소 발현 촉진 및 auxin 증가 → 줄기 신장 촉진
PhyB: phytochrome B, PIFs:phytochrome interacting factors(PIFs)
(지베렐린 농도 증가는 DELLA 단백질(성장 억제자)을 억제해 줄기 성장의 동일한 효과를 나타낸다.)

식물은 광합성을 위해 적색(R)과 청색 빛(B)을 흡수하는데 원적외선(FR)은 반사하거나 통과시킨다. 식물 개체 밀도가 높으면 수관(canopy)에서 적색 빛은 흡수하고 FR은 반사하므로 빛의 조성은 낮은 R/FR 비율을 갖게 된다. 피토크롬은 이러한 R/FR 비율을 인지하는데 특히 피토크롬 중 phyB가 그늘 회피 반응의 주역이다. 직접적인 햇빛과 같이 높은 R/FR 비율(실제로는 이때 R과 FR은 비슷하다)에서 phytB는 활성형(Pfr)이 되어 핵 내로 이동하며 전사요소인

PIF(phytochrome interacting factors)와 상호작용하여 불활성 및 분해를 유도한다. PIF는 옥신합성효소 유전자를 포함만 다양한 유전자들의 발현을 유도하는 전사요소이다. 이렇게 되면 옥신 합성은 억제되고 줄기 신장은 일어나지 않으므로 식물의 키는 작아지나 전체적으로 다부진 모습을 갖게 된다. 반대로 식물 밀도가 높으면 R/FR 비율은 감소하여 피토크롬(phyB)은 불활성인 Pr로 변환이 일어난다. Pr은 PIF와 상호작용하지 않으므로 PIF는 높은 수준으로 유지되어 옥신 합성 유전자 프로모터에 결합해 발현시켜 옥신 농도가 증가하게 된다. 옥신은 줄기로 이동하여 신장을 유도하며 긴 줄기로 인해 햇빛을 받기에 더욱 유리하게 된다.

탐구 VIII-1-23 R/FR 비율과 phyB 용어를 사용하여 숲에서 숲 주변 나무들과 비교하여 숲 중심부에서 자라는 나무들이 키가 더 큰 이유를 설명해보자.

PIF 전사요소들의 핵심 목표는 성장을 위한 옥신 항상성과 세포벽 재구성과 관련된 유전자들이다. 이는 옥신이 기관 또는 개체 전체를 통해 성장 반응을 도모함이 다양한 빛 조건에 따라 조절될 수 있음을 보여준다. PIF는 옥신 외에도 브라시노스테로이드와 지베렐린 신호전달경로에 의한 신장 성장 조절에도 관여한다. 성장(신장) 증진은 성장억제 조절자인 DELLA 단백질에 의해서도 억제된다. DELLA는 다른 전사요소들과 경쟁하여 PIF가 프로모터에 결합하는 것을 막는다. 지베렐린은 낮은 R/FR 환경에서 그 농도가 높아지며 하부로 이동해 DELLA의 파괴를 일으키고 PIF를 활성화한다.

탐구 VIII-1-24 DELLA 단백질, R/FR 비율, PIF, 지베렐린 및 옥신의 용어를 사용하여 신장 성장을 설명해보자.

피토크롬(phyB)은 기공 발달과 관련된 유전자들의 발현도 조절하므로 그늘이 지속되면 phyB는 새로운 잎에서 기공 발달을 감소시킨다. 이러한 신호는 성숙 잎이 가지한 빛 신호가 어린잎으로 전달되어 이루어진다. PIF는 지상부 조직 반응을 유도한다.

그늘 회피 반응에서는 뿌리의 발달 또한 영향을 받는데 이는 지상부에 있는 피토크롬이 빛을 인지해 화학적 신호를 뿌리로 보내거나 지상부에 떨어진 빛을 어떻게든 뿌리에 있는 피토크롬이 인지해서 일어날 수 있다. 두 경우 모두에서, 피토크롬이 체관을 통해 원거리로 내려보내는 신호 전달분자는 HY5(ELONGATED HYPOCOTYL 5) 단백질이다. 이 단백질은 지상부에서 빛을 받으면 안정화하며 뿌리로 이동해 뿌리 발달(측근 형성 억제)에 영향을 준다. 뿌리로 이동한 지상부에서 유래한 HY5는 뿌리에서 자신의 유전자를 더욱 발현시킬 수 있다. 즉 HY5는 지하 뿌리 신장(발달)을 조절하는 피토크롬의 신호전달 분자로 보인다.

탐구 VIII-1-25 피토크롬에 의한 HY5 단백질 활성화와 뿌리 성장 유도 메커니즘을 설명해보자.

단백질의 원거리 이동에 의한 신호전달로 일어나는 식물 반응의 또 한 예는 플로리겐(florigen: FLOWERING LOCUS T에서 발현되는 FT 물질)에 의한 개화이다. 꽃식물에서, 빛은 영양단계로부터 생식단계로 전환하는 시기를 결정하는 주요한 환경요소의 하나다. 피토크롬은 모든 식물에서 공통으로 플로리겐 형성을 유도하여 개화를 유도하지만, 장일식물과 단일식물에서 빛 조건의 차이가 있다. 이는 장일식물과 단일식물에서 공통적인 피토크롬이 다른 모드로 작용할 수 있음을 보여준다. 그러나 어떤 요소에 의해 피토크롬-중재의 PIF 억제 정도 및 피토크롬 신호전달 체계가 빛 조건, 세포, 기관, 발달단계 등에 따라 다르게 나타나게 만드는지는 더 많은 연구가 필요하다.

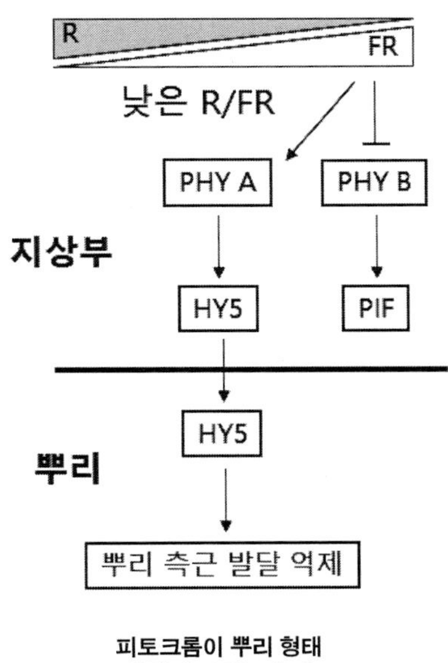

피토크롬이 뿌리 형태 발달에 미치는 효과

식물에서 적색 빛과 청색 빛은 개화 유도 단백질인 CO(CONSTANS) 단백질에 대해 길항적으로 작용한다. 청색 빛 수용체인 크립토크롬은 직접적으로 CO를 조절하나 적색 빛을 받는 phyB는 PHYTOCHROME-DEPENDENT LATE-FLOWERING (PHL) 유전자 발현을 유도한다. 적색빛은 PHL이 phyB와 CO 사이를 연결하게 해준다. 그러므로 적색빛 수용체(피토크롬)과 청색빛 수용체(크립토크롬)는 개화를 위해 공조적으로 CO 단백질을 조절한다.

잎에서 빛을 감지한 피토크롬은 광주기 및 그늘 신호에 대한 반응으로 FT 농도를 조절한다. 빛과 같은 개화 유도신호를 받으면 FT는 잎에서 생산이 증가하여 줄기 정(경)단분열조직으로 이동하여 꽃 구조의 분화를 유도한다. 즉 피토크롬은 모든 조직에서 공통적으로 존재하며 활성화하나 그 반응은 기관(또는 부위)에 따라 다르며 그 신호가 먼 거리로 전달하여 지역적인 반응과 조합하여 나타날 수 있다.

탐구 VIII-1-26 피토크롬에 의한 개화 유도 메커니즘을 phyB, FT. CO, PHL 용어를 사용하여 설명해보자.

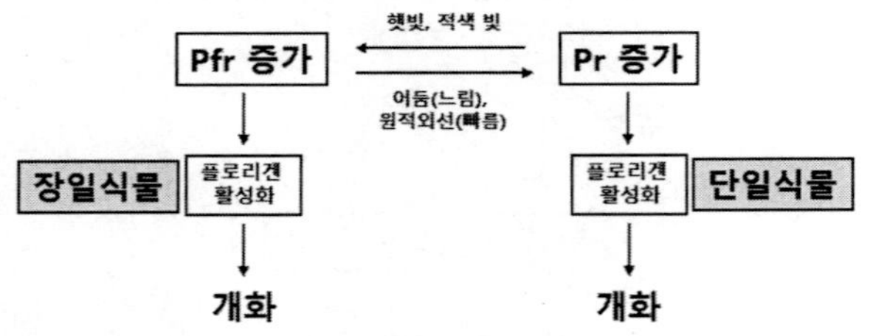

장일과 단일신물에서 피토크롬에 의한 개화조절

식물에서 phyB, phyA, 크립토크롬, FLAVIN-BINDING, KELCH REPEAT, F-BOX 1 등은 개화를 조절하기 상호작용하는 주요한 빛 수용체들이다. phyB는 CO 단백질을 불안정화하여 개화를 늦추며 CO 감소는 FT 유전자 발현을 감소시킨다. CO 불안정화는 HYTOCHROME-DEPENDENT LATE-FLOWERING (PHL, 정상적으로는 phyB를 방해해 개화를 촉진) 단백질도 관련이 있는데, PHL-CO 결합은 FT 유전자 발현에 필요한 CO를 불활성화한다. 즉 적색 빛에서 phyB-PHL-CO 복합체가 형성되어 광주기적(장일, 단일) 개화를 조절하는 것으로 알려졌다.

장일 오후에 phyB는 CO 단백질을 불안정화하지만, phyA, cryptochromes 및 FKF1는 안정화한다. 낮에 CO 단백질 불안정화는 HIGH EXPRESSION OF OSOTICALLY RESPONSIVE GENES 1 (HOS1, 일종의 ubiquitin ligase; 유비퀴틴을 연결해 표지하여 프로테아솜에 의한 분해를 유도)가 관여하며 밤에는 CONSTITUTIVE PHOTOMORPHOGENIC 1(COP1)이 관여함이 밝혀졌다. 아침에 CO는 COP1과는 무관하게 phyB-의존성 기전에 의해 HOS1과 같은 ubiquitin ligase에 의해 분해되는 것으로 보인다.

CO 단백질이 증가하면 FT 유전자의 발현을 증가시키며 FT 단백질(또는 mRNA)이 형성되어 체관을 타고 꽃이 형성될 줄기 정단으로 이동하게 된다. FT는 또 다른 개화 조절 물질인 FD와 SOC1 (SUPPRESSOR OF OVEREXPRESSION OF CO 1)의 유전자도 조절하는데, FT, FD 및 SOC1 단백질이 모두 형성되면 개화가 유도된다.

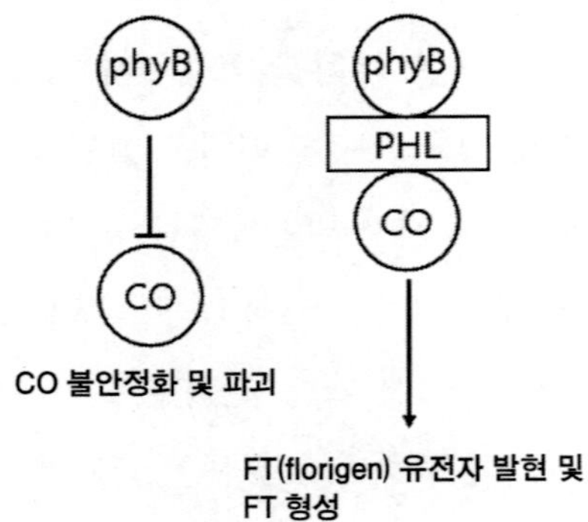

PHL에 의한 개화조절 모델

핵 내 높은 PHL은 phYB-PHL-CO복합체 형성으로
phyB에 의한 CO 파괴를 막는다.
(크립토크롬도 phyB를 억제해 개화를 유도할 수 있다.)

탐구 VIII-1-27 FT 단백질은 어디에서 형성되며 개화는 어떻게 유도하는가?

탐구 VIII-1-28 장일식물에서 밤과 낮의 CO 단백질 불안정화는 어떻게 일어나는가?

피토크롬은 열매의 양분 함유, 카로티노이드 합성 및 숙성 시기에 영향을 미치기도 한다. 열매가 익을 때 빛 신호는 열매 자체에서 카로티노이드 합성을 유도한다.

피토크롬은 식물 방어에도 관여하는데 그늘 신호는 phyB를 억제하며 이와 함께 식물 방어를 억제하기도 한다. 그늘 신호는 꽃의 꿀 생산을 감소시키기도 한다. 또한 phyB는 유익한 세균과의 상호작용으로 뿌리혹 발달도 촉진하며 뿌리를 통한 양분 흡수도 조절한다.

빛에 의해 활성화된 피토크롬은 어떻게 다른 단백질들(전사요소를 포함하여) 발현에 영향을 주는가에 대한 이해는 다양한 응용성을 갖는다. 예를 들면 PIF 전사요소는 많은 피토크롬-중재 반응을 조절하며 여기에는 녹색화, 엽록소 형성, 노화, 굴성, 신장 성장, 열매 숙성, 낱알 크기 등이 포함된다. 열매 숙성에 있어서, 열매가 아직 녹색이고 미성숙 상태이면 열매의 엽록소가 빛을 흡수해 피토크롬 활성화를 억제하여 PIF는 축적되고 카로티노이드와 비타민 합성이 억제된다. 열매가 익으면 엽록소는 파괴되고 피토크롬을 활성화하여 PIF 농도는 감소하여 색소 형성과 함께 과일은 익게 된다. 이러한 피토크롬 신호전달요소에 대한 정보를 이용하여 중요한 농작물의 생산성 증가, 출하 시기 변경, 열매 크기 및 색 변환, 양분 함량 증가 등을 꾀할 수 있을 것이다.

4) 피토크롬의 이용성

피토크롬을 과발현하는 형질전환 식물체는 모두 짧은 줄기와 짙은 녹색의 잎을 갖는데, 특히 원적외선에 반응하는 phyA의 발현을 증가시키면 그늘 회피반응이 변화되었고 키가 크는데 에너지를 덜 사용하는 대신 종자 성장과 뿌리 확장에 대한 더 많은 자원을 사용할 수 있다. 이러한 식물체는 여러 가지 측면에서 이점을 갖는데, 예를 들면 잔디의 경우 성장이 느리므로 자주 깎아줄 필요가 없으며, 곡식의 경우 줄기 성장보다는 낟알이 양분 축적으로 더욱 충실해질 수 있다. 이와 관련하여 피토크롬 신호전달과 광합성 탄소 고정 및 분배는 매우 관련이 높다는 정보들도 더욱 축적되고 있는 형편이다.

농업에서는 식물 재배에 있어서 빛이 가장 중요한 환경요소의 하나이며, 이는 식물이 발아로부터 결실에 이르기까지 모든 생장 과정에서 빛이 필요하기 때문이다. 현대의 농업은 극대의 생산성과 효율성을 위해 식물의 환경에 대한 반응에 대한 정확한 정보에 바탕을 두고 수행되므로 피토크롬에 대한 정보는 농작물 종에 따른 파종 시기, 영양생장, 개화와 결실, 수확시기 등 모든 성장 및 발달 단계에서 적용할 수 있다. 스마트팜(Smartfarm)이나 온실산업에서는 특히 환경제어를 통해 식물 생장을 도모하고 생산성 및 질적 증진도 가능한바 피토크롬의 정보는 매우 유용한데, 밤과 낮의 길이를 인위적으로 조절하여 장일과 단일식물이 연중 내내 개화하여 꽃을 생산하는 것이 가능하고 열매도 다른 계절에 생산하는 것이 가능해져 상품성이 확대되었다. 또한 형광등, 백열등, 특수 조명등을 이용해 빛의 파장을 변화시켜 조사하여 식물의 성장과 발달을 변화시키고 개화기와 결실기를 변화시키는 일도 가능하다.

PHYB 과발현 식물은 단위 잎 면적 당 높은 광합성(탄소 고정)과 그 결과 더욱 높은 생체중량을 가지는데, 이러한 증가는 특히 높은 조도(또는 낮은 Pr/Pfr)에서 일어나므로 높은 조도에서 자라는 농작물의 생산성 향상을 위해 사용할 수 있다. 농작물 성장전략의 맥락에서 피토크롬에 의한 대사조절을 통해 생산성을 더욱 높일

수 있다.

특히 전사요소 HY5는 탄소 자원 조절과 연관된 빛 신호를 전달하는 핵심 피토크롬 신호전달 구성원으로 볼 수 있는데, HYP에 의해 발현되는 대사, 양분 신호전달, 엽록소 합성, 광합성 관련 유전자들, 개화, 당 수송, 뿌리에서 질소 흡수 등 3,500개 목표 유전자들이 밝혀졌으며 이는 주로 프로모터 G-box 요소에 직접적으로 결합하여 발현을 조절함에 의한다. 그러므로 피토크롬에 의한 HY5 활성에 대한 정보도 식물의 성장과 생산성을 위해 이용될 수 있을 것이다.

한편 전사요소 PIF 또한 당 신호전달에 관여한다고 밝혀졌는데, 이러한 당에 의해 유도된 상배축 신장과 동틀 무렵 시계 유전자(예 LHY와 CCA1)의 발현 증가이다. PIF는 또한 당에 의해 영향을 받는 옥신 생합성 유전자 발현에도 관여하므로 PIF의 과발현은 농작물의 성장 및 생체리듬주기 변화를 이용한 개화 및 결실에도 이용할 수 있을 것이다.

PIF-상호작용 단백질인 DELLA와 BZR1(브라시노스테로이드-조절 전사요소)은 GA와 BR 경로의 주 조절자인데, 마찬가지로 당과 관련이 있다. DELLA 단백질은 직접적으로 PIF와 BZR1과 같은 전사요소를 프로모터로부터 제거하여 성장을 억제한다. 최근에는 DELLA 단백질 발현 조절을 이용해 환경 저항성 및 생산성이 높은 농작물 개발에 이용하고 하는 많은 연구가 이루어지고 있는바 빛 신호에 의한 피토크롬의 광합성(탄소자원 합성 및 대사)과 DELLA 단백질 발현에 관한 정보는 매우 가치가 있다.

탐구 VIII-1-29 농작물의 생산성을 높이기 위해 피토크롬을 어떻게 사용할 것인가?

크립토크롬(Cryptochromes)과 포토트로핀(phototropins)

빛을 받으면 활성화된 피토크롬은 청색 빛 수용체와 자외선(UV light) 수용체 등과 함께 식물의 생장과 발달을 조절한다. 빛에 의해 광수용체가 활성화되면 빠르게 핵 내로 이동하여 생리적 활성을 발휘하기 위한 단계가 계속된다. 이러한 피토크롬, 크립토크롬, 자외선 수용체(㉮, UVA8R) 등의 빛 인지 수용체-단백질들이 빠르게 핵 내에 위치하여 핵광체, photobody)를 이루고 기능을 발휘한다. 빛 인지 수용체들은 서로 공조적으로 식물의 발달과 성장을 조절한다.

포토트로핀은 자외선과 청색빛을 인지하며 굴광성 반응을 중재하는 단백질-색소 복합체로 단백질 영역과 빛을 흡수하는 색소분자가 공유결합한 영역으로 구성되어 있는데, 여기서 색소분자는 플라빈(flavin)으로서 플라보 단백질(flavoprotein) 계열에 속한다. 포토트로핀은 이 밖에도 다양한 역할을 하는데 여기에는 잎의 열림과 닫힘, 엽록체 이동, 기공 열림 등이 포함된다.

크립토크롬은 또 다른 청색 빛 및 자외선 수용체로서 마찬가지로 플라빈 색소를 함유하는데, 광형태발생과 24시간의 생체리듬을 조절한다. 크립토크롬은 포토트로핀과 함께 굴광성 반응을 중재하기도 한다.

청색광 수용체인 크립토크롬은 상배축 신장과 광주기적 개화 유도를 억제한다. 핵 내에서 인산화, 유비퀴틴 표지, 핵광체를 형성한다. 크립토크롬의 인산화가 일어나면 형태적인 변화가 일어나며 이어서 ubiquitin 표지와 photobody 형성이 순서대로 일어난 후 생리적 기능을 갖거나 분해된다.

탐구 VIII-2-1 피토크롬과 크립토크롬 외에 청색광과 자외선을 흡수하는 광수용체의 종류를 열거하고 그 기능도 간략하게 설명해보자.

1) 크립토크롬(Cryptochrome, CRY)

크립토크롬은 청색광(400~499nm) 감지 수용체로서 photolyase(광분해효소)와 유사한 플라보단백질(flavoproteins)로서 식물의 성장과 발달을 중재하는데, 동물에서도 보편적으로 나타나며 빛 신호로 중재되는 생체리듬(circadian rhythm)을 조절한다. 그 진화적인 기원은 빛에 의해 활성화되는 DNA-수선 효소인 DNA photolyase(자외선 손상 DNA를 복구하는 효소)로서 유사한 α/β 영역과 나선 영역의 입체적인 구조를 갖는다. 나선 영역의 FAD-접근 공간이 photolyase의 촉매 부위이다, 피토크롬과 형태적으로 유사하나 청색과 UV-A 파장을 인지하는 flavin adenine dinucleotide(FAD) 함유 단백질(flavoprotein)의 광수용체-단백질 복합체로서 핵 내에서 핵광체를 형성하여 기능을 발휘한다. 그 구조에 있어서 광 흡수를 맡는 N-말단 부위의 PHR(Photo-lyase Homologous Region) 영역과 importin 단백질에 의해 인식되어 핵공 복합체를 통과하는 NLS(Nuclear Localization Sequence. 핵 인도 서열)를 함유하는 작용 부위인 C-말단 CCE(Cryptochrome C-Terminal Extension)의 두 영역으로 구성되어 있다.

크립토크롬 유전자(CRY1)는 1993년 Arabidopsis에서 확인하였으며 핵단백질로서 피토크롬, COP1, 시계단백질, 염색(DNA)과 상호작용하며 줄기 신장, 잎 확장, 광주기적 개화, 생체시계 등을 조절한다.

탐구 VIII-2-2 크립토크롬의 구조를 그리고 각 부위 명칭을 적어보자. 각각의 기능도 설명해보자.

크립토크롬은 이량체(dimer) 또는 4량체(teramer)로서 청색 빛을 인지해 인산화되어 형태가 변하고 빛을 받는 PHR 영역에서 다른 분자들과 상호작용 복합체(oligomer)를 형성하여 하부 체계로의 신호전달이 일어나 생리적 반응을 유도하고 다른 광수용체들의 수준에 영향을 미친다.

Arabidopsis는 3종의 크립토크롬 유전자 CRY1, CRY2 및 CRY3를 갖는다. CRY1과 CRY2는 주로 핵에서, CRY3는 엽록체와 미토콘드리아에서 활동하는 것으로 보인다. CRY1과 CRY2 모두 청색 빛에 의해 유도되는 하배축 성장의 억제와 떡잎 확장에 참여하나 안정성, 조도에 대한 반응, 생리적인 기능에 있어서 차이가 있다. CRY1은 빛에서 안정하나 CRY2는 녹색, 청색 및 UV-A에서 빠르게 감소한다. 피토크롬과는 다르게 CRY2 전사물 축적은 영향을 받지 않음으로 보아 단백질 분해 (또는 전사 후 분)가 관여되어 있는 것 같다. 생리적 및 형태적으로 CRY1은 녹색화(de-etiolation)를, CRY2는 주로 광주기적인 개화 조절을 각각 중재하지만 두 가지 모두 다양한 식물 생장과 발달 및 환경에 대한 반응 또한 관여하기도 하는데, 여기에는 생체시계, 공변세포 발달, 기공 개폐, 뿌리 성장, 식물의 신장, 열매와 배주 크기, 굴성 운동, 정단 우세, 고강도 빛에 대한 반응, 정단분열조직 활성, 계획된 죽음(programmed cell death), DNA 수선, 삼투 스트레스 반응, 그늘 회피반응, 질병균에 대한 반응 등을 포함한다. 청색 빛을 받으면 CRY2는 인산화되고 ubiquitin으로 표지되어 핵 내에서 26S proteasome에 의해 분해된다. 청색 빛에 노출한 연화된 유묘에서 CRY2 인산화와 분해는 빛 조사율 의존성이며 수 분 내에 일어나는데, 분해는 좀 더 긴 시간의 조사가 요구된다.

탐구 VIII-2-3 크립토크롬의 종류를 열거하고 그 대표적인 기능을 말해보자.

청색 빛에 의해 여기(exited) 크립토크롬 분자는 전자 전달, 인산화, 유비퀴틴 표지(ubiquitination)에 이르는 물리적 및 생화학적 변화로 인해 형태적인 변형이 일어나 빛 신호를 증폭한다. 크립토크롬의 신호전달 모드는 크립토크롬과 신호전달 단백질들 사이의 청색 빛 의존성 상호작용을 통한 전사와 단백질 분해의 두 가지를 들 수 있는데, 첫째는 CIB(cryptochrome-interacting basic-helix-loop-helix 1)-의존성 전사 조절이며 둘째는 SPA1/COP1(SUPPRESSOR OF PHYA /CONSTITUTIVELY PHOTOMORPHOGENIC1)-의존성 단백질 분해 조절이다. 이 두 모드를 통해 궁극적으로 청색 빛에 반응해 유전자 발현이 조절되고 식물의 변화된 발달 프로그램이 진행된다.

크립토크롬의 구조와 작용 메커니즘을 살펴보면, 그 구조는 500개의 아미노산이 연결된 N말단 PHR(Photolyase-Homologous Region)과 다양한 길이와 아미노산 서열의 C-말단 CCE(Crypto- chrome C-terminal Extension)의 두 영역을 함유한다. PHR은 색소 분자로 flavin adenine dinucleotide(FAD)가 비공유적으로 결합하는 영역이며 5, 10-methenyltetrahydrofolate(MTHF)가 결합하기도 한다.

빛에 의한 cryptochrome의 여기(excitation)는 전자 전달을 함유하는 것으로 보인다. FAD는 두 개의 전자 운반체로서 3가지 다른 산화환원 상태(trdox state) 또는 5가지의 양성화된(protonated) 상태 즉 산화(FAD), 반환원(semireduced, anion radical FAD•—또는 neutral radical FADH•), 완전히 환원된 상태(FADH— 또는 FADH2) 중 하나로 존재할 수 있는데, 오직 산화된 flavin(기장 상태)과 세미퀴논(semiquinone flavin, FAD•—) 자유기(radical) 상태로 청색광의 400~500nm 파장을 효율적으로 흡수한다. 식물에서는 발현된 CRY1는 산화된

FAD를 함유하며 UV-A와 청색광 파장에서 최대 흡수를 보이는 흡수 스펙트럼을 나타낸다.

빛이 있으면 CRY1은 환원되어 radical인 녹색광만을 특이적으로 흡수하는 semiquinone FADH•을 형성한다. 청색광에 녹색광을 더해주면 청색광에 의한 유묘의 상배축 신장과 안토시아닌 형성이 억제된다. 이러한 녹색광의 청색광에 대한 길항적 효과는 청색광에 의해 유도되는 CRY2 분해와 단일에서의 개화 증진에 있어서도 나타났다. 이러한 결과들로 볼 때 광환원(photoreduction) 주기가 크립토크롬의 광여기(photoexcitation) 메커니즘임을 추측할 수 있다. 즉 크립토크롬은 어둠에서 기저(ground) 상태인 산화된 FAD를 함유하나 청색 빛을 받으며 반환원 형태인 세미퀴논의 FADH•가 되며 더욱 환원되면 FADH2 (or FADH—)가 되는 것이다. FADH•가 되면 인산화를 일으키며 크립토크롬의 형태적 변환을 일으켜 신호전달이 일어나면서 다시 산화되는 빛에 의한 순환이 일어난다.

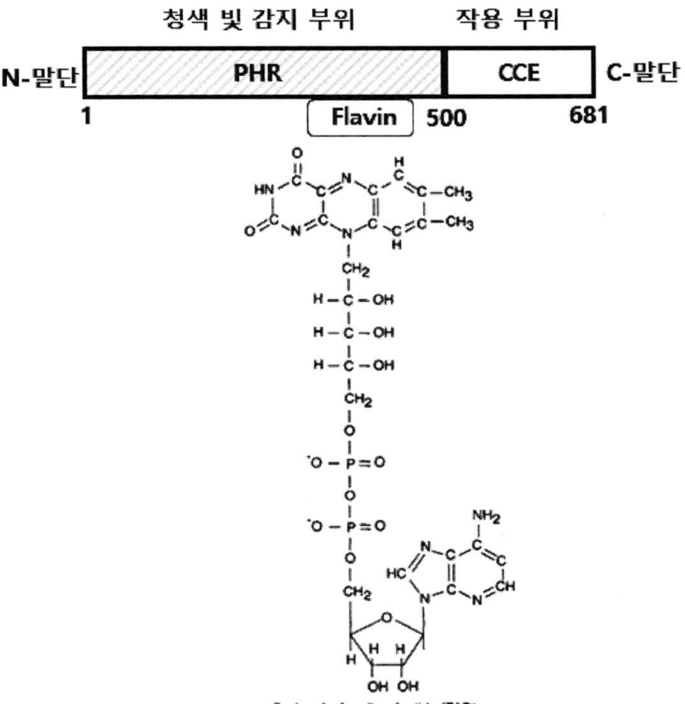

크립토크롬의 구조: PHR(Photolyase-Homologous Region) 영역과 CCE(Cryptochrome C-terminal Extension) 영역

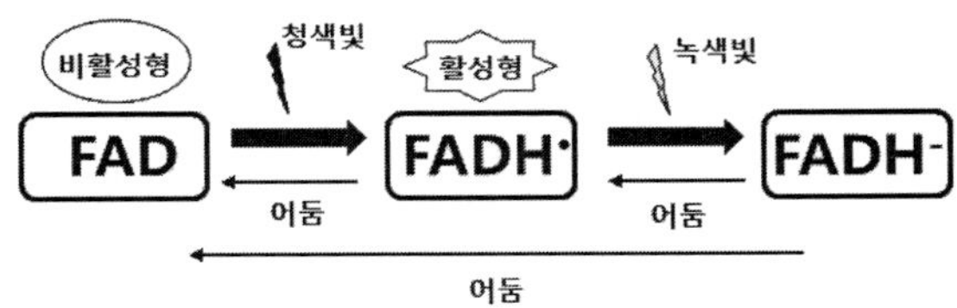

식물 크립토크롬의 광순환

탐구 VIII-2-4 청색광에 의한 크립토크롬의 활성화 메커니즘을 설명해보자.

CRY1가 ATP와 결합하면 ATP는 PHR 영역 표면 근처에서 FAD와 접촉한다. 빛을 받아 여기되어 환원된 FAD•—로부터 ATP로 전자 전달이 일어나면 ATP로부터 CCE 영역으로 인산 전달이 일어나게 해준다. ATP로부터 CCE 영역으로의 인산 전달은 CCE 영역이 PHR 영역으로부터 해리되게 만들며 ADP로부터 FAD로 전자는 역류한다. 이렇게 광 여기된 크립토크롬은 구조적으로 열린 형태가 되며 좀 더 생화학적인 변화가 일어나 다른 단백질들과 상호작용이 쉽게 일어나서 유전자 발현과 발달 프로그램의 변화가 일어난다.

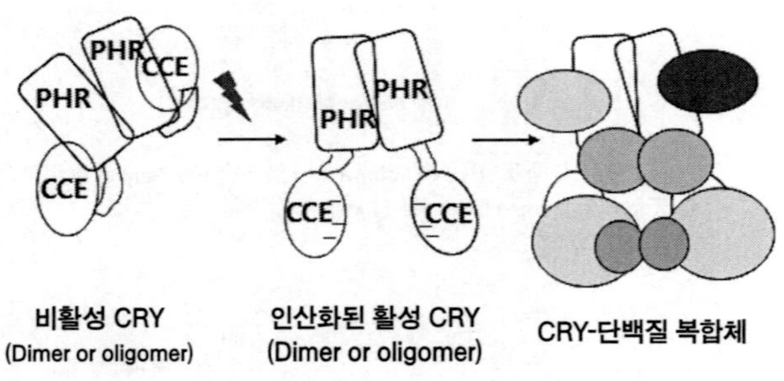

탐구 VIII-2-5 청색광에 의한 크립토크롬의 인산화는 어떻게 일어나며, 인산화 결과 어떤 변화가 일어나나?

CRY의 CCE 영역은 각각 180과 110개의 아미노산 잔기 길이를 갖는 반응기 영역이다. 청색 빛에 의한 크립토크롬의 자가 인산화(또는 인산화효소에 의한 인산화)는 전기적으로 음전하의 표면을 갖는 PHR 영역으로부터 CCE 영역이 반발하게 만들어

두 영역이 분리되어 크립토크롬과 신호전달에 관련된 많은 단백질 사이에 상호작용을 촉발한다. 즉 크립토크롬의 신호전달체계 모형을 요약해보면, 빛에 의한 크립토크롬 여기 → 형태 변화 → 신호전달 단백질과 상호작용 → 신호전달의 과정을 거친다.

이 모형은 크립토크롬이 PHR 영역을 통해 동형 이량체(homodimerization)를 형성하고 청색 빛을 받으면 인산화가 일어나 음전하를 띠며 서로 반발함에 따라 PHR과 CCE 영역 사이에 해리가 일어나 여러 신호전달 단백질들이 상호작용하여 유전자 발현에 이르는 신호전달이 일어남을 보여준다. 상호작용하는 단백질로는 CIBs(CRY-interacting bHLHs), SPAs(Suppressor of PHYA-105), COP1(CONSTITUTIVE PHOTOMORPHOGENESIS 1), 및 미확인된 X, Y 단백질 등이 포함된다. 신호전달은 크립토크롬이 전사요소 CIBs와 상호작용해 전사를 조절하거나 SPAs와 상호작용하여 전사 후 단백질 분해를 조절을 일으킨다. CIBs와의 상호작용은 FT 전사를 일으켜 개화를 촉진한다. 또한 크립토크롬은 SPA 단백질과 상호작용하여 SPA 활성을 억제해 COP1 활성을 억제한다. COP1 활성은 HY5, HYH, CO 및 다른 전사 조절자를 분해해 빛에 의해 조절되는 유전자(ight-regulated genes, LRG) 발현과 광형태형성의 변화를 일으킨다.

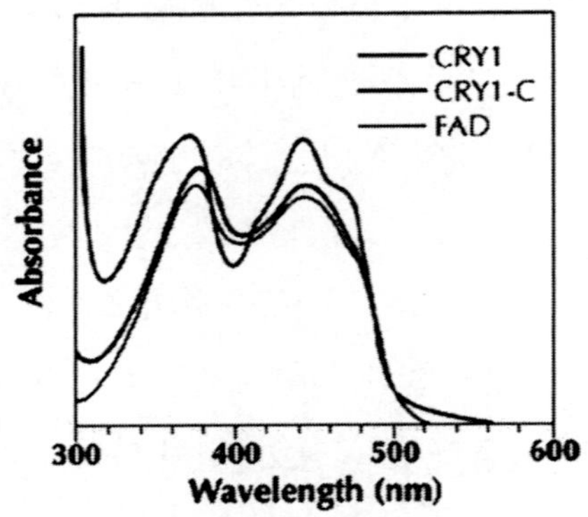

크립토크롬(CRY1)과 FAD의 흡수 스펙트럼
https://doi.org/10.1018/S0960-9822(95)00267-3

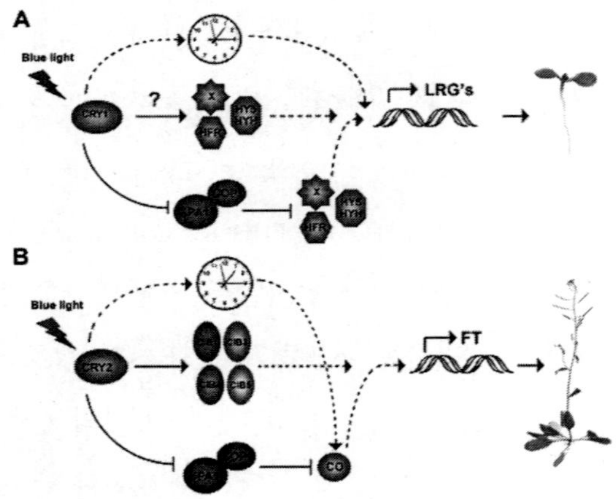

Arabidopsis cryptochrome의 신호전달 메커니즘 모형

CRY1 (A)와 CRY2 (B)에 의한 3가지 가능한 신호전달경로는 청색 빛에 반응해 유전자 발현 변화와 식물의 발달을 조절한다. (A) CRY1는 빛-조절 유전자(light-regulated genes, LRG's) 발현에 영향을 주는 HY5, HYH, HFR1 및 미확인 전사 조절자(X)를 분해하는 COP1을 억제한다. CRY1는 또한 직접 및 간접으로 X 전사 조절자와 상호작용할 수도 있다. 부가적으로 CRY1은 LRG의 빛 조절을 열어주기 위한 미지의 메커니즘을 통해 빛에 의한 주기 시계 동반을 중재한다. (B) CRY2는 청색 빛을 받으면 CIB 전사요소와 작용해 직접적으로 FT 유전자의 발현을 자극한다. CRY2는 또한 CO 단백질을 분해하는 COP1 단백질을 억제하여 CO 단백질이 FT 유전자 발현을 촉진한다. (The Arabidopsis Book, 2010(8). http://doi.org/10.1199/tab.0135)

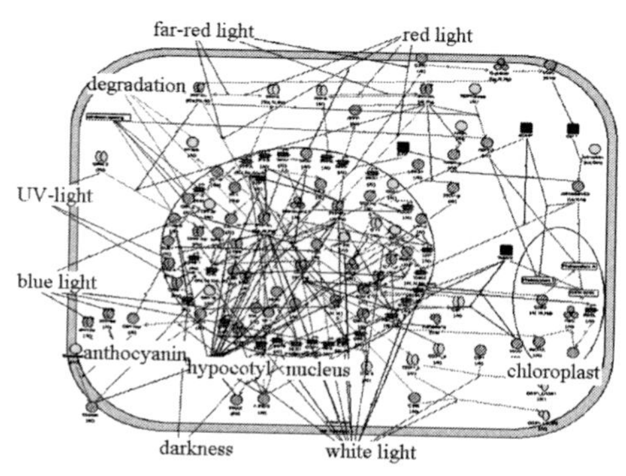

광형태발생 유전자 네트워크: 빛은 식물 발달의 주 조절자이다. 유묘의 광형태발생은 어둠에 적응된 발달로부터 빛에 적응된 발달로의 전환 프로그램의 하나이다. 이 프로그램이 성공적으로 수행되어야 장래 영양 및 생식기관이 올바르게 형성된다. (http://wwwmgs.bionet.nsc.ru/mgs/gnw/genenet/applet_genenet_viewer.shtml)

청색 빛에 의해 일어나는 크립토크롬의 인산화는 크립토크롬의 형태적 변형 외에도 CRY2 같은 광수용체들을 유비퀴틴으로 표지시켜 분해를 유도할 수 있다. CRY2 인산화와 분해가 핵에서 일어나는 것으로 보아 여기된 CRY2는 핵 내에서 유비퀴틴으로 표지되는 것으로 보인다.

빛에 의해 여기된 크립토크롬이 형태가 변형되어 관련 신호전달 단백질과 상호작용하여 신호전달이 일어나면 궁극적으로 핵 내 유전자 발현 즉 식물 발달 프로그램의 변화가 일어나게 된다. 참고로 Arabidopsis에서 발현되는 유전자의 5~25%는 청색 빛에 의해 유도되며 이 중 대부분이 CRY1과 CRY2에 의한 것이라고 알려져 있다. (CRY1은 주로 유묘의 녹색화 및 하배축 신장 억제, CRY2는 개화 유도에 관여한다고 알려져 있다.) CRY에 의해 조절되는 많은 유전자는 피토크롬과 호르몬에 의한 신호전달로도 조절되므로 여러 조절체계가 유기적으로 관련해서 식물 발달에 관여하고 있어 보인다.

CIB1(cryptochrome-interacting basic-helix-loop-helix 1)은 청색 빛이 있을 때 CRY2와 상호작용하는 전사요소로서 FT 유전자 프로모터와 작용하여 개화 개시를 유도한다. CIB3, CIB4, CIB5 등 최소한 3개의 다른 CIB가 CIB1과 이형 이량체(heterodimer)를 이룬다. 이러한 다양한 CIB 이형 이량체가 중복적으로 CRY와 작용해 FT 유전자 발현의 광주기적 증진이 일어난다. CRY1은 주로 청색 빛에 의한 녹색화 조절, 떡잎 확장 및 하배축 신장 억제에 관여한다고 알려진 바 이를 위한 CRY1과 특이적으로 상호작용하는 다른 전사요소에 대한 더 많은 연구가 필요한 상황이다.

탐구 VIII-2-6 크립토크롬은 어떻게 유묘 성장을 조절하나?

크립토크롬의 간접적인 전사 후 조절을 통한 유전자 발현은 SPA1/COP1 복합체와의 상호작용에 의한다. 크립토크롬은 청색 빛을 받아 E3 ubiqutin ligase(연결효소)인 COP1을 억제하여 COP1에 의한 단백질 분해를 막아 유전자 발현에 영향을 준다. 예를 들면 CRY1은 청색 빛을 받아 COP1에 의해 분해되는 HY5(LONG HYPOCOTYL5), HYH(HY5 HOMOLOGUE), HFR1(Long Hypocotyl in Far-Red 1)과 같은 전사요소를 활성화한다. 이들 전사요소는 녹색화 반응과 관련된 유전자을 조절한다. CRY1과 HY5의 많은 목표 유전자들이 옥신, 브라시노스테로이드, 지베렐린, 광합성 등 피토크롬에서 기능을 갖는 신호전달 단백질의 정보를 갖고 있기도 하다. CRY2도 마찬가지로 청색 빛을 받으면 COP1을 억제하는데,

COP1은 직접적으로 개화 개시의 전사조절자인 CONSTANS(CO) 단백질을 유비퀴틴 표지하여 분해되게 만든다. 즉 COP1 억제는 CO를 활성화하여 개화에 필요한 유전자들이 발현되어 개화하는데, CO 단백질은 특히 장일 조건에서 개화를 촉진하는 조절자로서 FT 유전자의 전사를 활성화한다. 크립토크롬은 청색 빛에서 CO 단백질 축적에 필요한 한편 청색 빛이 없으면 COP1이 CO 분해를 촉진한다.

크립토크롬은 청색 빛을 받아 COP1과 상호작용하는 SPA1 단백질과도 상호작용한다. SPA1은 크립토크롬과 결합하여 COP1에 의한 HY5 또는 CO의 분해를 막아준다. CRY1과 CRY2은 각기 다른 방법으로 SPA1과 결합하는데, CRY1은 CCE 영역이, CRY2는 PHR 영역이 SPA1과 결합한다. 이러한 다른 방법의 결합이 두 크립토크롬의 다른 기능을 설명해준다. CRY1-SPA1 상호작용이 일어나면 SPA1-COP1 상호작용이 억제되므로 CRY1은 COP1의 경쟁적 억제자로 보인다. CRY2-SPA1 상호작용은 CRY2-COP1 상호작용을 증진하여 COP1의 불활성화를 유도하는 것으로 보인다.

탐구 VIII-2-7 크립토크롬은 어떻게 개화를 유도하는가?

2) 포토트로핀(Phototropin)

포토트로핀은 청색 빛을 흡수하며 광주기, 엽록체 위치 변경, 생식세포(배우자) 형성(gametogenesis) 등을 중재하는 광수용체이다. 포토트로핀은 빛을 인지해 활성화하는 일종의 효소로서 두 청색 빛-감지 영역(LOV1과 LOV2)과 C-말단 serine-threonine kinase 함유 영역을 갖는다. 이 세 영역은 생물의 모든 포토트로핀들에서 보존되어 있다. Arabidopsis는 두 가지 포토트로핀(Phot1과 Phot2)을 갖는다. 포토트로핀을 낮추면 엽록소와 결부된 단백질과 빛 수확 복합체(light harveting complex) 단백질 및 카로티노이드 생합성 감소가 나타나기도 한다.

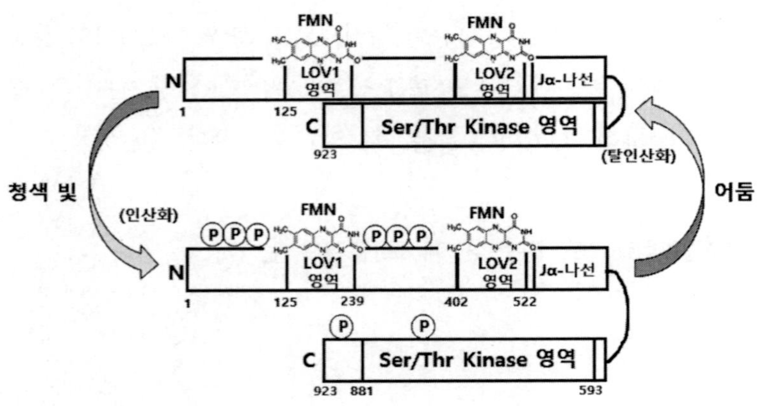

포토트로핀의 광전환과 활성화 모식도

탐구 VIII-2-8 포토트로핀의 구조를 그리고 각 부위 명칭과 기능을 말해보자.

탐구 VIII-2-9 포토트로핀의 인산화와 활성화는 어떻게 일어나는가?

포토트로핀은 청색 빛을 받으면 자가 인산화(autophosphorylation)를 거쳐 활성화되어 다양한 조직 또는 기관에 따른 특이적 반응을 유도하는데, 다양한 반응들에 대한 메커니즘은 현재로서 잘 밝혀져 있지 않다.

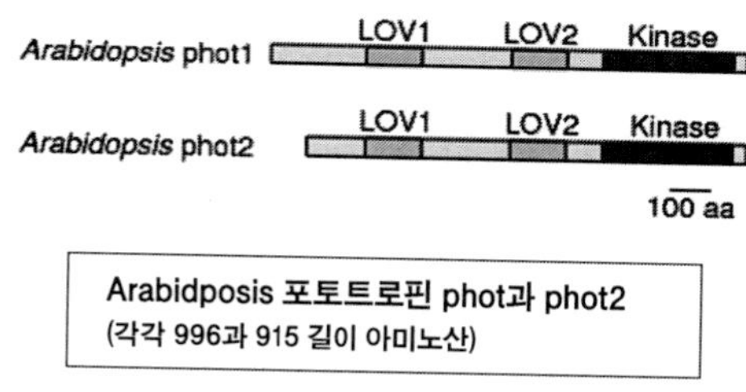

Trends in Plant Science. (2002) 7(5) 204-210

포토트로핀의 kinase 활성은 어둠에서 LOV2(light-oxygen-voltage2) 영역이 결합하여 있어서 억제되고 청색 빛을 받으면 이 영역이 분리되어 증가한다. 포토트로핀의 인산화와 활성화는 다양한 단백질을 인산화하여 활성화하여 생리적 반응이 표출되게 하지만 이들 단백질은 자세히 밝혀져 있지 않다.

청색 빛 → 포토트로핀의 자가 인산화 → 형태 변화 → 단백질 kinase 영역(KD)의 활성화 → 신호호 전달 단백질에 인산기 전이 및 활성화 → 옥신 농도 기울기 형성 및 미세소관 재배열 → 음지와 양지의 비대칭 성장 → 빛을 향해 기울어짐

포토트로핀이 관여하는 식물 반응의 하나인 굴광성은 빛이 비치는 면과 반대면 사이에 옥신의 불균형 분포와 이에 따른 성장 차이로 일어나는데 이러한 옥신의 불균등한 분포와 성장 차이는 음지와 양지 사이에 옥신에 의해 조절되는 유전자 발현 차이로 일어며 이 과정에 관련된 전사 관련 요소에는 NPH4/ARF7, MSG2/IAA19 및 SCFTIR1 단백질이 알려져 있다. 이에 의해 활성화할 때는 FMN 색소(chromophore)는 LOV 영역 Cys잔기에 공유결합해 있다가 형태적인 변화로 단백질 kinase 영역이 LOV2의 억제 활동으로부터 풀려난다.

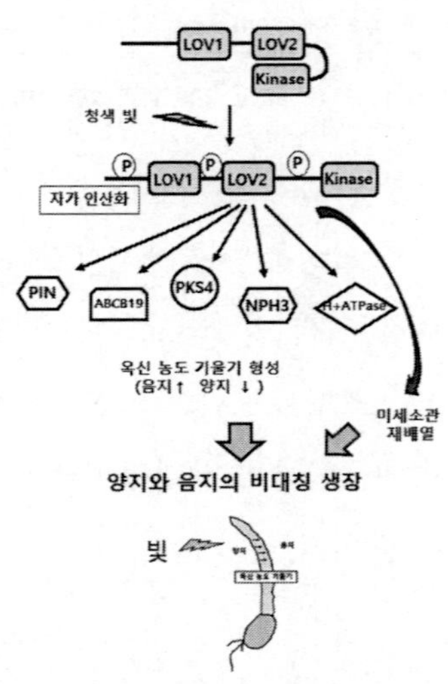

포토트로핀에 의한 식물의 굴광성 반응

이러한 풀림은 포토트로핀의 자가 인산화를 일으키고 신호전달경로의 다른 단백질 ABCB19과 PKS4를 직접 인산화하여 활성화하며 다른 신호전달 단백질도 밝혀지지 않은 경로에 의해 활성화한다.

측면 옥신 농도 구배(기울기) 형성과 피층 미세소관 재배열로 빛을 향한 하배축 또는 줄기의 성장이 일어나는데, 포토트로핀 광화학은 μs 수준으로 일어나는데, 포토트로핀의 자가 인산화와 PKS4 인산화는 청색 빛을 받은 후 15~30s에 탐지되며, 옥신 농도 기울기는 빛을 받은 후 1h 내에, 굴광성은 빛을 쪼인지 1h 이후에 탐지된다.

식물의 기공은 주위 환경 및 식물 내부의 온도, 열, 이산화탄소 농도, 빛, 수분, 호르몬 등 다양한 요소에 의해 열리거나 닫히며 이러한 요소의 각각 특이적인 메커니즘은 많은 연구가 되어 있는 형편이다. 식물은 대개 아침에 해가 뜨면 열리고 저녁 해 질 무렵에는 닫는데 이 과정은 빛 특히 청색 빛이 중요한 역할을 한다.

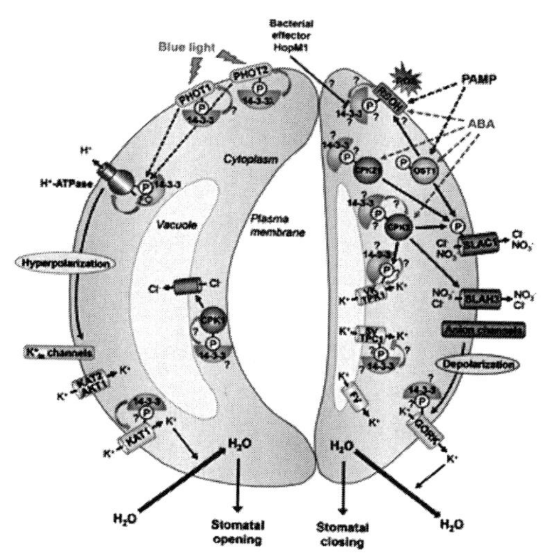

포토트로핀 단백질과 기공 개폐 (A) 기공 열림: 포토트로핀 PHOT1과 PHOT2가 청색 빛을 감지하면 자가 인산화가 일어나며 활성 형태로 전환하고 14-3.3 단백질과 결합한다. 청색 빛은 세포막 H + -ATPase의 C-말단에서 인산화와 14.3.3과 결합을 촉진하여 활성화한다. H + -ATPase 활성은 세포막의 탈분극(H+ 방출을 통해)을 일으켜서 K+ 통로(KAT1과 KAT2)를 통해 K+를 세포 내로 이동시킨다. KAT1은 14-3-3 결합으로 활성화한다. K+가 세포 내로 흡수되면 이어서 물 흡수를 유도하여 공변세포 팽창과 기공 열림이 일어난다. 액포막에서는 Cl- 통로가 액포 내로 음이온이 흡수되는 경로로 calcium-의존성 단백질 kinase(CPK)인 CPK1통로가 음이온 통로이다. 이 통로는 직접적으로 14-3-3과 결합해 활성화한다. (B) 기공 닫힘: ABA는 protein kinase open stomata 1(OST1)과 CPKs 활성을 유도한다. 공변세포 ABA 신호전달에 관여하는 CPK 중 CPK21는 14-3-3과 결합하며 CPK3는 14-3-3과 상호작용하여 안정화한다. OST1과 CPK는 인산화에 의해 공변세포막 S-type 음이온 통로인 SLAC1을 활성화한다. SLAH3(SLAC1 homolog 3)는 또 다른 공변세포막 S-type 음이온 통로로서 CPK3에 의해 활성화한다. 음이온 통로의 활성화는 세포막의 탈분극과 세포 밖으로의 K+ (GORK) 통로를 활성화한다. 이온 유출은 물 손실을 일으켜 공변세포가 수축되어 기공이 닫히게 만든다. 기공이 닫히는 동안 액포로부터 액포 K+ -선별 (VK) 통로, slow vacuolar (SV) 통로, fast vacuolar (FV)를 통해 K+이 방출한다. Tandem-pore K+ 통로 1(TPK1)은 공변세포 VK 통로로서 CPK3에 의해 인산화된 N-말단 부위에 14-3-3이 결합함에 의해 활성화한다. 반면에 SV 통로는 Arabidopsis에서 two-pore channel 1(TPC1)로서 14-3-3 결합에 의해 불활성화할 수 있다. Frontiersin Plant Science (2016)8:1-10

청색 파장의 빛은 해가 뜰 때 높은 함량 비율로 함유되어 있다. 포토트로핀은 청색 빛을 인지해 기공 개폐를 조절하는바 이에 대해 좀 더 알아보도록 한다. 청색광을 포토트로핀(PHOT1과 PHOTO2)이 인지하면 공변세포의 포토트로핀은 자가 인산화와 형태 변형이 일어나며 활성형이 되어 다음 신호전달 단계의 단백질인 14.4.3과 결합하여 인산을 전이한다. 인산화된 14.3-3 단백질은 이제 세포막에 존재하는 H^+을 펌프(pumping)하는 H^+-ATPase에 결합하여 활성화한다. 활성화된 H^+-ATPase는 H^+을 능동적으로 세포 밖으로 수송하여 세포 내는 음(-), 세포 밖은 양(+)전하의 과분극(hyperpolarization)을 유도한다. 이런 조건에서는 세포 밖에 양이온이 세포 내로 들어오려는 경향이 커지기 때문에 공변세포 밖에 과량으로 존재하는 K^+ 이온이 K^+ 수송통로 단백질인 KAT1과 2를 통해 세포 내로 들어온다. 이러한 K^+ 이온의 과량 축적은 세포의 삼투퍼텐셜을 더욱 음의 값으로 만들므로 세포 밖으로부터 물이 유입된다. 물의 유입은 세포 내 팽압을 증진해 세포의 압력이 증가하며 기공이 열리게 된다. 기공의 닫힘은 ABA가 유도하며 K^+ 유출과 팽압 감소가 일어난다.

탐구 VIII-2-10 포토트로핀은 아침에 해가 뜰 때 어떻게 기공이 열리게 하는가?

참고문헌

Briggs, W. R., and Cristie, J. M. (2002) Phototroins 1 and 2: versatile plant blue-light receptors. Trends in Plant Science, 7(5), 204-210.

Cotelle, V., and Leonhardt. N. (2016) Proteins in guard cell signaling. Frontiers in Plant Science, 8, 1-10.

Fankhauser, C., and Christie, J. M. (2015) Plant phototropic growth. Current Biology, 25(9), R384-R389.

Holopainen, J. K. Kivimaenpaa, M., and Julkunen-Tiitto, R. (2017) New light for phytochemicals. Trends in Biochemistry, 36(1), 7-10.

Inoue, S-I., Takemiya, A., and Shimazaki, K-I. (2010) Phototropin signaling and stomatal opening as a model case. Current Opinion in Plant Biology, 13(5), 587-593.

Kimura, M., and Kagawa. T. (2010) Phototropin and light-signaling in phototropism. Current Opinion in Plant Biology, 9(5), 503-508.

Kong, S-G., and Okajima, K. (2016) Diverse photoreceptors and light responses in plants. J Plant Res, 129, 111-114.

Mawphlang, O. I. L., and Kharshiing, E. V. (2017) Photoreceptor mediated plant growth responses: Implications for photoreceptor engineering toward improved performance in crops. Front Plant Sci, 8, 1-14.

Nito, K., Wong, C. C. L. Yates III, J. R., and Chory. J. (2013) Tyrosine phosphorylation regulates the activity of phytochrome hotoreceptors. Cell Reports, 3, 1970-1979.

Supriya N. Phytochrome in Plants.

https://biologyreader.com/phytochrome-in-plants.html

Tripathi, S., Hoang, Q. T. N., Han Y-J., and Kim, J-I. (2019) Regulation of photomorphogenic development by plant phytochromes. Int J Mol Sci' 20(24), 1-17.

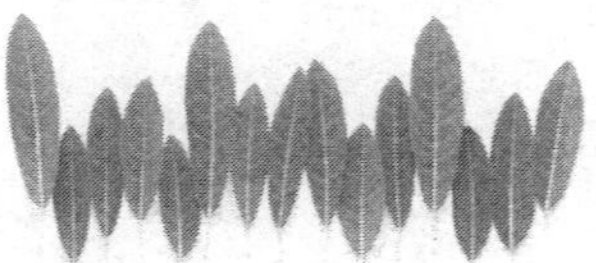

X

식물생리 프로젝트

식물생리와 관련된 실험과 프로젝트 수행은 식물 발달 및 성장을 이해하는 데 도움을 준다. 물, 무기물, 빛은 식물 생존에 핵심적인 요소로서 이와 관련된 실험과 프로젝트를 제시한다. 이를 통해 원리 이해는 물론 관련 분석기기 및 장치의 원리 및 사용법도 숙지할 수 있다.

1 실험식물 키우기

식물생리를 이해하기 위한 실험 및 프로젝트는 식물을 직접 심어 발아에서 결실까지의 식물 생활사를 살펴볼 필요가 있는데 건강한 식물을 키우는 일이 필수적이다. 이러한 목적에 부합하는 식물은 애기장대(Arabidopsis thaliana)이다. 애기장대는 Brassicaceae과에 속하는 장일식물의 속씨식물(꽃식물, 피자식물)로서 자가수분하며 유럽, 아시아, 아프리카 북서부에 자생하며 생리학, 형태학, 유전학, 분자생물학적 연구에 중요한 식물이다. 이 식물은 5개의 염색체를 가지며 유전체 크기가 135Mbp 정도로 염기서열이 모두 해독되어 있으며 전 세계적으로 유전자 네트워크가 형성되어 있다.

이 식물은 크기가 작고 생활사는 매우 짧아 발아에서 개화까지 4~5주 걸리고 결실까지 7~8주 정도 걸리며 약 1,500개 정도의 종자를 맺는데 토양은 물론 배지에서 키울 수 있다. 재배는 온실, 생장실, 야외 노지, 배지, 실험실 등 매우 다양한 곳에서 이루어질 수 있다.

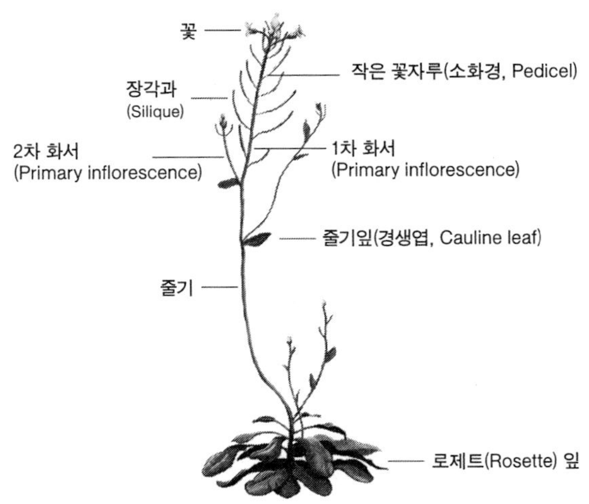
꽃
작은 꽃자루(소화경, Pedicel)
장각과
(Silique)
2차 화서
(Primary inflorescence)
1차 화서
(Primary inflorescence)
줄기잎(경생엽, Cauline leaf)
줄기
로제트(Rosette) 잎

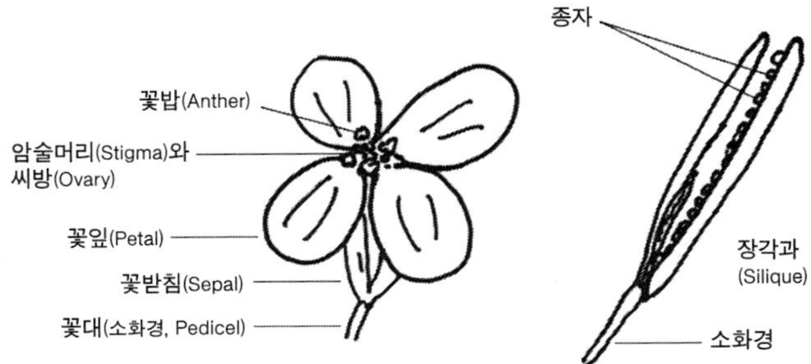
꽃밥(Anther)
암술머리(Stigma)와
씨방(Ovary)
꽃잎(Petal)
꽃받침(Sepal)
꽃대(소화경, Pedicel)
종자
장각과
(Silique)
소화경

프로젝트: 실험실에서 Arabidopsis 키우기

대체로 Arabidopsis는 실온(22~23℃), 24h 낮 또는 16/8h 낮/밤 주기, 120-150μmol/m2의 빛 세기에서 가장 잘 자란다. 계통 및 성장 조건에 따라 식물의 발달 속도는 차이가 나며 6~8주의 생활사를 갖는다. 파종 후 3~7일에 발아하며 4~5중에 개화하고 6~8주에 씨가 맺힌다. 일반적으로 저온에서는 발달이 느려지고 스트레스 조건에서 더 일찍 개화하고 씨가 맺힌다.

일반적인 판매 배합토 또는 펄라이트(perlite)를 함유하는 직접 배합한 토양에서 잘 자란다. 파종에서 종자 수확까지의 과정 실습은 Arabidopsis의 성장, 발달 및 생리를 이해하는데 필수적인 과정이다.

Arabidopsis 재배에서 유의할 점은 균일한 식물 성장, 계통의 보존(다른 계통과의 교배 방지, 수분 매개자 접근 통제), 식물에 대한 환경 스트레스를 통제(적절한 수분, 빛, 온도, 무기물 등), 질병 및 해충 억제, 계통의 재배지 이탈(종자 분산, 타 식물과의 교배, 식물 이식 등) 금지, 재배지의 청결 유지, 환기 등이다.

파종

종자는 ABRC(Arabidopsis Biological Center, Ohio State University, USA https://abrc.osu.edu), NASC(Nottigham Arabidopsis Stock Center, UK, http://nasc.nott.ac.uk)sk TAIR(The Arabidopsis Information Center,

Phoenix Bioinformatics Corporation, USA)로 요청하여 정보를 구하거나 구입할 수 있다. 보통 실험용으로 야생종인 Arabidopsis thaliana Ecotype Columbia(Col-0) 계통을 사용한다.

일반적인 파종 및 재배 절차는 다음과 같다.

① 직경 5~15㎝ 화분(일회용, 진흙, 플라스틱 또는 폴리스틸렌)을 배합토로 4/5 채우고 바닥을 몇 번 쳐서 토양을 가볍게 압축한다.

② 종자를 종이 카드나 이쑤시개를 사용에 표면에 뿌린다(대개 모래와 함께 섞어서 뿌리면 뿌리기 쉽고 균일하게 뿌려진다).

③ 모세관 매트(Carpillary matt)로 깔고 화분을 랩으로 싸서 받친 후 빛이 없는 4℃ 냉장고에 3~5일간 넣어둔다.

④ 22℃(18~28℃), 24h 빛(10,000lux 밝기)의 생장실 또는 온실로 옮긴다.종자가 발아하여 4개 잎을 형성하는 단계(7~10 days)에서 랩을 벗기고 플라스틱 슬리브를 씌운다 (식물 사이에 교차 수정을 막고 종자 수확 등 관리를 위해). 물은 매트를 통해 준다.

⑤ 물은 꼬투리의 90%가 완전히 건조해질 때까지 준다.

https://bio-protocol.org/e3490

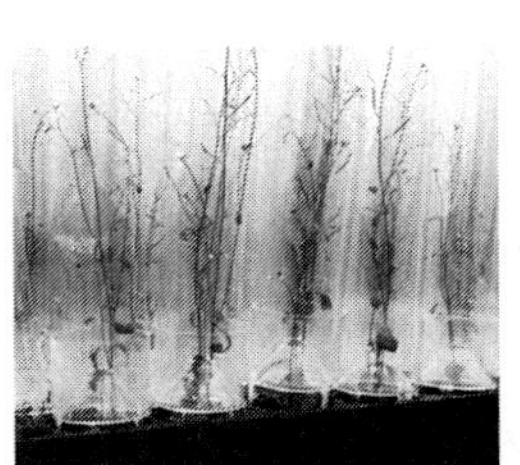

플라스틱 슬리브
(https://www.arasystem.com)

종자 보관

종자는 실온의 건조한 곳에 보관하면 적어도 2년간은 발아력을 갖는다.

좀 더 보관하기 위해서는 15°C, 15% 상대습도(종자는 5~6%의 수분을 함유)에서 보관하고 장기적으로는 종자가 5~6% 수분을 함유하고 1㎖ 원심분리(Eppendorf) 튜브에 담아 -20°C에서 보관한다.

해충방제 및 질병 예방

해충으로는 진딧물(greenfly), 총채벌레류(thrips), 곰팡이 각다귀(scarid fly), 사과응애(red spider mite), 가루이(whitefly) 등이 있으며 곰팡이류는 잿빛곰팡이병(botrytis), 흰곰팡이(mildew) 등이 있다. 해충이 몰려들 때는 약을 뿌려야 하는데, 가장 흔한 파리(scarid fly)는 살충제 Intercept 용액을 뿌려 구제하는데, 용액은 0.2g/ℓ로 희석하여 1ℓ 배합토 당 50㎖를 섞어서 사용한다. 곰팡이를 방제하기 위해서는 화분이 너무 습하지 않게 하고 발생 시 황훈증처리(sulphur vapour treatment)가 매우 효과적이다.

https://beckassets.blob.core.windows.net/product/readingsample/734821/9781588293954_excerpt_001.pdf 참조.

결과 및 분석

《1》 Arabidopsis 종자 파종~종자 수확까지의 과정에서 다음을 작성해보자.

파종	발아 개시일	3번째 잎나기 개시일	개화 개시일	결실 개시일
Day 0	Day ___	Day ___	Day ___	Day ___

《2》 어떤 특성으로 인해 Arabidopsis는 실험 모델로 정하여졌나?

참고문헌

Arabidopsis A Practical Approach. (2000) Wilson Z. A. (Ed) Oxford University Press.

Arabidopsis Biological Resource Center (ABRC), Ohio State University. https://abrc.osu.edu

Rivero, L., Scholl, R., Holomuzki, N., Crist, D., Grotewold, E., and Brkljacic, J. (2014) Handling Arabidopsis plants: growth, preservation of seeds, transformation, and genetic crosses. Methods Mol Biol, 1062, 3-25.

Boyes, D. C., Zayed, A. M., Ascenzi, R., McCaskill, A. J. Hoffman, N. E., Davis, K. R., and Görlach, J. (2001) Growth Stage-Based Phenotypic Analysis of Arabidopsis: A Model for High Throughput Functional Genomics in Plants. The Plant Cell, 13, 1499-1510.

http://nasc.nott.ac.uk/protocols/newgrow.html

https://abrc.osu.edu/educators/growing

https://www.plantproducts.com/ca/images/Agrotel_Vaporized_Sulphur_label 2015-12-01.pdf

https://beckassets.blob.core.windows.net/product/readingsample/734821/9781588293954_excerpt_001.pdf

수분퍼텐셜 (Water potential, Ψ) - 조직 무게 변화법

물의 자유에너지 상태를 나타내는 Ψ는 세포 사이 물 이동의 중요한 요소이다. (높은 Ψ ⇒ 낮은 Ψ). 표준상태에서의 순수한 물의 Ψ는 0이기 때문에 세포나 용액에서의 Ψ는 0 이하이다. 세포를 일정한 용액에 담가두었을 경우 세포 내 Ψ가 용액 Ψ와 차이가 날 경우 세포 내 또는 세포 밖으로 물의 이동이 일어날 것이다.

다음과 같은 경우들에 있어서 물 이동에 대해 생각해보자.

① 세포 내 Ψ가 용액의 Ψ보다 높다.

② 세포 내 Ψ와 용액의 Ψ가 같다.

③ 세포 내 Ψ가 용액의 Ψ보다 낮다.

특히 ②의 경우로부터 어떤 결론을 내릴 수 있나?

이러한 원리를 이용하여 식물세포의 Ψ를 실제로 측정할 수 있다. 즉 식물조직세포로에 물 이동 여부 및 양상에 따라서 식물조직의 무게변화가 나타날 것이다. 이러한 변화를 이용하여 용액의

osmotic potential(S)을 구하고 궁극적으로 식물세포의 Ψ를 구할 수 있다. 즉 삼투압을 측정하고자 하는 세포(조직)를 알려진 삼투압(또는 삼투퍼텐셜) 용액에 일정 시간 담가 두었다 꺼낸 후 무게를 재어 무게의 변화가 없다면 이는 조직과 용액 사이에 수분퍼텐셜(또는 삼투퍼텐셜)이 같아 물의 이동이 일어나지 않았다는 증거이다.

프로젝트: 수분퍼텐셜 측정하기

재료 및 기구

감자(Solanum tuberosum)의 tuber(괴경), 1M sucrose(설탕) 용액 (300 mℓ. 0.05~0.50M 희석용액 제조에 필요), 100mℓ 매스실린더, 증류수, 250mℓ 비커, 10mℓ 피펫, 자, 칼, 저울, 페트리디시, 티슈

Diffusion and Osmosis: Potato Core Lab, Agar Lab, and Onion Root Lab | Sammi's AP Biology Blog (wordpress.com)

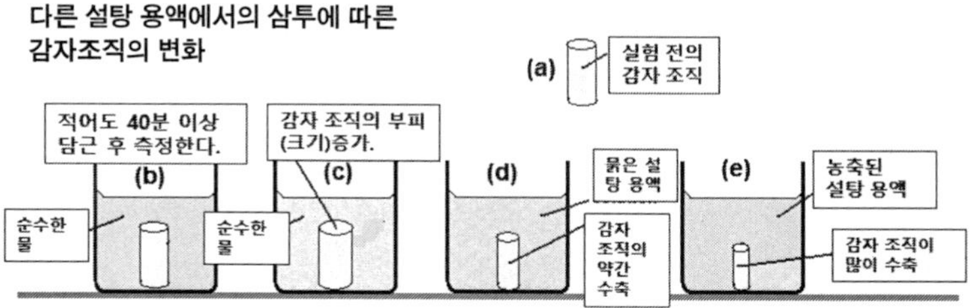

https://docbrown.info/ebiology/transport.htm

실험절차

① 1M sucrose 용액을 희석하여 0, 0.05, 0.10, 0.15, 0.20, 0.25, 0.30, 0.35, 0.40, 0.45, 0.50M 용액을 각각 100㎖씩 만들어 beaker에 담는다.

② 감자를 10㎜ × 20㎜ 규격의 조각으로 30개 잘라서 Petri dish에 보관한다.

③ 3개씩 골라서 0.01g 단위까지 정확하게 무게를 측정하고 각 용액에 넣는다.

④ 실험실 내 온도를 측정하여 기록한다.

⑤ 2시간 이상 두어 삼투평형이 이루어지도록 한다. (본 실험에서는 시간 관계상 1시간~1.5시간!)

⑥ 시간이 지난 후 감자절편을 넣은 순서대로 꺼내어 티슈로 표면에 묻은 용액을 제거하고 다시 무게를 잰다.

⑦ 각 농도에서의 감자절편의 무게변화율(%)을 구한다.

감자절편의 무게 변화(%) = [(최종 무게 - 처음 무게) ÷ 처음 무게] × 100

⑧ 각 sucrose 용액의 삼투퍼텐셜, osmotic potential(S)은 다음 식에 의해 구할 수 있다.

S = -mRT 분자의 mole 수는 무게/분자량, M(molality) = 몰수/L

여기서 m = 용액의 molality (용질의 mole수/물 1,000g 또는 1ℓ)

R = 기체상수 ($0.00831 MPa.mol^{-1}.K^{-1}$)

T = 절대온도(K) = 273 + χ

예 0.4M sucrose 용액의 S (20℃):

$$S = -(0.40)(0.0083)(273 + 20) = -0.974MPa$$

⑨ 무게변화율에 대한 그래프를 그려보고 무게가 변하지 않은 경우의 sucrose 농도를 알아내어 이 용액의 S를 구한다.

⑩ 이 용액의 Ψ를 어떻게 구할 것인가?

☞ 대기압 하에서 세포 외부(비커)용액은 P = 0이므로 Ψ = P + S에서 Ψ = S

☞ 그러면 세포 내 Ψ은?

결과 및 분석

《1》 서론에서의 여러 경우에 대하여 간략하게 말해보자.

《2》 ⑧의 공식을 이용해 0.8m sucrose 용액의 S를 구해보자. (단, 온도는 25℃)

《3》 실험 결과에 대한 다음 표를 작성하자.

설탕(M)	처음 무게 (g)	최종 무게 (g)	Δ 무게변화 (g)	% Δ 무게 변화 비율
0.05				
0.10				
0.15				
0.20				
0.25				
0.30				
0.35				
0.40				
0.45				
0.50				

《4》 감자절편 무게변화율에 대한 그래프를 작성하시오. (엑셀 또는 모눈종이 이용)

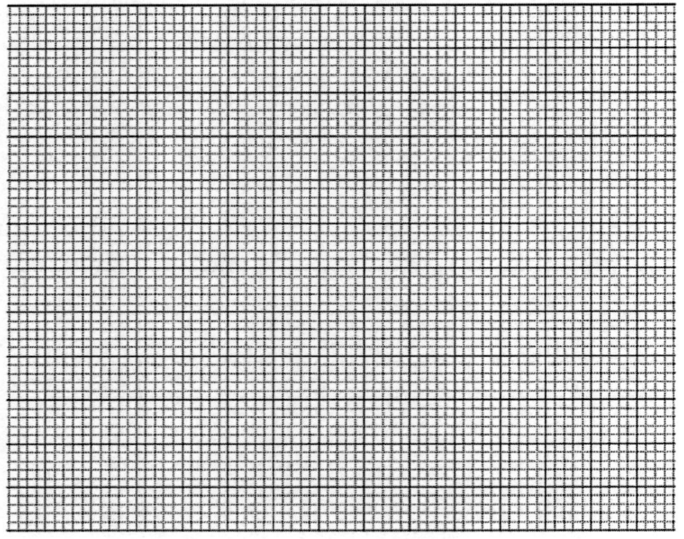

《5》 무게 변화가 나타나지 않은 용액의 S, Ψ를 구하시오. (단, 온도는 실온으로 한다.)

① 감자 세포의 Ψ는 어떻게 구할 수 있으며 그 값은 얼마인가?

② 물이 세포 내(외)로 이동할 수 있는 기작은 무엇인가?

증산작용 측정

증산작용은 식물표면으로부터 물이 증발하는 현상이다. 일액현상(Guttation)은 잎끝에 유관속조직 말단으로부터 물이 이탈하는 현상이다. 식물의 성장 및 조직 유지에 필요한 물의 양은 증산작용이나 일액현상으로 방출되는 양에 비해 적다. 잎으로부터 방출되는 물을 뿌리로부터 보충되지 않으면 식물은 시들거나 죽게 된다.

식물에서 물관조직을 통한 물의 상승이동은 수분퍼텐셜 또는 압력 차이에 의해 일어난다. 뿌리에 있어서 토양으로부터 흡수된 무기물은 줄기 물관조직 내 물관에 축적되어 수분퍼텐셜을 낮추게 되고, 기공을 통한 증산은 물관에서 음의 압력(장력)을 만든다. 이런 차이 때문에 물은 삼투작용에 의해 물관으로 이동되어 물관 내에서 상승하게 된다.

증산작용의 측정은 흡수계(potometer)를 이용하여 작접 증산되는 물의 양을 측정하거나 압력계를 이용해 간접적으로 측정하는 두 가지 간단한 방법이 주로 사용된다.

프로젝트: 증산작용 측정하기

실험방법

다음에 제시된 실험 장치와 기구를 참조하여 나만의 측정 방법을 만들어 본다.

1) 흡수계(Potometer)

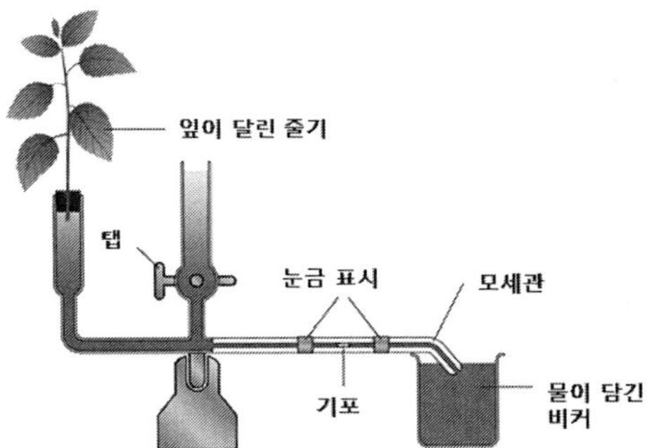

Measuring Rate of Transpiration | Plant Systems(nigerianscholars.com)

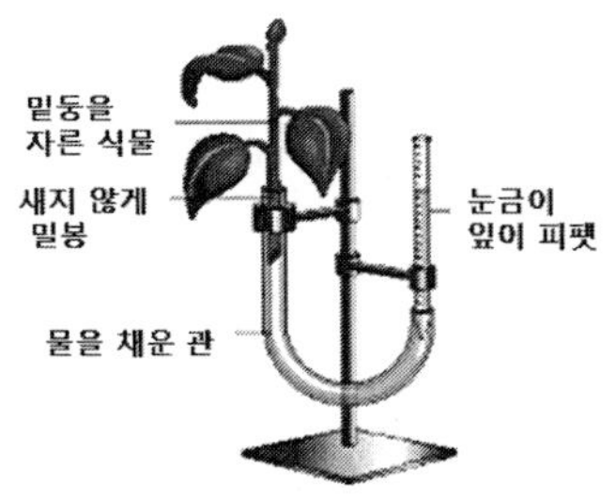

흡수계(Potometer)

Transpiration(Scantlin) - sed695b3(google.com)

이 방법의 원리는 잎으로부터 증산작용이 일어날 때 관 내의 기포 이동을 조사하여 증산작용의 작동과 단위 시간당 증산하는 양의 물을 구하는 것이다.

잎이 무성한 식물(줄기가 사용 고무관에 꽉 끼는 직경을 가진 나무), 칼, 석유 젤리(바셀린), 클램프 및 지지대, 그림에서 제시한 유리관 또는 장치에 식물 줄기에 들어맞는 직경을 가진 길이 30~50㎝의 고무(또는 플라스틱)관 2개, 눈금 표시 모세관 또는 배출구와 입구를 잘라버린 1㎖ 유리 피펫 사용 가능, 전등 등이 필요하다.

2) 압력계

물이 증산할 때 관 내의 물 이동으로 발생하는 압력감소를 압력계로 측정하여 간접적으로 증산 작동과 증산하는 물의 양을 측정하는 방법이다. 압력계(PASCO, UK)와 식물의 장착을 위한 부속 장치와 프로그램(PASCO, UK)이 필요하며 블루투스로 패드나 휴대폰으로 측정이 가능하다.

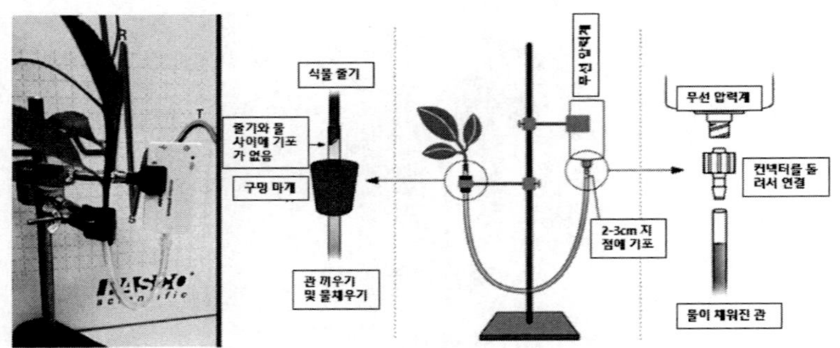

https://www.pasco.com/resources/blog/78

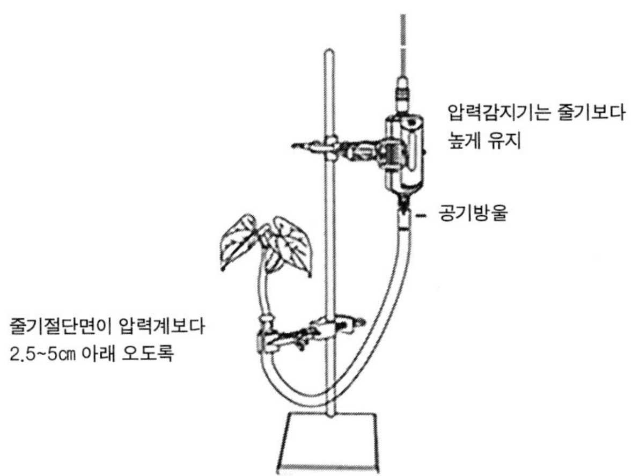

증산이 일어나면서 관 내의 물 이동이 시작되면서 관 내에 걸리는 압력의 감소를 압력계로 탐지하여 증산작용의 작동과 단위 시간당 증산량을 계산한다.

길이 30cm 고무관, 압력계, 압력계 부속장치, 컴퓨터 프로그램(PASCO, UK), 지지대 및 클램프, 구멍이 있는 마개 등이 필요하다.

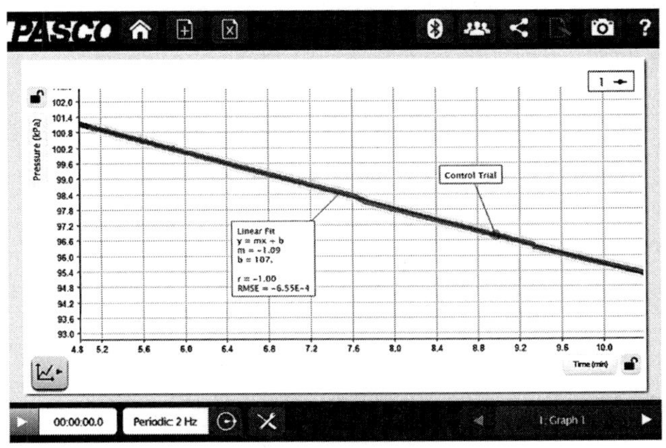

증산에 따른 압력 감소

주의사항

① 줄기는 (기포가 물관 내로 들어가는 것을 막기 위해) 물속에서 비스듬히 잘라(표면적을 넓히기 위해) 계속해서 물에 담가둔다.
② 관의 한쪽 끝을 손으로 막고 물을 채우고, 줄기를 끼운다. 끼운 후 새지 않게 바셀린을 바른다.
③ 눈금이 있는 관을 사용 시 한쪽 끝에 기포가 들어가도록 한쪽을 조금 열고 수평으로 맞추어 기포가 중앙에 오도록 한 후 눈금을 표기한다. 실험 시작 후 10분마다 기포의 위치를 마커로 표기한다.
④ 압력계 사용 시 그림처럼 압력계가 좀 더 식물보다 높은 위치에 오도록 위치를 고정한다.

실험 수행

① 두 방법 모두 식물에 전등을 비추고 30분~1시간 놓아둔 후 기포의 이동 눈금 또는 압력 변화를 측정한다.
② 변수인 바람의 영향을 조사하기 위해 선풍기를 약하게 쪼인 실험구와 쪼이지 않은 대조구를 설정하여 측정한다. 별도의 대조구와 실험구를 정하지 않고 선풍기가 없을 때 측정이 끝난 후 다시 기포의 위치를 원래의 위치로 되돌린 후 선풍기를 켜고 실험을 진행할 수 있다.

③ 측정값을 기록한다. 흡수계 사용 시 10분마다 표기 및 기록하고, 압력계 사용 시는 자동 측정 및 그래프가 나타난다.

결과 및 분석

《1》 이 실험에서 독립변수와 종속변수는 각각 무엇인가?

《2》 흡수계 사용 시 다음 표에 측정값을 기재한다.

증산 조건	10분 후 기포 이동 거리	20분 후 기포 이동 거리	30분 후 기포 이동 거리	40분 후 기포 이동 거리	50분 후 기포 이동 거리	60분 후 기포 이동 거리	60분 후 이동 물의 양 (㎖)
바람 없음							
바람 있음							

《3》 압력계 사용 시 증산작용에 의한 압력 변화를 기재한다. (그림 참조)

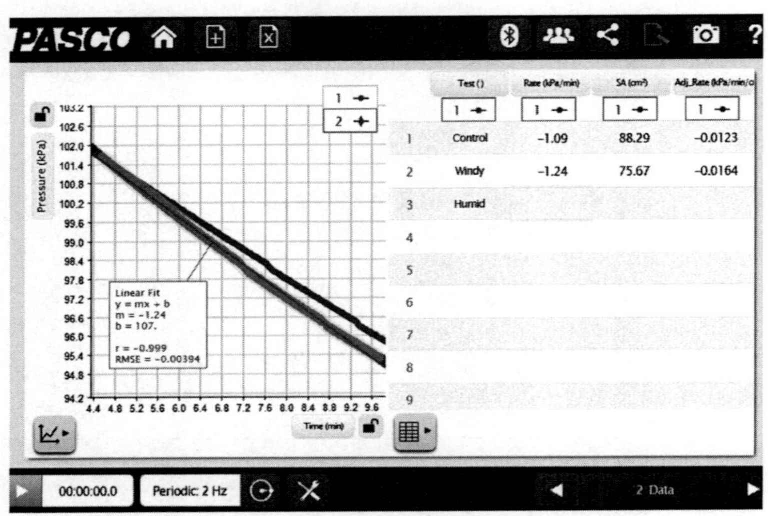

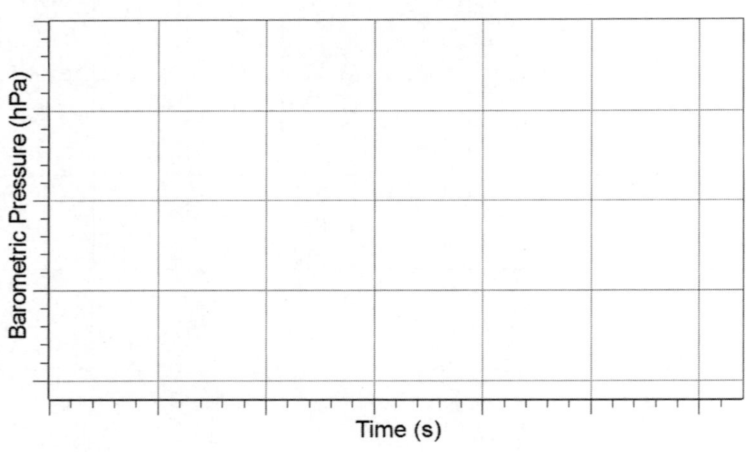

《4》 바람 유무에 따른 증산률 변화를 계산한다.

증산조건	ΔP (hPa)	Δt (s)	증산률 (hPa/min)
바람 없음			
바람			

《5》 튜브 내 압력 변화 속도는 무엇을 의미하는가? 식물의 기공을 통한 물 손실은 압력의 증가 또는 감소를 유도하는가?

《6》 선풍기는 압력변화율에 영향을 주는가? 어떻게 바람이 증산 작용에 영향을 주는가를 설명하시오.

《7》 식물이 잎으로부터 물의 손실을 줄기이기 위한 적응 형태에 대해 설명하시오.

4

뿌리압의 측정

식물은 뿌리를 통하여 물을 흡수하고 잎의 증산작용에 의해 물을 방출하기 때문에 물관을 통하여 계속된 물의 상승이 필요하다. 증산이 왕성할 때는 물관 내 물의 장력이 생겨서 물기둥이 상승한다. 증산이 약화되고 토양에 물이 충분할 경우 물관에 장력이 없어지고 반대로 압력이 증가하여 뿌리압이 생기고 물이 물관 내에서 상승하게 된다.

뿌리압 발생의 메커니즘은 토양으로부터 물관(목부세포)내로 무기염류가 흡수 축적(물관 내 water potential, osmotic potential 감소) → 물이 물관 내로 흡수(Water potential 차이에 의해) → 물관 내 수압 증가 → 물 상승 유도이다.

본 실험에서는 식물의 줄기를 자르고 모세관을 줄기에 연결해 물관 내에 수액이 밀어 올리는 뿌리압을 직접 측정해 보고자 한다. 화분에 물을 충분히 준 후 밑동을 잘라 뿌리압을 측정해 본 후 다시 화분에 높은 농도의 소금물을 가하여 모세관 내 물의 이동을 측정하여 뿌리압 발생의 원인을 추적해본다. 물의 이동을 쉽게 판별하기 위해 삼투압에 영향을 주지 않는 색소(예 메틸렌블루)를 물에 타서 사용한다.

프로젝트: 뿌리압 측정하기

실험방법

다음 그림을 보고 뿌리압 측정을 위한 실험방법 및 절차를 세우고 필요한 기자재를 준비해보자.

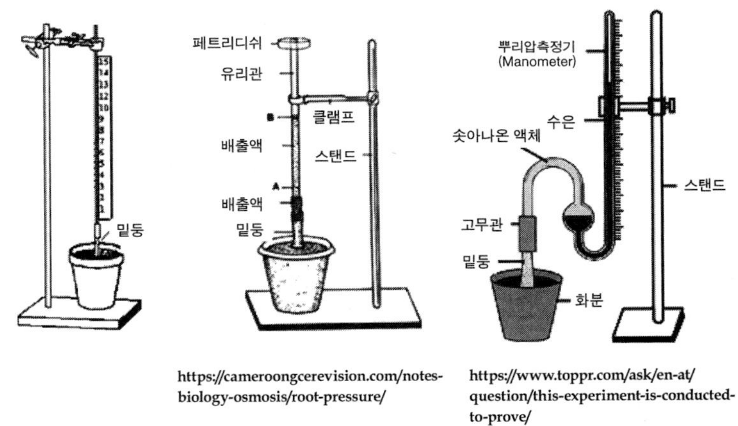

https://cameroongcerevision.com/notes-biology-osmosis/root-pressure/

https://www.toppr.com/ask/en-at/question/this-experiment-is-conducted-to-prove/

기구 및 재료

식물(해바라기, 국화, 어린나무 등), 눈금 있는 모세관 또는 potometer, 0.1% methylene blue 용액 10㎖, 4~5㎝ 고무관 탈지면, 스탠드 및 클램프, 칼, 화분 밑받침, 30% NaCl 용액, 피펫

실험절차(예시)

① 물을 충분히 준 식물의 줄기를 토양 표면으로부터 5㎝ 되는 높이에서 자르고 축축한 탈지면으로 감싼다.
② 고무관을 줄기 밑둥에 끼운 후 단단히 맨다.
③ 고무관 속에 methylene blue 용액을 채운다.
④ 15분 뒤 고무관 끝에 약 10㎝ 길이의 모세관을 틈이 없이 연결하고 수직 위치로 고정한다.
⑤ Methylene blue 용액의 위치를 모세관 외부에 표시하고 10분마다 1시간에 걸쳐서 용액의 이동 거리를 ㎜ 단위로 측정한다.
⑥ 뿌리압 측정이 끝나면 50~100㎖의 NaCl 용액을 붓고 물기둥의 변화를 관찰한다.
※ 유의 사항: 뿌리압을 측정하는 동안 화분 밑받침을 통해 물을 충분히 주도록 한다.

※ 뿌리압의 계산

1029.5㎝ H_2O = 760㎜ = 1atm = 1.013bars = 0.101MPa

$$1\text{cm} = \frac{0.101}{1029.5}\ \text{MPa} = 1 \times 10^{-4}\text{MPa},\ 1\text{mm} = 1 \times 10^{-5}\text{MPa}$$

결과 및 토론

뿌리압 측정기록표를 작성한다.

시간(min)	물 준 후 이동 거리 (㎜)	NaCl 용액 첨가 후 이동 거리 (㎜)
10		
20		
30		
40		
50		
60		

측정 시간(1시간) 동안 이동한 거리에 근거하여 뿌리압을 계산한다.

① 뿌리압이 생기는 이유는 무엇인가?

② 식물의 증산작용과는 어떤 관계를 갖나?

③ 뿌리압이 식물에 있어서 수액 상승의 주된 원인이 될 수 없는 이유는?

④ 뿌리압 측정 후에 NaCl을 토양에 부으면 어떤 현상이 일어나며 그 이유는 무엇인가?

5

광합성 색소 분리

빛에너지를 흡수하는 광합성 색소들은 엽록체에 존재하는데 chlorophylls, carotenoids, phycobilin 등으로 분류된다. 엽록소의 화학적인 기본구조는 4개의 tetrapyrrol 고리들이 환형을 이루고 N 원자들이 Mg^{2+}와 결합하여 있으며 phytol의 긴 사슬이 있다. Chl a 및 b는 매우 유사한 구조를 가지며 a는 3번 탄소에 $-CH_3$가 붙어있고 b는 -CHO기가 붙어있다.

그러면 이러한 색소를 어떻게 출하고 분리할 것인가? 분자의 구조적 특징을 살펴보면 가능한데, 대부분 비극성을 띠지만 약간의 극성 차이가 있으므로 이를 이용한다. 이를테면 피롤 구조에서 엽록소 a는 CH3를 가져 비교적 소수성이나 엽록소 b는 -CHO를 가져 극성이다. 극성물질은 극성 용매에, 비극성 물질을 비극성 용매에 녹는 성질을 이용해 엽록소가 전체적으로 비극성이긴 하지만 미세한 극성 차이를 이용해 다소 극성이거나 비극성인 용매를 사용하여 분리할 수 있다.

Carotenoid는 매우 다양한 종류를 갖는데 크게 탄화수소로 되어 있는 carotene류와 2~4개의 산소를 갖는 xanthophyll계로 나뉜다. Xanthophyll류는 산소 함유로 약간의 극성을 띠므로 carotene계와 분리가 가능하다. 이러한 화학구조의 차이로 인한 용매에 따른 용해도에 차이를 이용하여 광합성에 관련된 주요 색소들을 분리해보도록 한다.

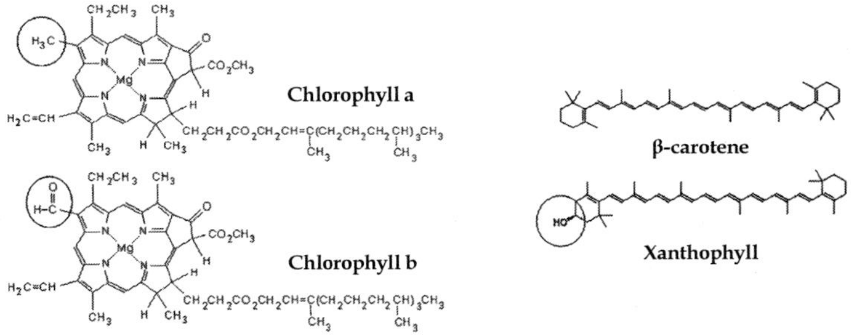

Chlorophyll a

Chlorophyll b

β-carotene

Xanthophyll

엽록소와 카로티노이드 색소는 엽록체 내 틸라코이드막에 존재하므로 먼저 세포를 파괴하여 틸라코이드와 엽록체막을 와해시켜 색소를 분리해야 한다. 다음으로 세포 잔재를 제거하고 추출한 색소만을 모아 엽록소 a와 b, 카로틴과 크샨토필 색소를 분리해야 한다. 막 파괴, 색소 분리를 위한 다양한 용매를 사용하며 이를 위해 생물 및 화학에서 추출에 많이 사용하는 용매들의 물리적인 특성에 대한 자료를 제시한다.

자료를 참조해 색소 분리에 이용할 수 있는 용매를 결정할 수 있을 것이다.

용매	극성지수 Polarity Index(p1)	끓는점 Boiling Point(°C)
Acetone	5,1	56,2
Acetonitrile	5,8	81,6
Benzene	2,7	80,1
Carbontetrachloride	1,6	76,8
1-Chlorobutane	1	78,4
Chloroform	4,1	61,7
Cyclohexane	0,2	80,7
1,2 Dichloroethane	3,5	83,5
Dichloromethane	3,1	39,7
Diethylether	2,8	34,5
Dimethylformamide	6,4	153
Dimethylsulfoxide	7,2	189
1,4 Dioxane	4,8	101,1
Ethanol, absolute	4,3	78
Ethylacetate	4,4	77,1
Heptane	0,1	94-97,5
Hexane	0,1	67-69,5
Methanol	5,1	64,7
2-Methoxyethanol	5,5	124,6
Methyl-tert-butyl ether	2,5	55,3
Octan-1-ol	3,4	195,2
Pentane	-	36,1
Petroleum ether	0,1	40-60, 60-80
Propan-1-ol	4	97,2
Propan-2-ol	3,9	82,3
Pyridine	5,3	115,3
Tetrachloroethylene	-	121,2
Tetrahydrofuran	4	66
Toluene	2,4	110,6
1,2,4 Trichlorobenzene	-	214
2,2,4 Trimethylpentane	0,1	99,2
Water	10,2	100

프로젝트: 식물 색소 추출 및 분석하기

재료 및 도구

- 식물재료: 주위 녹색식물의 잎(예 시금치)
- 시약 및 기구: acetone (100%), petroleum ether, 92% methanol, diethyl ether, 30% KOH (70% methanol에 용해), 물, 피펫(1mℓ), Erlenmeyer flask (125mℓ), 원심분리튜브 (50mℓ), graduated cylinder (50, 100mℓ), separatory funnel, 깔때기, 여과지, 저울, suction flask (250mℓ), vacuum pump, homogenizer(균질분쇄기)

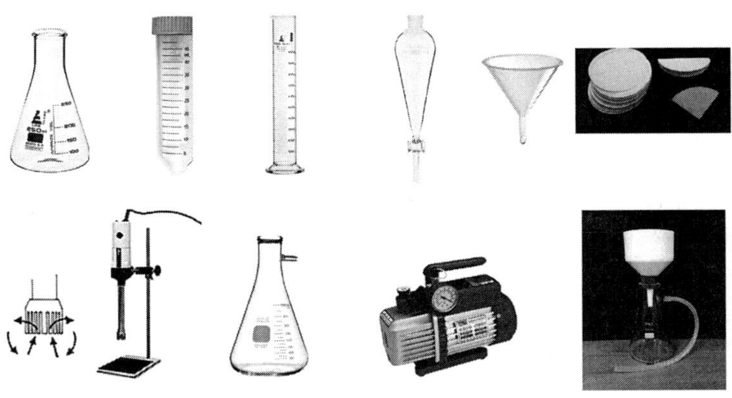

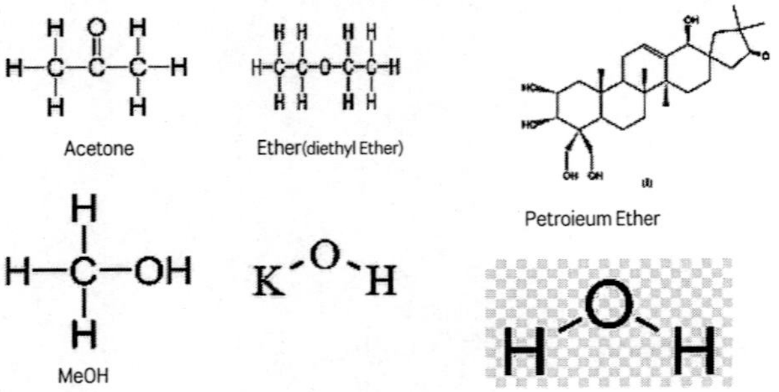

Acetone　Ether(diethyl Ether)　Petroieum Ether

MeOH

용매의 분자식

실험절차

① 잎맥 및 잎자루를 제거한 3g의 시금치 잎을 100% acetone 30 mℓ와 함께 50mℓ 원심분리 tube(conical centrifuge tube)에 넣고 homogenizer로 분쇄한다.

② 분쇄 용액(homogenate)을 여과지로 여과하여 여과액을 얻는다 (suction). (유리 suction flask에 담긴 여과액을 형광등에 비추어본다. 왜?)

③ 용액이 20mℓ 되게 acetone을 가하고 이를 petroleum ether가 30mℓ 들어있는 120mℓ 용량의 separatory funnel(분액깔대기)에 부어 넣는다. 서서히 funnel 안쪽으로 타고 내려가도록 35mℓ의 물을 가한다.

④ 분액 funnel의 마개를 막고 chlorophyll이 상층액으로 옮겨질 때까지 funnel을 서서히 회전시킨다.

※ 주의: funnel 내 gas의 압력이 증가함으로 왼손으로 funnel의 몸체와 마개 부위를 잡고 (마개를 엄지와 둘째 손가락 사이로 압박하면서) funnel을 거꾸로 들고 오른손으로 서서히 stopcock를 열어서 gas를 방출한다. gas 분출을 사람의 얼굴로 향하지 않도록 할 것!

⑤ Funnel을 바로 세워두어 용액의 층이 분리되도록 한다. (이때 chlorophyll은 상층 petroleum ether에 옮겨져 있다). Funnel의 마개를 열고 stopcock를 열어서 하층의 acetone을 제거한다. 2회에 걸쳐 증류수를 부어 funnel 내에 남아있는 acetone을 제거하고 무색의 하층 액을 버린다.

⑥ ⑤의 색소 용액에 92% methanol 20m를 가하고 잘 혼합한다. 이때 하층의 methanol 용액은 극성으로 비교적 극성인 Chl b와 xanthophyll은 용해 시키지만, Chl a와 carotene류는 비극성으로 상층의 비극성 petroleum ether에 용해되어 있다. 상층액과 하층액을 따로 용기에 옮겨 담는다.

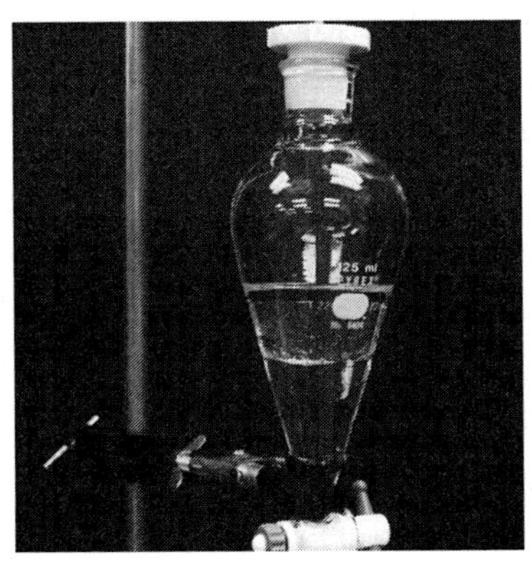

⑦ ⑥의 methanol 용액 (25㎖)을 다시 분액 funnel에 옮기고 여기에 diethyl ether 25㎖를 가해 잘 섞는다. Funnel의 안벽을 타고 흘러내려 한 번에 2.5㎖씩 5회에 걸쳐서 총 12.5㎖의 증류수를 가한다(가할 때마다 잘 섞을 것!). 이때 하층부의 methanol 용액은 물이 첨가되어 너무 극성이라 Chl b와 xanthophyll은 상층인 diethyl ether로 이동하여 용해된다.

⑧ 하층액은 버리고 남은 Diethyl ether 용액 15㎖를 12㎖ 용량의 Erlenmeyer flask로 옮긴다. 한편 ⑥의 Chl a와 carotene을 포함하는 petroleum ether 용액 15㎖는 다른 125㎖ 용량의 Erlenmeyer flask에 옮긴다.

⑨ ⑧의 두 Erlenmyer flask에 들어있는 용액에 각각 30%(W/V) KOH(methanol에 녹인)를 7.5㎖씩 가하여 10분간 가끔 흔들어 준다 (가수분해). 후에 각 flask에 증류수 15㎖를 넣고 섞는다.

⑩ ⑨의 두 용액을 시험관에 옮겨 용액의 층이 분리되도록 한다.

⑪ 분리된 용액을 각각 따른 용기에 담고(모두 4개의 용기) 표지를 한 후 스펙트럼 분석을 위해 냉장고에 보관한다.

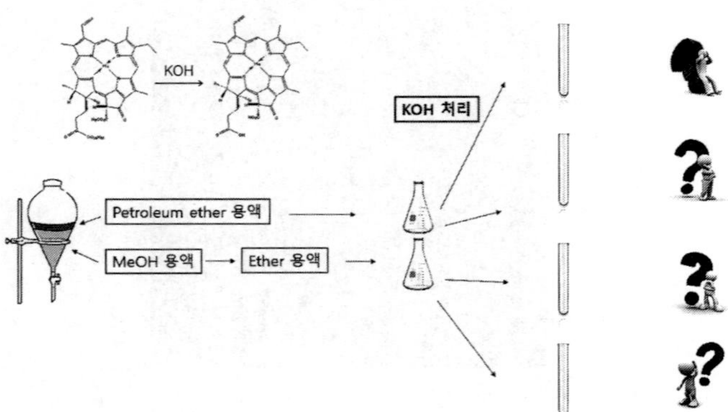

결과 및 분석

《1》 ②의 용액에 청색(형광등) 빛을 비추어 나타나는 현상을 관찰하고 그 이유를 다음 그림을 참조하여 설명해보자.

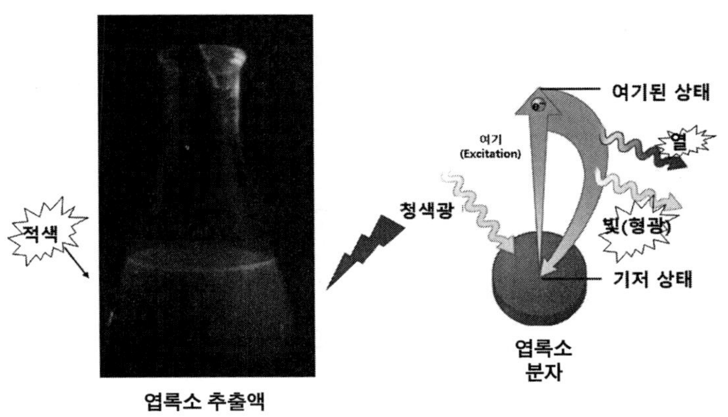

《2》 사용된 다음 용매의 특징과 사용 이유를 알아보자.

	물	Acetone	Petroleum ether	92% MeOH	Diethyl ether	KOH
화학 및 물리적 특성						
사용 이유						

《3》⑩에서 분리된 용액들에 포함되어 있을 것으로 여겨지는 색소들은?

용액	KOH 처리 전 Petroleum Ether	KOH 처리 전 Ether	Petroleum ether 용액의 KOH 처리 후 상층액	Petroleum ether 용액의 KOH 처리 후 하층액	Ether 용액의 KOH 처리 후 상층액	Ether 용액의 KOH 처리 후 하층액
함유 색소						

《4》여기서 분리된 색소들은 엽록체 내 thylakoid 막에 존재한다. 그 이유는 무엇인가?

《5》본 실험에 있어서 추출 및 분리한 색소들은 어떤 원리에 의해 분리하였는가?

참고문헌

Wun, C-Kwun., Rho, J., Walker, R. W., and Litsky, W. (1980) A solvent partitioning procedure for the separation of chlorophylls from their degradation products and carotenoid pigments. 10750obiologia. 71,289-293 https://byjus.com/chemistry/partition-chromatography/

https://www.biologydiscussion.com/plants/isolation-of-pigments-and-their-characterization-plants/57251

https://hbmahesh.weebly.com/uploads/3/4/2/2/3422804/5.photosynthetic_pigments_by_solvent_wash_method.pdf.

A Laboratory Manual on Physiology of Mulberry and Silkworm. Ed. Dr.H.B.Mahesha, Pub. Yuvaraja's College Cooperative Society, University of Mysore, Mysore, 2014.

http://www.columbia.edu/itc/barnard/biology/biobc2004/edit/experiments/Experiment10-Pigment.pdf

6

광합성 색소의 흡수스펙트럼 조사와 농도 측정

가시광선의 파장으로 인한 한 물질의 빛 흡수 graph를 흡수(absorption) spectrum이라고 한다. 이에 반하여 action spectrum은 빛의 파장에 대한 반응 (예 광합성: 산소 발생)의 정도를 graph로 그린 것이다. 엽록소 a, b와 카로티노이드인 β-carotene과 xanthophyll은 각각 고유의 빛 파장 흡수도를 가지며 그렇게 흡수한 빛은 광합성에 이용된다.

물질의 빛 흡수도는 분광광도계(spectrophotometer)를 이용하여 측정한다. 분광광도계는 Arnold J. Beckman과 그의 동료가 1940년에 함께 발명한 장치로서 한 물질이 흡수한 빛의 양을 측정한다. 그러므로 분광광도계는 큐벳(cuvet, cell)에 담겨 있는 용액에 의해 흡수된 빛의 양을 측정하여 농도 계산에 일반적으로 사용된다(예 엽록소, 단백질. 핵산 등의 농도).

엽록소와 카로티노이드 색소 물질의 흡수 파장 영역 차이점을 알아보고 식물의 광합성에서의 파장 이용도 및 식물조직의 엽록소와 카로티노이드 농도에 대해 알아본다.

프로젝트 1. 광합성 색소의 흡수스펙트럼 조사하기

재료, 기기 및 기구

UV/Vis spectrophotometer (PerkinElmer, Lamda 25, UK), 1㎖ quarz cell, 마이크로피펫, 분리한 색소(Chl a와 b, β-carotene, xanthophyll 등)

실험절차

① 용매 분획에 의하여 분리된 색소들(chl a, b, carotene, xanthophyll) 또는 표준시료를 준비한다.

② 각각 400~750nm 파장에서 흡광도를 조사한다.

※ Reading 이전에 해당 용매(㉑ petroleum ether 또는 diethyl ether)를 blank로 '0'으로 맞추어야 한다.

※ (본 실온에서 사용되는 분광광도계의 경우) 먼저 2 cells에 용매를 각각 3㎖(또는 1㎖ cell의 경우는 1㎖) 채우고 spectrophotometer의 holder 두 곳에 넣는다.

→ 'Blank' 또는 'Auto zero button'을 누른다.

→ 첫 번째 hole의 cell만 꺼내고 3㎖(또는 1㎖) 색소 용액을 넣은 새로운 cell을 넣는다.

→ 'Measure' button을 누르면 자동으로 400~700nm 파장을

scanning 한다.

③ 'Printer' button을 눌러 graph를 인쇄한다.

(참고로 표준시료의 흡수스펙트럼을 참조하기를 바란다.)

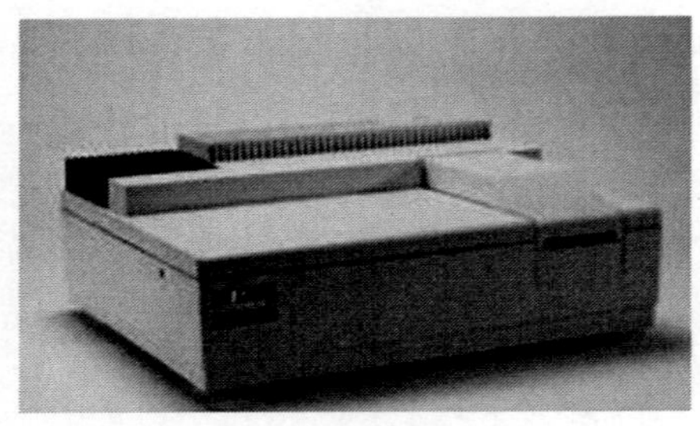

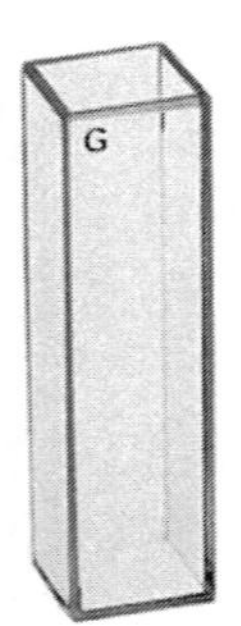

LAMBDA 25, 35, & 45 UV/Vis Spectrophotometers(PerkinElmer, Inc.)

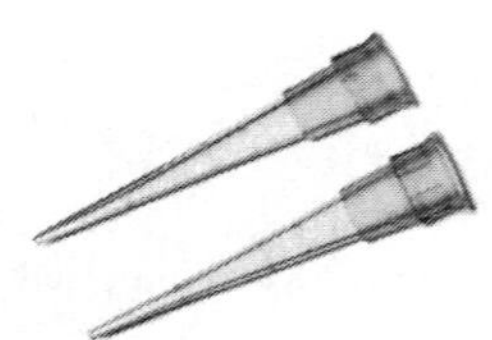

Gilson Pipetman (Gilson. Inc.)

결과 및 토론

① 각 색소에 대한 absorption graph를 조사하고 각 색소의 흡수 파장 영역을 알아보자.

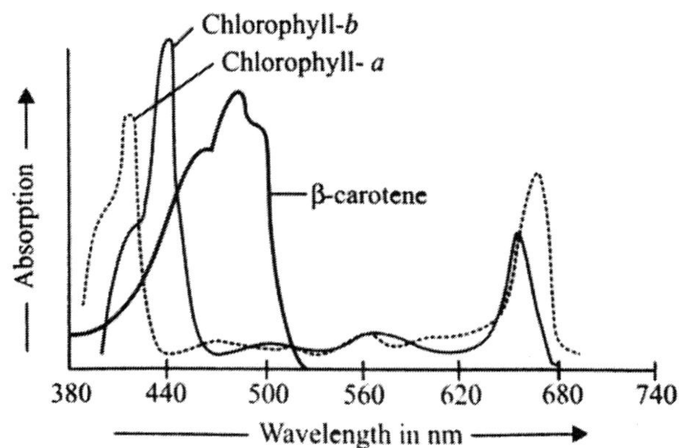

② 최대 흡수도가 나타나는 파장으로 미루어보아 식물체는 어떤 빛을 많이 흡수하여 광합성에 이용하나?

③ 주요 peak가 나타나는 파장을 고려해볼 때 어떤 파장이 광합성에 주로 이용된다고 할 수 있으며 흡수 spectrum과는 어떤 관계가 있는가?

프로젝트 2: 엽록소와 카로티노이드 농도 구하기

재료, 기구 및 기구

시금치, 분쇄기(homogenoger), 원심분리기(centrifuge), 원심분리 튜브, 분광광도계, cell, 마이크로피펫, 80% Ethanol

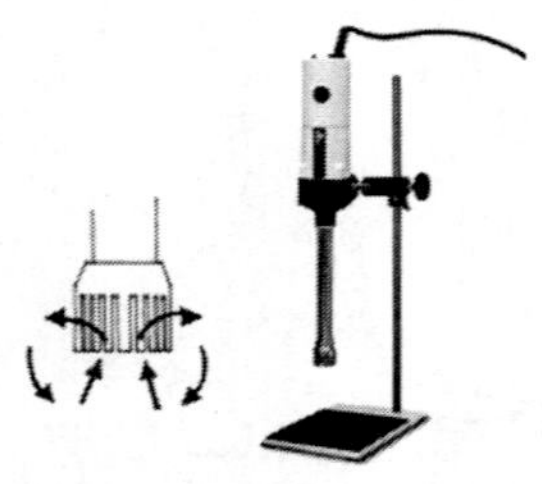

By Harchibald123 - Own work, CC BY-SA 4.0,
https://commons.wikimedia.org/w/index.php?curid=82458194

Eppendorftm5810R Centrifuge
(Eppendorf Inc.)

실험 절차

① 시금치 잎(2g)을 갈아 20mℓ, 80%, acetone 용액으로 추출하여 10,000rpm으로 원심분리한다.

※ 이때 잎의 무게 및 추출용액의 양을 기록해 둔다.

※ 또는 추출 분리한 엽록소 용액을 사용할 수도 있다.

② 상층액을 cuvette(cell)에 넣어 흡광도를 측정한다. 아래 제시된 농도 계산법에서 요구하는 파장의 흡광도를 측정한다. (색소 농도 계산을 위한 파장과 계산법은 매우 다양하며 여기서는 Arnon

과 Lichtenthaler and Wellburn의 두 가지를 제시한다.)

③ 각 파장에서의 흡광도를 기록하고 다음 식에 의해 chlorophyll양(μg/㎖)을 구한다.

- Arnon(1949) 방법
  - Total Chlorophyll = (20.2 × A645) + (8.02 × A663)
  - Chlorophyll a = (12.7 × A663) - (2.69 × A645)
  - Chlorophyll b = (22.9 × A645) - (4.68 × A663)

- Lichtenthaler and Wellburn(1980) 방법

Diethyl ether:

$$C_a = 10.05A_{662} - 0.766A_{644}$$
$$C_b = 16.37A_{644} - 3.14A_{662}$$
$$C_{x+c} = \frac{1000A_{470} - 1.28C_a - 56.7C_b}{230}$$

Methanol:

$$C_a = 15.65A_{666} - 7.34A_{653}$$
$$C_b = 27.05A_{653} - 11.21A_{666}$$
$$C_{x+c} = \frac{1000A_{470} - 2.86C_a - 129.2C_b}{245}$$

Ethanol (96%, v/v):

$$C_a = 13.95A_{665} - 6.88A_{649}$$
$$C_b = 24.96A_{649} - 7.32A_{665}$$
$$C_{x+c} = \frac{1000A_{470} - 2.05C_a - 114.8C_b}{245}$$

Acetone (80%, v/v):

$$C_a = 12.21A_{663} - 2.81A_{646}$$
$$C_b = 20.13A_{646} - 5.03A_{663}$$
$$C_{x+c} = \frac{1000A_{470} - 3.27C_a - 104C_b}{229}$$

Acetone (100%, v/v):

$$C_a = 11.75A_{662} - 2.35A_{645}$$
$$C_b = 18.61A_{645} - 3.96A_{662}$$
$$C_{x+c} = \frac{1000A_{470} - 2.27C_a - 81.4C_b}{227}$$

Lichtenthaler H. K. and Wellburn A. R. (1983)

또는 각 색소를 여러분이 수행한 실험 절차로 분리한 후 개별적인 용액의 농도를 측정한다.

A = εCl 또는 C = A/εl

여기서 A = 흡광도(Absorbance, OD optical density)

ε = Extinction coefficient

(특정 파장 및 해당 용매에서 순수 분자 1μmol/㎖의 흡광도

㉕ Chl a: 75.05 at 663nm, Chl b: 47.0 at 645nm)

C = 농도(μmol/㎖), l = 빛이 통과하는 cuvette의 길이(㎝), 본 실험에는 1㎝.

$$Chl\,a\text{농도}/g = \frac{A_{663}}{75.05 \times 1}(3\text{㎖}) \times \frac{20\text{㎖}}{sample\,\text{양}} \times \frac{1}{(\text{시료무게})} = \mu mol/g\,Fresh\,weight$$

Solvent	Chlorophyll a: Wavelength (nm)	Chlorophyll a: Specific absorption coefficient	Chlorophyll b: Wavelength (nm)	Chlorophyll b: Specific absorption coefficient	$A^{1\%}_{1cm}$ for a + c
Diethyl ether*	662	101†	662	4.72	2300
	644	19.40	644	62†	
	470	1.20	470	56.70	
Methanol*	666	79.29	666	21.51	2450
	663	32.86	663	45.88	
	470	2.86	470	129.18	
Ethanol (96%, v/v)	665	83.83	665	23.11	2450
	649	24.57	649	46.84	
	470	2.05	470	114.75	
Acetone 80% (v/v)	663	86.86	663	12.12	2290
	646	21.73	646	57.70	
	470	3.27	470	104.03	
100% (v/v)	662	88.88	662	11.22	2270
	645	18.91	645	56.11	
	470	2.27	470	81.36	

* Spectroscopically pure solvent.
† Accepted from Smith and Benitez (1955)

Lichtenthaler H. K. and Wellburn A. R. (1983)

결과 및 분석

《1》 Chlorophyll a, b 및 카로티노이드(β-carotene + xanthopyll)의 농도를 구한다.(유의: 1㎖ 또는 3㎖ 큐벳 사용을 고려하여 추출액과 조직 100㎎ 당 양을 계산한다.)

《2》 어느 엽록소의 농도가 더 높으며 차이가 있다면 광합성 기구에서 어떤 차이 때문인가?

《3》 다른 식물에서의 조직에 함유된 광합성 색소 양을 조사해보고 본 실험에서 사용한 식물 종의 것과 비교해보자. 환경과 서식지에 따른 차이가 있다고 보는가?

참고문헌

Arnon D. I. (1949) Copper enzymes in isolated chloroplasts. polyphenoloxidase in *Beta vulgaris*. Plant Physiology, 24, 1-15.

Lichtenthaler H. K., and Wellburn A. R. (1983) Determination oof total carotenoids and chlorophyll a and b of leaf extracts in different solvents. Biochemical Society Transcation, 11, 591-592.

Palta J. P. (1990) Leaf chlorophyll content. Remote Sensing Review, 5(1), 207-213.

Arya, S. (2022) Spectrophotometer- Principle, Instrumentation, Applications https://microbenotes.com/spectrophotometer-principle-instrumentation-applications.

https://ib.bioninja.com.au/standard-level/topic-2-molecular-biology/29-photosynthesis/action-spectrum.html

https://www.khanacademy.org/science/biology/photosynthesis-in-plants/the-light-dependent-reactions-of-photosynthesis/a/light-and-photosynthetic-pigments

7

Hill 반응과 광합성 전자전달계 작동 조사

광합성 명반응에서는 H_2O가 분해되어 전자(e), H^+, O_2가 방출되고 전자는 전자전달계를 흘러 화학적 삼투(chemiosmosis)로 ATP가, 최종 전자전달체인 $NADP^+$로 전자가 흘러 NADPH가 만들어진다.

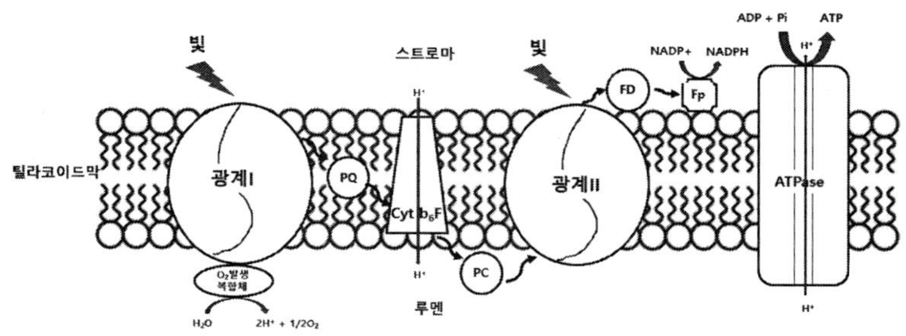

본 실험에서는 분리된 엽록체를 재료로 빛 존재 하에서 실제로 전자전달계가 작동되는지 알아보고자 한다. 어떻게 전자전달이 일어남을 확인할 것인가? 먼저 전자의 이동은 산화환원반응임을 상기하고 이를 이용한다. 엽록체를 분리하면 틸라코이드 막의 전자수용체들은 제거되므로 대신에 외부로부터 인위적으로 전자수용체를 가해주면 이 전자수용체는 광계I로부터 물이 분해되어 형성된 전자와 H^+를 받아 환원된다. 이러한 인위적 전자수용체로 이용할 수 있는 예는 2,6-dichlorophenol indophenol(DCPIP)인데 이 물질은 산화되면 청색이나 전자를 받아 환원되면 무색이 된다. DCPIP(청색) + H_20 → DCPIP-H_2(무색) + $1/20_2$(광합성에서 물이 분해되어 0_2가 발생 됨을 'Hill 반응'이라 한다).

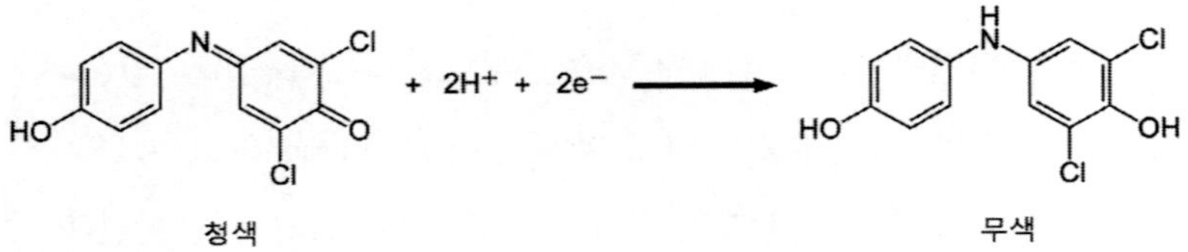

HO Cl O Cl + $2H^+$ + $2e^-$ → HO H N Cl OH Cl

청색 무색

프로젝트: 광합성 전자전달계 작동 조사하기

본 실험에서는 시금치의 엽록체를 분리하여 빛 존재 하에서 DCPIP가 무색의 DCPIP-H_2로 환원되는 Hill 반응을 측정하고, 전자전달을 억제하는 3-(3,4-dich10ropheny1)-1,1-dimethylurea (DCMU, 상품명 Diuron)의 억제기능을 살펴보도록 한다. 즉 빛을 받으면 실제로 물이 분해되어 전자전달이 일어나는지를 측정하고자 한다. DCMU는 광계I로부터 전자를 받아 PQ로 가는 전자를 탈취한다. 엽록체에서 분리된 틸라코이드막의 광계I은 빛을 받으면 지속적으로 물을 분해해 전자를 추출하지만, PQ와 분리되어 있으므로 전자전달이 막혀있다. 이때 DCPIP가 있으면 광계I로부터 전자를 받아 환원된다. DCMU는 광계I로부터 PQ에 대한 것처럼 DCPIP로의 전자전달을 방해할 것이다.

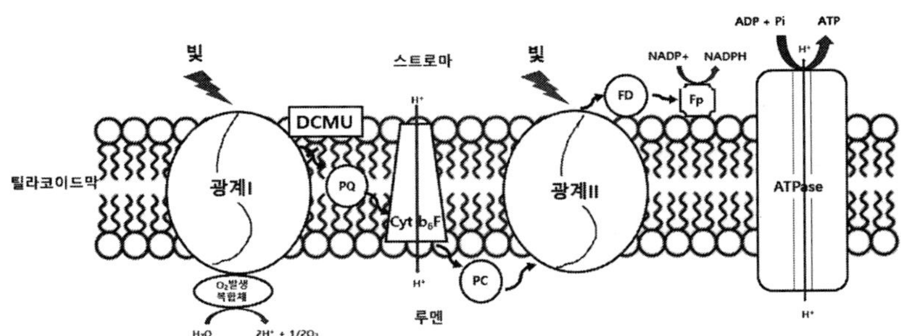

식물재료 및 기구

냉장 보관된 시금치 8g, 0.5M sucrose 용액 60mℓ, 0.1M phosphate buffer(pH 6.5) 100mℓ(냉장 보관), 80% acetone 20mℓ, 0.2mM DCPIP, 0.05M DCMU(0.1M phosphate에 용해), 100mℓ 비커(냉장 보관), 400mℓ 비커, 분쇄기(냉장 보관), 50mℓ tube, 원심분리기, 조도계, 저울, 칼, 가위, 면도날, 거즈(냉장보관), 여과지, 1mℓ피펫, 10mℓ 피펫, 시험관, 전등, 알루미늄 포일, 얼음

※ 0. 1M phosphate buffer(pH 6.5) 제조: 0. 1M NaH2P04 68. 5mℓ + 0. 1M Na2HP04 • $H_2$0 31. 5mℓ

실험절차

① 냉장 보관된 시금치잎에서 굵은 엽맥을 제거한 후 8g을 얼음물에 씻어 물기를 제거하고 잘게 썬다.

② 50mℓ tube에 0.5M sucrose 용액 40mℓ를 붓고 잎을 넣은 후 고속으로 분쇄한다.

③ 분쇄액을 여과하여 2개의 tube에 나누어 담고 200Xg로 3분간 원심분리한다.

④ 상층액을 다시 tube에 옮겨 1,000Xg에서 7분간 원심분리한 후 상층액을 버리고, 0.5M sucrose 용액 10mℓ를 부어 희석한다.

⑤ 200Xg로 3분간 원심분리하여 상층액을 취하고, 다시

1,000Xg에서 7분간 원심분리하면 순수한 엽록체 침전물을 얻는다.

⑥ 이 침전물을 0.1M phosphate buffer(pH 6.5) 25㎖에 용해하여 얼음물에 보관한다.

⑦ 엽록체 용액을 5㎖ 취하여 5㎖ 0.1M phosphate buffer(pH 6.5)로 희석하여 얼음물에 담가둔다.

⑧ 5개의 시험관을 준비하여 다음과 같이 처리하고 각각 5분 후 처리구에서의 반응을 조사하여 기록한다.

- 1㎖ DCPIP + 2㎖ H_2O
- 1㎖ DCPIP + 1㎖ 엽록체 용액 + 1㎖ H_2O: 포일로 싸서 빛을 차단
- 1㎖ DCPIP + 1㎖ 엽록체 용액 + 1㎖ H_2O: 전등으로부터 20 ㎝ 거리
- 1㎖ DCPIP + 1㎖ 엽록체 용액 + 1㎖ H_2O: 전등으로부터 80 ㎝ 거리
- 1㎖ DCPIP + 1㎖ 엽록체 용액 + 1㎖ DCMU 용액

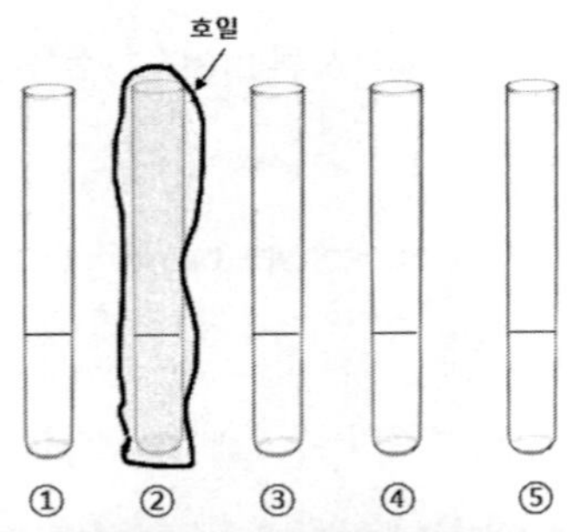

	처리	결과
①	DCPIP + H_2O	
②	DCPIP + 추출물 (빛 차단)	
③	DCPIP + 추출물 (전등에서 20cm 거리)	
④	DCPIP + 추출물 (전등에서 80cm 거리)	
⑤	DCPIP + 추출물 + DCMU	

결과 및 분석

《1》 반응 결과에 기초하여 내릴 수 있는 결론은?

《2》 빛은 Hill 반응에 어떤 역할을 하는가?

《3》 DCMU의 작용기작은? 이런 원리로 미루어 보아 DCMU (Diuron)는 농업에서 어떤 용도로 사용하는가?

《4》 빛 농도에 따른 반응 결과에 차이가 있다면 그 이유는?

참고문헌

http://2012.igem.org/wiki/index.php?title=Team:NYMU-Taipei/ymiq5.html&oldid=297079

https://m.facebook.com/lifesc.net/posts/what-is-the-role-of-dcmu-dcmu-is-a-very-specific-and-sensitive-inhibitor-of-phot/1728328750780892/

8

식물의 광합성과 엽록소형광 측정

식물은 빛에너지를 이용해 대기의 CO_2를 고정하여 당(glucose)을 합성하는 광합성을 수행한다. 광합성량은 다양한 방법으로 측정할 수 있다. 직접적으로는 요오드 검정을 이용한 잎의 녹말 합성 조사, 방사능 동위원소 탄소를 이용한 합성 당에서의 방사능 조사, 산소 발생량 측정이 있으며 간접적으로는 빛의 이용도를 이용한 식물체의 광합성 역량을 보기 위한 엽록소 형광 측정, 생장량 측정 등이 있다. 일반적으로 고정된 CO_2양의 단위는 $\mu mol\ cm^{-2}$(엽면적)로 나타낸다. 광합성에 영향을 미치는 요소로는 빛, 온도, 습도 및 CO_2 농도 등 다양하며 이는 기공의 개폐와도 관련이 있다.

본 실험에서는 여러 조건에서 잎의 엽록소 형광을 조사하여 식물의 광합성 능력 차이를 조사하고자 한다. 먼저 엽록소 형광 원리를 이해할 필요가 있다.

고등식물이나 조류의 광합성에서 사용되는 빛에너지는 광범위한 파장(흡수 spectrum)을 갖는 광합성 색소들에 의해 흡수된다. 이러한 빛에너지를 흡수하는 주요한 색소들이 엽록소 a와 b이다. 엽록체에 흡수된 빛에너지는 먼저 빛 흡수 엽록소 단백질(light harvesting chlorophyll proteins, LHC)의 색소분자들을 흥분(excitation)시키며 이러한 LHC 단백질들은 흡수한 에너지를 제1광계(PSI)와 제2광계(PSII)로 전달한다.

빛에너지 흡수 및 광합성체계: 빛에너지 → LHC의 색소 → PSI, PSII의 광중심 색소 → 전자전달계 → ATP, NADPH 합성 → 당 합성(Calvin cycle)

이들 광계들은 흡수된 빛에너지를 전자전달계를 진행하기 위한 산화환원 에너지로 전환하기 위한 광중심 색소들을 함유한다. 먼저 LHC로 흡수되었다가 광중심으로 전달된 빛에너지들은 다양한 기작들에 의해 손실된다. 엽록소 색소들에 흡수된 빛에너지의 대략 3~9%는 첫 번째 흥분상태로부터 형광(fluorescence)으로 재방출된다. 이렇게 방출된 형광은 도입된 빛에너지보다 더 긴 파장의 빛이다. 이러한 형광 양은 잎의 광합성 동화 능력과도 관련이 있다. 광중심에 의해 흡수된 빛에너지는 PSI과 PSII의 전자전달을 추진시키고 물을 산화시켜 산소 발생, NADPH 형성, 막을 통한 양성자 이동 및 궁극적인 ATP 합성을 이루게 만든다.

요약해보면 광중심으로부터의 형광으로서의 빛에너지 손실은 주로 PSII로부터 나온다. 빛 흡수와 에너지(전자) 전달의 과정 중에서 초기 단계인 광계II의 반응중심 P680에서 전자를 넘길 때 쓰는 빛에너지 이외에 불필요한 에너지는 형광 형태로 에너지를 방출하게 되는데 이때 나오는 형광을 우리는 엽록소형광(Chlorophyll Fluorescence)이라고 부른다. 엽록체나 잎이 어둠 속에 있게 되면 (즉, 어둠에 적응되면) 전자전달을 위한 산화환원 중간체들은 보통 수준으로 돌아온다. 이러한 상태에서 빛을 쪼이면 PSII 형광이 급격히 증가하며 이후 일련의 느린 파동을 보인다.

식물의 전체적인 에너지 상태의 변화는 엽록체 형광에서의 변화를 탐지함으로 알 수 있다. 형광 변화는 물의 산화로부터 전자전달, 양성자 구배, ATP 합성은 물론 궁극적으로 이산화탄소를 당으로 환원하는 일련의 효소 반응들에서의 변화를 의미한다. 심지어는 대기 환경 변화에 따른 기공 개폐나 가스 교환 변화도 잎의 형광 변화를 변화시킨다. 식물이 빛, 수분, 온도, 해충, 질병균, 양분 등의 스트레스 환경에 놓이면 가장 먼저 영향을 받는 것이 엽록체이며 따라서 빛 흡수와 이용성이 영향을 받으므로 형광의 측정은 식물 진단에 매우 효과적인 수단이다.

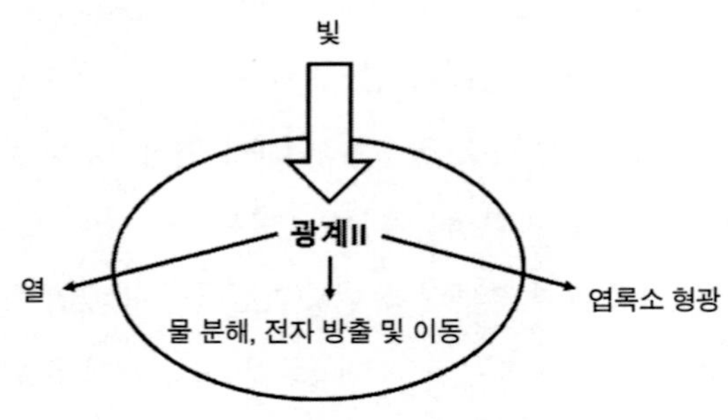

엽록체의 빛 흡수 후 일어나는 일들

엽록소 형광 측정에 있어서 주요 용어와 의미

- Fo: 모든 광 흡수체들이 열려 있는 상태, 즉 암 적응 상태로서 최저 형광 상태. 빛이 광화학적(전다전달) 반응에 쓰이며 형광은 낮다.
- Fm: 최대 형광 (빛이 포화 상태에 이른 때의 형광, 모든 빛 흡수체들이 닫혀있는 상태). 빛이 광화학적 반응에 쓰이지 않고 방출된다.

  Fv(최대 형광값-최소 형광값): Fm-Fo

  Fv/Fm = Fm-Fo/Fm

㉠ 정상 식물보다 스트레스를 받은 식물은 엽록소 형광값(Fv/Fm)이 낮아진다.(엽록체에 빛이 떨어지면 초기에 형광값이 높기 때문이다.)

두 상태에서 측정이 가능

- 어둠 적응: 식물을 어둠에 놓았다가 빛을 쪼이고 측정. 최대 형광에 대한 최대 형광값과 최소 형광값 차이의 비율. Fv/Fm = (Fm-Fo)/Fm
- 빛 적응: 식물을 빛을 쪼이고 있는 상태에서 측정(양자효율성), Yield of quantum efficiency. Y = (Fms-Fs)/Fms

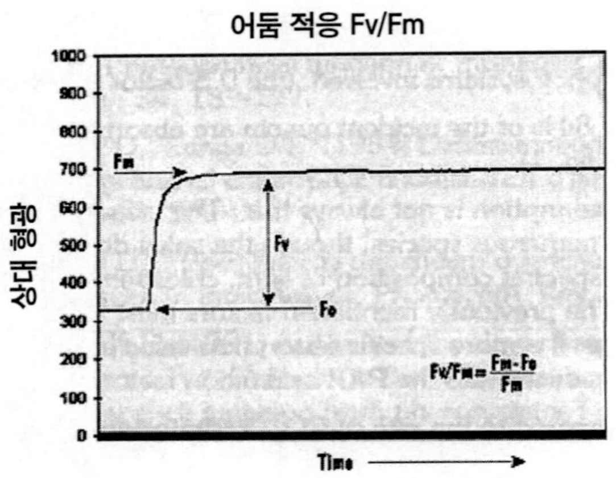

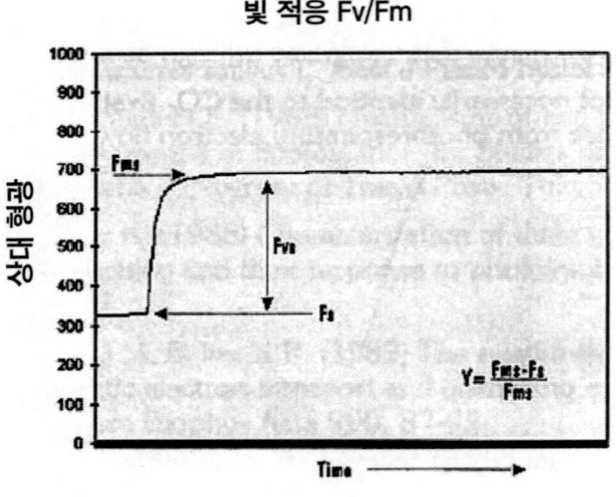

OS1-FL operation manual(OPTI-SCIENCES, USA)

프로젝트: 엽록소 형광 측정

재료 및 기구

Stress 상태(㉠ 며칠간 물을 안 준 식물 vs 물을 충분히 준 식물)의 식물(또는 음지식물과 양지식물), 전등, 엽록소형광측정기(OS1-FL, OPTI-SCIENCES, USA)

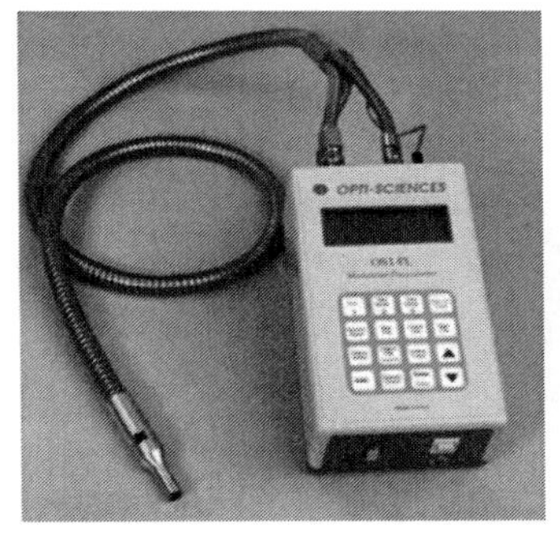

OS1-FL Chlorophyll Fluorometer

빛차단 클립

실험절차

1) 측정하고자 하는 식물 잎에 빛 차단 클립(clip)을 끼우고 10분 동안 놓아둔다(암적응).
2) 형광측정기를 이용해 한 식물 당 5번 Fv/Fm을 측정한다.
3) 실험 결과를 기록한다.

	정상 식물 (대조군)	비정상 식물 (실험군)
F0		
Fm		
Fv/Fm		

분석 및 토론

1) 식물의 형광은 왜 일어나나?

2) 대조군과 실험군 식물의 Fv/Fm 차이는 있는가? 얻어진 결과는 무엇을 의미하는가?

3) 엽록소 형광은 식물 재배 또는 농업에서 어떻게 사용될 수 있는가?

참고문헌

Guidi, L., and Degl'Innocenti, E. (2011) Chlorophyll a fluorescence in abiotic stress. In: Crop Stress and its Management: Perspectives and Strategies. pp 359-398

Rahimzadeh-Bajgiran, P., Tubuxin, B., and Omasa, K. (2017) Estimating chlorophyll fluorescence parameters using the Joint Fraunhofer Line Depth and Laser-Induced Saturation Pulse (FLD-LISP) method in different plant species. Remote Sens. 2017, 9(6), 599. https://doi.org/10.3390/rs9060599

Rungrata, T., et al. (2016) Using Phenomic Analysis of Photosynthetic Function for Abiotic Stress Response Gene Discovery. The Arabidopsis Book pp. 2-12.

Chlorophyll Fluorescence Detects Water Stress. https://www.cid-inc.com/blog/chlorophyll-fluorescence-detects-water-stress

Chlorophyll florescence as a tool for stress measurement in plants. http://www.authorstream.com/Presentation/ziaamjad4u-1422314-chlorophyll-fluorescence/

9

식물의 반사율 측정

물체에 빛이 떨어지면 빛은 반사, 통과 또는 흡수된다. 이때 반사되는 빛의 비율을 적외선~가시광선 파장별로 조사한 것이 반사율이다. (이미 우리는 왜 사과가 붉은색인지 알고 있다. 붉은색이 반사되기 때문에) 식물의 잎이 녹색인 이유도 잎이 함유한 엽록소가 빛 중에서 녹색을 대부분 흡수하지 않고 반사하기 때문이다. 이러한 원리를 이용해 색차계는 물체의 색을 분석하는 장치인데 식물의 생장 상태를 진단하기 위해서도 사용된다. 즉 식물이 정상일 때의 잎 반사율과 스트레스를 받았을 때의 가시광선과 적외선 영역에서 잎 반사율이 차이가 있다. 그 이유는 스트레스 환경이 식물의 잎 대사물 변화, 색소(엽록소, 카로티노이드 및 플라보노이드) 농도변화를 유도하기 때문이다. 이를테면 엽록소 농도가 감소 되면 엽록소의 최대 흡광도를 보이는 파장이 덜 흡수되어 반사율이 증가하게 된다. 털 형성, 잎 두께 변화, 왁스 형성을 포함하는 형태적인 변화와 수분 부족으로 인한 형태적인 변화 또한 다양한 파장 영역에서 반사율의 변화를 일으키므로 식물의 전반적인 생리적 및 형태적 발달

양상도 알아볼 수 있다.

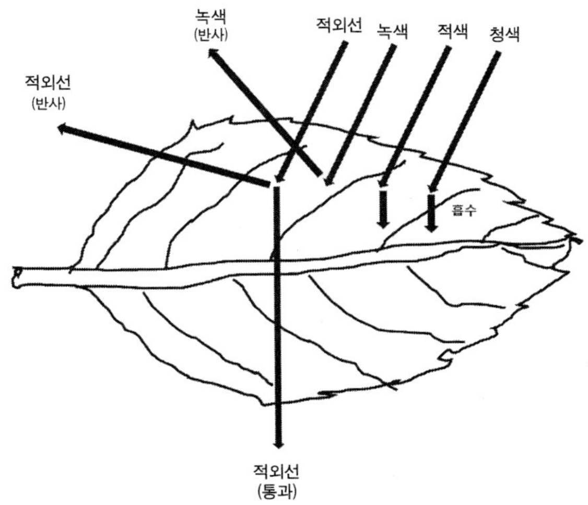

색차계(반사율 측정기)는 물질의 색깔을 조사하는 용도로 사용되는데 반사되는 빛을 조사하여 색의 종류와 농도를 알 수 있다. 최근에는 이러한 반사율 측정기 대신 식물을 손상하지 않고 외부에서 반사율을 측정하여 식물의 상태를 분석하는 'Remote Sensing(원거리 감지)' 기술이 많이 이용되고 있다.

Arabidopsis에서 정상적인 식물과 다양한 스트레스(수분, 자외선 및 매연) 조건에서 키운 식물 사이에 반사율을 비교한 결과를 예로 든다.

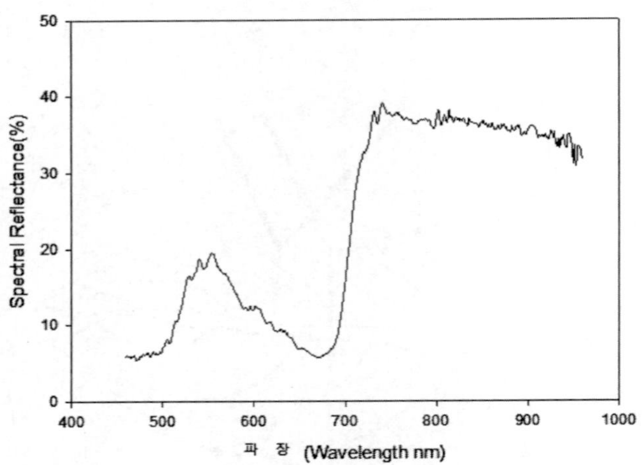

Arabidopsis 잎의 반사율

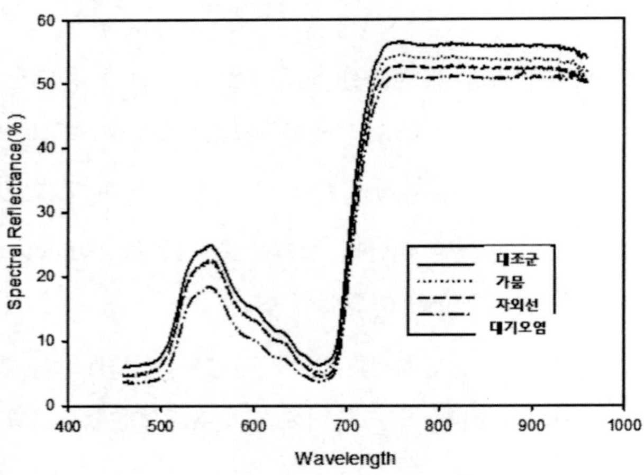

다양한 환경조건에서의 반사율 변화

프로젝트: 반사율을 이용한 식물 스트레스 탐지하기

재료 및 기구

Stress 상태의 식물, 빛, 분광광도계(Fiber Optic Reflectance Probes를 갖춘 400 Series Spectrophotometers, CD Array UV-Vis Spectrophotometer, SI Photonic, USA)

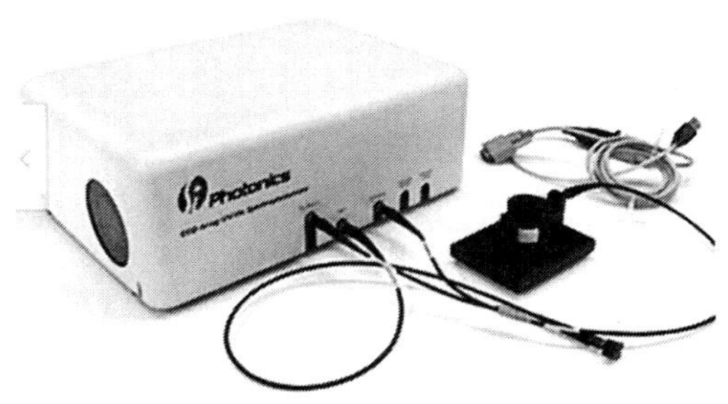

실험절차

① 식물의 잎을 준비한 후 장치를 켜고 분광광도계를 반사율(spectral reflectance %)로 선택한 후 450~950nm 파장 영역에서 스캐닝하여 측정한다. 제조사의 매뉴얼에 따라 순서대로 측정한다.

② 측정된 값을 엑셀로 저장한 후 그래프를 그린다.

결과 및 분석

《1》 정상 조건과 스트레스 조건에서 자란 식물 사이에 반사율의 차이를 알아보자.

- 어떤 파장에서 어떻게 차이가 있는가?
- 반사율 최고점(peak) 차이는 있는가?

《2》 피크의 파장 이동은 있는가? 각 식물의 특이적인 반사율 양상을 설명해보자.

- 나타난 반사율 그래프로 보아 가시광선 영역에서 어떤 색깔의 빛을 가장 덜 흡수하는가?

《3》 파장 영역에 따라 반사율에 미치는 요소들을 열거해보자.

(예) 가시광선에서의 색소 농도 또는 적외선 영역에서의 수분 함유량, 무기물 함량, 대기 오염, 잎의 형태 및 구조적 차이 등)

- 반사율은 식물 재배에서 어떻게 이용할 수 있는가?
- Remote sensing의 이점은 무엇인가?

Zagajewski, B., Tømmervik, H., Bjerke, J. W., Raczko, E., Bochenek, Z., Kłos, A., Jarocińska, A., Lavende, S. and Ziółkowski. D. (2017) Intraspecific differences in spectral reflectance curves as indicators of reduced vitality in high-arctic plants. Remote Sensing, 9(12), 1289

Croft, H., and Chen, J. M. (2018) Leaf pigment content. Comprehensive Remote Sensing 3, 117-142.

Ma, S. Zhou, Y., Gowdad, P. H., Donge, J., Zhang, G., Kakanic, V. G., Wagle. P., Colton Flynn, L. C. K. and Jiang, W. (2019) Application of the water-related spectral reflectance indices: A review. Ecological Indicators, 98: 68-79.

Palminteri, Sue. (2018) Data fusion opens new horizons for remote imaging of landscapes.
https://news.mongabay.com/wildtech/2018/01/data-fusion-opens-new-horizons-for-remote-imaging/

무기영양

무기영양분이란 부족하면 정상적인 생장이나 생식을 할 수 없는 필수적인 물질이다. 식물들은 보통 필수무기물들의 부족에 반응하여 외부에서 관찰될 수 있는 독특한 증세나 비정상적인 성장을 보여 준다. 이러한 증세들에 근거하여 필요한 무기원소들의 기능을 밝히거나 부족한 무기원소들이 무엇인지를 가려내는 것이 가능하다.

무기원소의 역할은 다양하며 식물이 필수적으로 필요로 한다. 식물이 필요한 양은 유묘에서 개화 및 결실에 이르는 생장 주기에 있어서 단계에 따라 다르므로 공급하기 위한 영양액의 구성이나 주는 양도 달라져야 한다. 필요한 양은 식물의 함량에 따라 크게 두 가지 부류로 나눈다. 다량원소(Macronutrients)는 식물조직의 0.03%(또는 30mmol kg^{-1} 건조량) 이상을 차지하며 H, C, O, N, K, Ca, Mg, P, S 등을 포함하며, 미량원소(Micronutrients)는 조직의 0.01%(3mmol kg^{-1} 건조량) 이하를 차지하며 Cl, Fe, Zn, Mn, B, Cu, Ni, Mo 등을 포함한다. 그러므로 영양액은 이러한 식물 내 조성을 고려하여 제조한다.

식물이 뿌리를 통해 흡수한 원소는 체내에서 상부의 줄기, 잎, 꽃, 정단으로 이동하는데 원소에 따라 그 이동속도가 다르다. 한 원소의 결핍이 일어나면 하부의 성숙 잎에 저장된 원소가 상부의 어린잎으로 이동하게 되는데, 원소의 이동속도가 달라서 빠르게 이동하는 원소는 부족 증세가 성숙 잎에서 먼저 나타나며 느리게 이동하는 원소는 상부의 어린잎이나 정단부에서 먼저 나타나게 된다. 그러므로 일차적으로 외관상 식물의 어느 부위에서 결핍증세(탈색, 색 변화, 형태 변화, 시듦, 건조, 괴사 등)가 나타나는가를 확인하고 추정되는 원소를 공급한다.

필수원소의 역할 및 외관상 결핍증세를 요약해보면, 질소(N)는 가장 활발하게 줄기, 가지 및 잎을 만드는 왕성한 어린 생장기 또는 생장 부위에 많이 요구되며 흡수되면 아미노산 구성에 이용되어 단백질을 형성하므로 모든 세포의 구성 요소이다. 질소는 또한 엽록소 생산에 필수적이다. 외관상 부족하면 오래된 잎이 먼저 노랗게 변하며 나머지 부위는 연한 녹색을 띤다. 줄기 또한 노랗게 되고 꼬인 형태를 보이기도 하며 성장이 느리다. 인(P)은 ATP의 구성 요소로서 뿌리 성장, 개화 및 결실 등 에너지 전달에 관여하는 모든 과정에서 물질 (아미노산, 단백질, 지질, 탄수화물, 핵산, 이차대사물 등) 합성, 신호전달 등에 이용된다. 인은 발달단계의 전환 이를테면 영양생장 단계를 끝내고 생식생장(개화) 단계로 전환 시에 가장 많이 필요하다. 부족하면 외관상 어린잎은 적자색을 띠며 잎끝이 불에 탄 듯하며 오래된 잎은 짙은 녹색이나 적자색을 띠다 까맣게 된다. 열매 크기가 작고 종자 생산은 감소한다. 칼륨(K)은 기공을 열게 해 CO_2 유입을 가능케 한다. 또한 개화할 때 꽃 형성에 필요한 전분과 당의 생성 및 공급을 촉매한다. 부족하면 오래된 잎은 가장자리가 누렇게 마르거나 시든다. 잎 엽맥 틈에 황백화 현상이 나타난다. 칼슘(Ca)은 세포벽을 견고히 하고 뿌리의 발달을 도우며 양분이 뿌리로부터 지상부 여러 부위로 이동을 돕는다. 부족하면 상단의 어린잎의 모양이 구부러지고 불규칙하고 찌들어지며 심하면 끝(정단부)이 죽는다. 황(S)은 단백질의 구성원이 되며 효소를 활성화하고 꽃과 열매의 냄새와 향기를 풍기는 기름의 성분이다. 부족하면 먼저 어린잎이 연한 녹색을 띠고 성숙 잎은 녹색을 띠다가 궁극적으로 모든 잎이 노랗게 변한다. 성장은 느리다. 마그네슘(Mg)은 엽록소의 구성 원소이며 효소를 활성화한다. 부족하면 먼저 하부의 성숙 잎 가장자리가 노랗게 변한다. 성장이 느리고 새로 나는 잎은 짙은 반점이 나타나고 노랗게 될 수 있다. 구리(Cu)는 꽃, 열매, 종자 생산에 영향을 주며 단백질 형성을 촉진한다. 부족하면 잎은 짙은 녹색을 띠며 늘어지거나 말리다 떨어지고 전체적으로 식물 생장이 멈춘다. 이삭 또한 축 늘어진다. 아연(Zn)은 효소 활성에 필요하며 탄수화물 대사, 옥신 형성에 관여한다. 부족하면 정단부의 어린잎이 자라지 못한 채 총총하게 나며 엽맥 사이가 노랗게 나타난다. 철(Fe)은 엽록소 생성이나 탄수화물 대사를 진행하고 광합성과 호흡에서 (산화환원) 전자전달에 관여한다. 결핍되면 어린잎이 먼저 엽록소 결핍으로 노랗게 변한다. 망간(Mn)은 발아와 생장에 필요하며 특히 탄소 대사에 있어서 중요하다. 효소의 보조인자로서 효소활성을 위해 필요하다. 부족하면 성장이 느리고 어린잎의 엽맥 사이가 노랗게 되기 시작하며 짙거나 죽은 반점이 나타날 수 있다. 잎, 줄기 및 열매는 크기가 작아지고 꽃이 피지 않는다. 몰리브덴(Mo)은 꽃가루 형성 효소의 구성원이며 질소와 인 흡수에도 중요한 역할을 한다. 결핍되면 오래된 잎이 노랗게 변하고 다른 부위의 잎은 연한 녹색을 띤다. 잎의 모양은 좁고 일그러진 형태를 나타낸다. 붕소(B)는 세포벽 형성과 당 이동을 도우며 칼슘 흡수에도 중요하다. 부족하면 줄기와 뿌리 생장이 더디며 가지 형성이 느리고 잘 부러진다. 싹과 어린잎이 먼저 노랗게 변하며 죽는다. 때로는 가늘고 긴 연약한 가지가 배개 형성되는 빗자루 뭉치 형태가 나타난다.

무기물 영양액은 다양하지만 공통된 원소를 포함한다. 영양액은 다음 물질로 제조하여 보통 2주마다 준다. (ABRC): 5mM KNO_3, 2.5mM KH_2PO_4 (pH 6.5), 2.0mM $MgSO_4$, 2.0mM $Ca(NO_3)_2$, 50microM Fe-EDTA, 70microM H_3BO_3, 14microM $MnCl_2$, 0.5microM $CuSO_4$, 1microM $ZnSO_4$, 0.2microM Na_2MoO_4, 10microM NaCl, 0.01microM $CoCl_2$, (pH 6.5). 또는 MS 배양액을 만들어 준다. (Lehle Seeds): 1ℓ당 1M KNO_3 5mℓ, 1M KH_2PO_4(pH 5.8) 2.5mℓ, 1M $MgSO_4$ 2mℓ, 1M $Ca(NO_3)_2$ 2mℓ, 1.8% Sequestrene, micronutrient(70mM H_3BO_3, 14mM $MnCl_2$, 0.5mM $CuSO_4$, 1mM $ZnSO_4$, 0.2mM Na_2MoO_4, 10mM NaCl, 0.01mM $CoCl_2$, pH 6.5) 1mℓ. Sequestrene 대신 Fe-EDTA stock solution(2.5g $FeSO_4$ $7H_2O$, 3.36g NaEDTA)을 450mℓ 제조하여 1ℓ 배양액 당 2.5mℓ을 사용한다.

본 실험에서는 다른 원소들이 부족한 환경에서 자란 토마토 식물들에서 나타나는 외형상 증세들을 관찰하고 어떠한 원소들이 부족한가에 대해서 알아보도록 한다. 상기한 바와 같이 원소의 외관상 결핍증세는 한 원소의 독특한 증세보다는 여러 원소 또는 질병이나 해충 및 환경 스트레스에 의한 것과 유사한 증세를 보이므로 특정한 한 원소 결핍을 찾기 어려운 점이 있으므로 다량원소를 위주로 판별하는 것에 중점을 둔다.

프로젝트: 결핍 무기원소 확인하기

재료 및 기구

식물재료 준비

① 토마토 종자(시중 종묘상 또는 원예상점에서 구입)를 직경 10~15 ㎝ 화분에 배양토를 채운 후 2~3개 파종한다.

② 실온(25℃)에서 발아시킨 4주 된 유묘를 양액재배에 사용한다.

③ 수용액 재배를 위한 장치를 제작한다. 다양한 재료와 도구를 이용할 수 있다.(유의할 점: 무기원소 결핍을 조사하기 위해서는 수용액 재배를 위한 용기에서 무기원소 방출이 일어나지 않아야 한다. 토기 등의 화분이나 배양토나 질석 vermiculite를 사용하지 않는다.)

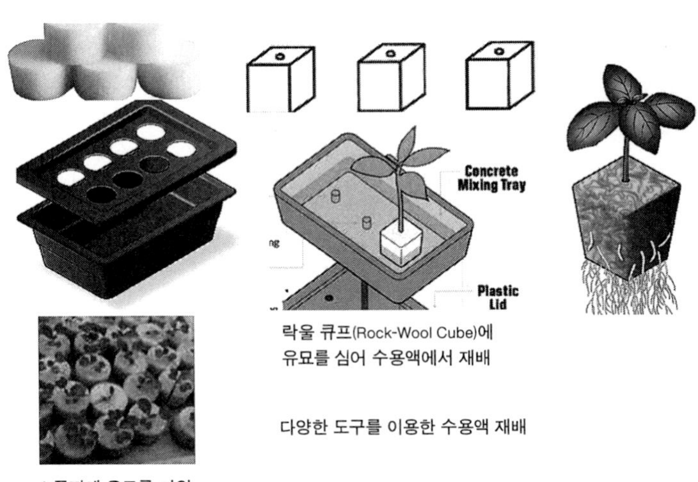

락울 큐프(Rock-Wool Cube)에 유묘를 심어 수용액에서 재배

다양한 도구를 이용한 수용액 재배

스폰지에 유묘를 끼워 수용액에서 재배

배양액 제조

배양액을 제조하기 위해서는 다량원소, 미량원소 스탁(stock) 용액(희석하여 사용하기 위함), 비커, 피펫, 저울, pH meter 등을 준비한다.

① 배양원액(stock solution)을 만든다. (다음 참조)

② 배양용액을 만든다: 정상액 및 결핍액 (다음 참조)

(유의 사항: 배양액 제조자는 어떤 원소가 결핍되었는지 알고 있지만 다른 실험자는 모르게 무작위로 A, B, C, D, E 등으로 표기한다.)

실험절차

① 대조구(결핍된 원소가 없는 영양액)와 실험구(특정 원소가 결핍된 3~5가지 영양액)를 설정하여 A, B, C, D, E 등으로 표지한다(결핍된 원소를 적지 않는다).

② 실온 또는 배양실에서 식물을 재배한다(물고기를 키우기 위해 수조에서 사용하는 공기공급기를 넣어준다).

③ 5주간 재배하는 동안 결핍 증상 및 생장 형태를 세밀하게 관찰 기록한다(기록표 참조). 황색 잎의 확인 및 위치, 죽은(괴사) 반점의 확인 위치, 엽맥에서의 변화, 비정상적인 색깔, 다른 특이한 증세(예 시들음) 등

④ 5주 후 식물을 수집하여 뿌리 및 shoot의 길이, 생체 중량, 건조중량을 잰다.

⑤ 재배한 식물의 기록을 보고 어떤 원소가 부족한지 결정해본다.

배양액 제조(Modified Hoagland 용액)						
가해주는 원액(Stock solution, ㎖)						
Stock Solution	정상액	-N 용액	-P 용액	-K 용액	-Mg 용액	H_2O
1 M $Ca(NO_3)_2$	20	0	20	20	20	0
1 M KNO_3	20	0	20	0	20	0
1 M $MgSO_4$	8	8	8	8	0	0
1 M KH_2PO_4	4	4	0	0	4	0
FeNaEDTA	4	4	4	4	4	0
Micronutrients	4	4	4	4	4	0
1 M $NaNO_3$	0	0	0	20	0	0
1 M $MgCl_2$	0	0	0	0	0	0
1 M Na_2SO_4	0	0	0	0	8	0
1 M NaH_2PO_4	0	0	0	4	0	0
1 M $CaCl_4$	0	20	0	0	0	0
1 M KCl	0	20	4	0	0	0

Stock solution

FeNaEDTA: 3.64g/100㎖

Micronutrients: 1ℓ당 $MnCl_2$ 1.81g, H_3BO_3 2.86g, $ZnSO_4$ 0.22g, $CuSO_4$ 0.08g, H_2MoO_4 0.09g

※ 약 500㎖ 증류수에 위와 같은 원액을 넣고 최종 부피를 4ℓ로 만든 후 0.1 N HCl 또는 KOH로 (K결핍 용액은 NaOH로) pH를 5.0~6.0에 맞춘다.

결과 및 분석

《1》 관찰내용을 다음과 같이 기록하고 5주 후에 배양액에서 어떤 성분이 부족한가를 판별한다.

	1주	2주	3주	4주	5주	결핍 원소
정상액						
A						
B						
C						
D						
H_2O						

《2》 위와 같이 판단한 근거는 무엇인가?

《3》 결핍 증세가 어린잎 또는 성숙 잎에서 나타나는 결과에 근거하여 그 원소의 이동 특성에 대하여 설명하자.

《4》 다음과 같은 생장 결과 기록표를 작성한다.

배양액	뿌리			줄기		
	길이 (㎝)	생체중량 (g)	건조중량 (g)	길이 (㎝)	생체중량 (g)	건조중량 (g)
정상액						
A						
B						
C						
D						
H_2O						
※ 건조중량은 시료를 70~80℃에서 24시간 건조한 후 무게를 잰다.						

《5》 다음 자료를 참조하여 토마토 식물의 결핍 무기원소를 판단해보자.

토마토 잎의 무기원소결핍분류표
B 결핍 약간의 황백화 현상을 보여준다. 생장지역의 분열조직에서 괴사가 나타나며 정단세의 상실과 로제트형 생장을 유도한다. 잎은 부서지기 쉬우며 어린잎은 충분히 물을 줘도 시든다.
Ca 부족 잎 기부 주위에 괴사가 나타난다. 잎주변의 생장이 다른 부위보다 느려져 잎이 아래쪽으로 말린다.
Cl 결핍 엽맥 사이에 황백화와 함께 비정상적인 기형을 보인다. 주요 증세는 황백화와 어린잎의 시들음이다. 심하면 성숙잎의 상부면에서 황동색을 띤다.

Mo 결핍
엽맥 사이에 약간의 황백화 현상과 함께 약간의 반점들이 나타난다. 초기 증세는 전체적인 황백화 현상이며 질소결핍 증세와 비슷하지만, 일반적으로 잎 아랫면에 적색이 나타나지 않는다.

Mn 결핍
약간의 엽맥사이 황백화가 나타나고 있다. 엽맥 사이에 황백화 현상이 나타난다. 황백화는 어린잎과 성숙잎의 엽맥에서 시작된다. 증세가 심해지면 잎은 회색의 금속성 광택이 나며 엽맥에 따라 어두운 얼룩이나 괴사 지역이 발달한다. 자주색의 광택이 잎의 상부 표면에서 발달하기도 한다.

N 결핍
황백화 현상과 함께 엽맥과 엽병에서 연한 적색을 띤다. 성숙잎은 점차 연한 녹색으로 변화하며 심해지면 잎 전체가 균일하게 황백화된다. 아주 심해지면 잎은 노란색을 띠는 흰색으로 변한다. 어린잎은 녹색을 유지하지만, 색깔이 뚜렷하지 못하고 크기가 작아진다. 황백화는 잎 전체에 균일하게 나타난다.

Cu 결핍
잎이 말리며 엽병은 아래쪽으로 굽어진다. 전체적으로 황백화가 나타나기도 하며 어린잎은 시든다. 성숙잎은 회색의 탈색이 일어나는 지역에 엽맥은 녹색을 띤다. 괴사 반점과 함께 잎이 아래쪽으로 굽어지기도 한다.

Fe 결핍
잎 기부에서 녹색의 엽맥이 있는 심한 괴사가 나타난다. 어린잎의 엽맥 사이에 괴사가 나타나가 시작하여 전체 황백화로 퍼지며 잎 전체의 색깔이 빠진다. 탈색된 잎에서 괴사 반점이 나타나기도 한다.

K 결핍
어떤 잎은 잎 주변에 괴사를 보이며 어떤 것은 주맥 사이에서 황백화와 함께 괴사가 나타난다. 잎 주변 황백화가 나타나기 시작하면서 중맥까지 퍼진다. 심해지면 엽맥 사이에 조직은 대부분 괴사하지만, 엽맥은 녹색을 띤다. 잎은 말리며 푸석푸석해진다.

Mg 결핍
잎은 엽맥 사이에 황백화가 나타나며, 괴사가 황백화 조직에서 발달한다. 진전되면 인부족 증세와 유사하다. 증세는 엽맥 조직 사이에 얼룩덜룩한 황백화 부위로부터 나타나기 시작한다. 엽맥 사이에 조직은 다른 잎 조직에 비해 팽창하므로 오므라들게 된다.

P 결핍
괴사 반점이 나타나지만 결핍증세는 뚜렷하지 않다. 식물은 키가 작고 증세는 느리게 나타난다. 정상의 어린 식물로 오인되기도 한다. 줄기, 엽병, 잎 하부에 자주색이 나타난다. 심하면 잎은 청회색의 광택을 띤다. 심한 증세의 오래된 잎에서는 갈색의 엽맥들이 나타나기도 한다.
S 결핍
전체적으로 황백화가 나타나지만, 여전히 약간의 녹색을 띤다. 엽맥이나 엽병은 매우 뚜렷하게 적색을 띤다. 황백화는 어린잎을 포함한 전체 식물에 걸쳐서 나타나며, 적색이 잎 하면에 나타나며 엽병은 분홍색이 돈다. 심하면 갈색의 과사 반점이 엽병을 따라 나타나며 잎은 빳빳해지고 꼬이며 잘 부서진다.
Zn 증세
엽맥 사이에 괴사가 발달한다. 초기 증세는 어린잎이 노랗게 되고 성숙잎의 상부표면 엽맥사이에서 구멍이 형성된다. 일액현상이 나타나며, 증세가 심해지면 엽맥 사이에 괴사가 나타나지만, 주맥은 녹색을 띤다. 많은 식물에서 잎은 작아지고 절간이 짧아져서 로제트형으로 나타난다.

1
2
5
6
3
4
7
8
9
10
11
12
13

Kaya, C., Higgs, D., and Burton, A. (2000) Plant growth, phosphorus nutrition, and acid phosphatase enzyme activity in three tomato cultivars grown hydroponically at different zinc concentrations. Journal of Plant Nutrition, 23(5), 569-579.

ABRC Handling Arabidopsis Plants and Seeds
https://www.arabidopsis.org/download_files/Protocols/abrc_plant_growth.p

Identifying Nutrient Deficiency in Plants Oct Issue 2020 Gardening
https://www.nparks.gov.sg/nparksbuzz/oct-issue-2020/gardening/identifying-nutrient-deficiency-in-plants

Identifying Plant Nutrient Deficiencies BY ADRIAN O'HAGAN · JANUARY 11, 2016
https://www.permablitz.net/articles/identifying-plant-nutrient-deficiencies

Nutrient Deficiency Guide For Crops
https://cropnuts.com/plant-nutrient-deficiency-symptom-guide-for-crops

Plant nutrition disorders (nutrient deficiencies, toxicities)
https://aeroponic.gr/en/knowledge/post/diataraches-threpsis-futon-trofopenies-toxikotites1.html

11

식물의 기공 관찰

기공(stomata)은 식물과 대기 사이에 일어나는 가스교환과 증산의 통로이다. 약 90%의 물이 기공을 통해 손실되며 공변세포(guard cell)의 모양 변형으로 기공이 조절된다. 기공은 일반적으로 빛에 의하여 열리고 어둠 속에서 닫히는데 기공 내면에 CO_2 농도, 온도, 습도에 의하여도 영향을 받는다. 기공의 일반적인 구조는 2개의 공변세포(guard cells)와 외각에 2개 이상의 부세포(subsidiary cell)로 이루어진다. 공변세포는 기공 면에 두터운 세포벽과 미세섬유가닥(microfibril)이 방사면으로 배열되어 있어서 그 구조적인 특징으로 인하여 물이 흡수되어 팽압이 증가하면 열리고 그 반대일 경우 닫히는 기작에 의하여 개폐를 조절한다. 기공은 일반적인 광학현미경(배율 600~1,000배)으로도 충분히 관찰할 수 있으며 본 실험에서는 외떡잎식물과 쌍떡잎식물 몇 종의 기공 구조를 현미경으로 관찰하여 보고 기공 개폐 메커니즘에 대해서 이해한다.

기공은 공변세포의 특이한 형태(세포벽 미세섬유사가 방사상을 배열 및 구명을 형성하는 세포벽이 더욱 두꺼운 구조)가 물을 흡수하여 팽대

되면 열리고 물이 빠져나가면 위축되어 닫히므로 삼투조절에 의해 작동된다. 이러한 삼투조절의 주요 인자는 K^+로서 이 이온이 세포 내부 및 외부 어느 쪽에 더 많이 축적하느냐에 따른 삼투퍼텐셜(또는 수분퍼텐셜) 감소 또는 증가로 공변세포가 팽대 또는 위축되어 기공이 여리고 닫힌다. 피토크롬은 K^+을 세포 내로, ABA는 세포 밖으로 이동시켜 기공을 열고 닫도록 유도하는데 빛, 수분, 온도, CO_2, 생체리듬(주기) 등 많은 요소가 복합적으로 관여하고 있다. 다양한 원인은 공통으로 K^+이온에 이한 삼투압 조절을 통해 기공을 열고 닫는다.

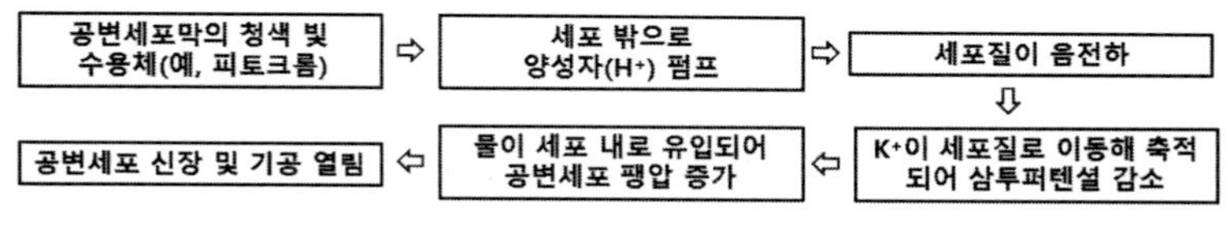

빛에 의한 기공 열림 메커니즘

기공의 형태는 쌍떡잎식물과 외떡잎식물 사이에 차이가 있는데 식물 종에 따라서도 매우 다양하며 잎에서의 배열도 외떡잎식물은 일렬로 배열되어 있다.

본 실험에서는 쌍떡잎식물과 외떡잎식물의 기공 구조 차이를 살펴보고 삼투압에 의해 기공이 열고 닫히는지 살펴보도록 한다.

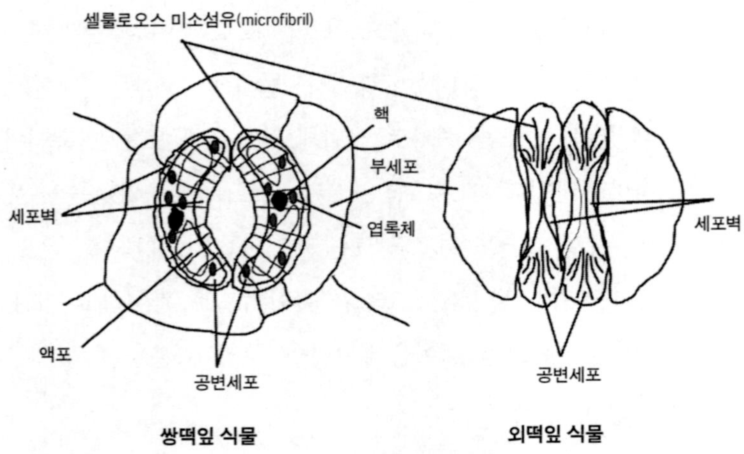
셀룰로오스 미소섬유(microfibril)
핵
부세포
세포벽
엽록체
액포
공변세포
쌍떡잎 식물
세포벽
공변세포
외떡잎 식물

프로젝트: 쌍떡잎식물과 외떡잎식물의 기공 차이 알아보기

재료 및 방법

- 식물재료: 단자엽(잔디), 쌍자엽(Arabidopsis 또는 주위에서 쉽게 구할 수 있는 식물의 잎
- 기구: 면도날, 핀셋, Petri dish, lamp(stand), 2M NaCl, Pasteur 피펫, 여과지, slide glass, cover glass, microscope

실험 절차

① 단자엽 및 쌍자엽 식물을 선택하여 실험 수 시간 전부터 빛을 쪼이고 물을 흠뻑 준다.

② 식물의 잎을 떼어낸 후 잎의 윗면과 아랫면에서 표피층을 분리해낸다. 면도날을 이용하여 잎맥과 평행하게 표피세포층 깊이로 잎 표면을 평행하게 길이 5~10㎜, 폭 2~3㎜로 째고 직각이 되는 면으로 다시 째서 핀셋으로 표피세포층을 들어 올려 껍질을 벗기듯 세포층을 분리한다.

③ 잎의 윗면과 아랫면의 표피층을 분리한 후 즉시 현미경 slide 위의 물 위에 띄우고 cover glass를 덮고 저배율과 고배율로 관찰한다.

④ 고배율로 활짝 열린 기공에 초점을 맞춘 후 cover glass 한쪽

에 1~2 방울의 2M NaCl 용액을 떨어뜨리고 반대편에서 filter paper로 흡수하여 공변세포가 NaCl 용액에 잠기게 한다.

결과 및 분석

《1》 기공의 배열, 공변세포의 모양, 부세포들을 관찰하고 특히 열린 기공과 닫힌 기공을 모두 그린다. 쌍떡잎식물과 외떡잎식물 사이에 공변세포의 차이점을 밝히고 공변세포가 어떤 구조적인 특징에 의하여 열릴 수 있는지에 대하여 설명해보자.

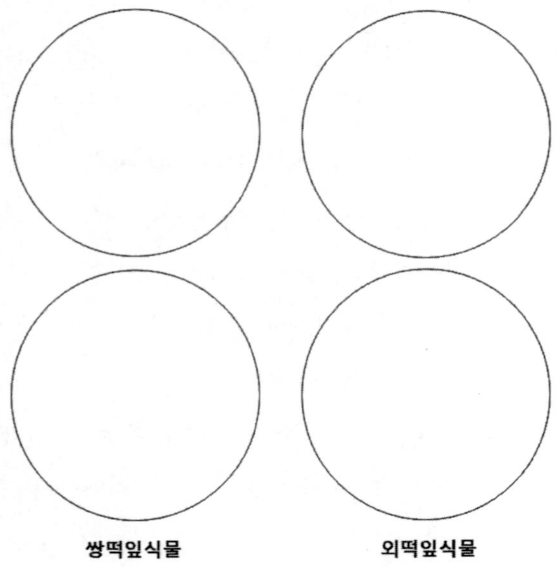

《2》 NaCl 용액에서 기공의 모습은 어떠한가? 그 이유를 설명하여 본다.

《3》 본 실험의 결과로 미루어보아 기공이 열리고 닫히는 근본적인 이유는 무엇인가?

《4》 일반적으로 기공 개폐에 영향을 주는 환경요인에 대하여 알아보고, 그 요인들이 어떻게 기공 개폐에 영향을 주는지 알아보자.

참고문헌

Daszkowska-Golec, A., Iwona, S. (2013) Open or close the gate - stomata action under the control of phytohormones in drought stress conditions. Front Plant Sci, 4, 1-16. https://doi.org/10.3389/fpls.2013.00138

Munemasa, S., Hauser, F., Park, J., Waadt, R., Brandt, B., and Schroeder, J. (2015) Mechanisms of abscisic acid-mediated control of stomatal aperture. Current Opinion in Plant Biology, 28, 154-162.

12
삼투압 측정

세포 내부와 외부의 수용액 농도가 다를 때 세포막을 통한 물의 확산 이동력을 삼투압이라 정의한다. 대체로 물은 세포막을 자유롭게 확산 통과하나 물질(전하를 띠거나 큰 물질)은 그렇지 못하므로 물의 이동만을 고려한다. 즉 물은 높은 농도(수분퍼텐셜 = 삼투퍼텐셜 + 압력퍼텐셜)로부터 낮은 농도(낮은 수분퍼텐셜)의 방향으로 확산 이동한다. 생물의 세포는 세포 내외의 수분퍼텐셜(삼투퍼텐셜, 물 농도, 용질 농도) 차이를 이용해 물을 흡수하거나 방출한다. 삼투압은 용액이 함유한 분자 및 이온 등의 용질의 종류와는 무관하며 물질의 총 농도에 달려있다. 세포 내 용액의 농도는 생리적 장애와도 밀접히 연관되어 있어서 삼투압 측정은 세포의 생리적 상태를 판단함에 중요하며 제약, 비뇨기학, 혈액의 투석과 여과, 생리학, 식물학, 수의학, 약학 등에서 많이 사용한다.

물의 이동을 관찰하기 위한 삼투압 실험에서는 고분자 용질(예 설탕)의 농도가 다른 두 수용액을 세포막 대신 용질은 통과시키지 않고 물만 통과하는 인공막(반투막, 셀로판지)으로 막아놓았을 때,

물의 농도가 낮은 쪽에서 농도가 높은 쪽으로 용매(물)가 옮겨가는 현상을 관찰한다. 삼투압 유발 측면에서 용질 농도는 오스몰(osmolality)로 나타내며 용질의 모양, 크기, 화학적인 특성과는 상관없이 같은 수의 삼투적으로 활성을 갖는 입자들의 농도를 나타낸다. 삼투압은 보통 압력으로 나타내나 임상학적인 면에서는 osmoles(Osm) 또는 milliosmols(mOsm)로 표기된다. 1-osmolal 용액은 1 몰의 비-이온화하는 물질을 함유하는 물 1kg(또는 ℓ)으로 정의하는데 물에 녹아있는 총 입자 수 측정이며 물속에서 해리되어 이온이나 입자를 형성하는 이온성 용질의 전해성에 의존한다. Omolarity가 임상적인 면에서 osmolality보다는 더욱 자주 사용되지만, osmolarity를 직접 측정하지 못하므로 한 용액의 osmolality를 얻어 실험적으로 계산해야 한다. (버퍼 용액에서 여러 전하를 띠는 전해물질이 농축되어 있지 않은 이상적인 용액에서 osmolarity는 osmolality와 1 또는 2% 정도 차이가 나지 않는다). 참고로 사람 체액의 정상적인 osmolarity는 275~295 mOsm/kg으로 보고되고 있다.

시료의 삼투압은 크게 두 가지 방법으로 측정한다. 첫 번째는 빙점강하법으로 보통 액체의 어는점 즉 응고점이 그 액체에 다른 물질을 녹였을 때 저하하는 경향을 이용한다. 이 현상을 어는점 내림 또는 응고점 내림이라고 하는데 용질이 녹아있는 용액이 되었을 때의 증기압 내림으로 알 수 있다. 휘발성이 없는 물질이 녹아있는 용액의 경우 어는점 내림 정도는 용질 몰수에 비례한다. 순수한 용매(예 물)의 어는점과 용매 100g에 용질 Xg을 녹인 용액의 어는점과의 차(어는점 내림)를 ΔT라고 하면, 용액의 오스몰 농도(m)

는 $\Delta T = K \cdot m$라는 식으로 나타낼 수 있다. 여기서 K는 몰응고점 강하정수로 용매가 물인 경우 1.86℃ kg/mol이다.

온도 또는 압력 변화를 측정하는 용액에 녹아있는 총입자 농도를 오스몰농도라고 하며 용질의 농도를 나타내는 척도로, 질량을 기준으로 나타낼 때 질량오스몰농도(osmolality, mol/kg, m), 용량을 기준으로 나타낼 때 용량오스몰농도(osmolality, mol/ℓ)로 정의하며 실용적으로 용량오스몰농도를 쓴다. 몰응고점강하정수는 질량몰농도로 정의되기 때문에 위 식의 관계로부터는 질량오스몰농도가 얻어지지만 희박한 농도영역에서는 수치적으로 이 값을 용량오스몰농도 c(mol/ℓ)와 같다고 볼 수 있다. 이 측정법에서는 실용적인 용량오스몰농도를 쓰고 단위는 Osm(osmol/ℓ)이다. 다시 언급하지만 1Osm은 용액 1,000㎖ 중 아보가드로수(6.022 × 1023/mol)와 같은 개수의 입자가 존재하는 농도를 나타낸다. 오스몰농도는 보통 mOsm 단위로 나타낸다.

이런 방법을 이용하는 삼투압측정기는 일정량의 용액을 넣은 검체셀(cell), 온도를 제어하는 냉각장치와 냉각조 및 온도를 전기적으로 측정하는 장치로 구성되어있다. 측정용량은 정해져 있으며 먼저 삼투압(오스몰농도) 측정장치를 교정하여야 하는데 표준액(standard)을 써서 응고점을 측정하여 장치를 교정(시료의 오스몰 농도가 100mOsm 이하일 경우 2가지의 오스몰농도표준액 중 한 가지는 물(0mOsm)을 쓸 수 있다). 이후 검사액의 응고점을 측정하고 응고점강하도의 농도 의존성으로부터 질량오스몰농도를 구하여 이것을 용량오스몰 농도로 한다. 또 오스몰농도가 1,000mOsm을 넘는 경우에는 물로 n배 희석하여(1 → n), 이 액을 가지고 같은 방법으로 측정한다. 이 경우 n 배 희석용액을 가지고 측정한 값에 희석배수를 곱하여 얻은 겉보기오스몰농도임을 나타낸다. 또 희석하여 측정한 경우, 0.9w/v% 염화나트륨액의 오스몰농도에 가깝도록 희석배수를 정한다. 교정용 standard는 기기 제조사의 용액을 사용하거나 직접 만들어 사용할 수 있는데, NaCl을 500~650℃로 40~50분간 건조한 다음 데시케이터(실리카겔)에서 식혀서 각 오스몰농도 표준액에 대응하는 양의 NaCl을 물 100㎖을 녹여 각 오스몰농도 표준액으로 한다.

다음으로 증기압력 내림 방법을 사용하여 삼투압을 측정할 수 있는데 물질을 증발 압력을 이용해 이슬이 맺히는 순간을 분석하는 이슬점 방식(또는 증발압력 방식, Dew Point / Vapor Pressure Osmometer)이다. 휘발성 액체에 비휘발성 고체가 녹으면 그 용액의 증기압력은 순수한 용매의 증기압력보다 작아진다. 비휘발성이고 비전해질인 용질이 녹아있는 묽은 용액의 증기압력 내림은 용질의 몰수, 즉 몰랄농도에 정비례한다. 묽은 전해질 수용액은 전해질이 이온화되어 생긴 용질 입자의 몰수가 증가하여 증기압력 내림이 더욱 커져서 같은 몰랄농도의 비전해질 수용액보다 끓는점 오름이나 어는점 내림 정도가 크다. 측정절차는 측정 전 2~10μL의 시료용액을 샘플디스크에 흡수시키고 흡수된 샘플 디스크를 챔버에 넣으면서 측정이 시작되는데 기기는 50초 후(시료 샘플의 온도가 같아질 때까지의 시간) 기계 내부의 펠티어 냉각기를 통해 순간적으로 써모커플의 온도를 이슬점 아래로 떨어뜨려 냉각시킨다. 기계는 샘플의 온도가 떨어지는 점과 이슬이 맺히는 이슬점을 분석하여 삼투압을 측정한다.

본 실험에서는 식물조직(감자 괴경과 토마토 유묘)의 삼투압(오스몰)을 빙점강하점을 구해 계산해보도록 하는데, 첫째 온도계, 둘째 삼투압측정기를 이용해 측정한다.

프로젝트: 식물조직 및 다양한 용액의 삼투압(삼투퍼텐셜) 측정하기

재료 및 기구

- 재료: 토마토 유묘(발아 후 5~6주 된 유묘), 감자 괴경, 여러 가지 농도의 sucrose 용액, NaCl 용액, 과즙, 녹즙 등
- 기구: 막자사발과 봉(mortar & pestle), 시험관, 빙점 온도계, 스탠드와 클램프 조각 얼음, 소금, 원심분리기, 마이크로피펫, 15mℓ 코니칼 원심분리 튜브, 0.5mℓ Eppendorf tube, 빙점강하 삼투압측정기(예 Gonotec Osmomat Freezing Point Osmometer Model 2000, Gonotec, USA)

Gonotec Osmomat Freezing Point Osmometer Model 3000

표준(Standard)용액 제조: 제조사 제공 또는 다음 표를 참조해 제조한다.

교정용 오스몰 농도 표준액 (mOsm)	NaCl(g)
100	0.309
200	0.626
300	0.946
400	1.270
500	1.593
700	2.238
1,000	3.223

실험절차

1) 감자조직의 삼투압 측정

① 감자를 잘게 썰어 조각을 낸다.

② 모래를 넣고 막자사발로 간 후 용액을 원심분리용(conical) 15㎖ tube에 담는다.

③ 2,000 × g로 5분 동안 원심분리한다.

④ 상층액 2㎖를 덜어 시험관에 담는다.

⑤ 조각 얼음을 채운 bath에 NaCl 용액이 담긴 비커를 담근다.

⑥ 시험관을 넣고 온도계를 넣은 후 온도 변화(하강)를 관찰한다.

⑦ 0℃ 이하로 내려간 후 온도가 다시 상승하는 곳을 확인한다.

⑧ 압력 포텐셜을 구한다.(만든 표준용액으로 같은 실험을 반복한 후 빙점을 구하여 감자조직의 삼투압을 구할 수도 있다.)

2) 식물 체액(Sap)의 삼투압 측정

① 토마토(또는 콩)을 화분에서 발아시킨 후 2~3주 된 유묘의 지상부 5㎝ 지점을 면도날로 자른다.

② 솟아 나오는 액을 마이크로피펫으로 수집해 0.5㎖ 튜브에 담는다. (이 액을 그대로 또는 희석해 측정에 사용할 수 있다.)

③ 삼투압측정기 작동 mannual을 참조하여 용액의 삼투압을 측정한다.(측정된 값은 삼투농도(osmol/kg)이므로 삼투압공식으로 삼투포텐셜 및 삼투압을 계산한다.)

S = -mRT

m = 용액의 molality (용질의 mole수/물 1,000g 또는 1ℓ)

R = 기체상수 (0.00831 $MPa.mol^{-1}.K^{-1}$)

T = 절대온도(K) = 273 + χ

3) 다양한 용액의 삼투압 측정

시중에 판매하는 주스, 우유 등 음료. 감자즙, 셀러리즙, 생리식염수, 설탕 용액의 삼투압을 삼투압 측정기로 측정한다. (즙이나 분쇄한 용액은 튜브에 담은 후 원심분리하여 상층액을 사용하도록 한다.)

결과 및 토론

빙점강하법을 이용한 삼투압 측정원리를 간략하게 설명해보자.

실험재료의 측정값을 기록한다.

식물세포에서 삼투압은 주로 어떤 물질에 의해 발생하나?

측정 재료	삼투농도	삼투압
감자괴경조직		
토마토 유묘액		
콩 유묘액		
우유		
오렌지주스		
토마토주스		
식물즙		
설용용액		
생리식염수		
기타 용액		

식물세포는 왜 삼투압을 유지하여야 하는가?

조사한 용액의 삼투압 차이가 있다면 성분, 화학적 조성 등 그 원인은 무엇인가?

염분이 많은 토양(예 바닷가, 사막 등)에서 자라는 식물은 어떻게 삼투압을 이용하여 주위로부터 물을 얻는가?

참고문헌

Cryoscopic Osmometer for Measurement of Osmolality
https://aurigaresearch.com/cryoscopic-osmometer-for-measurement-of-osmolarity/

The Theory of Osmolality and Freezing Point Measurement
https://www.news-medical.net/whitepaper/20171026/The-Theory-of-Osmolality-and-Freezing-Point-Measurement.aspx

Freezing Point Depression Osmometer
https://www.ukessays.com/essays/chemistry/freezing-depression-osmometer-2693.php

13

식물조직의 물질 함량 측정 (예 비타민 C)

식물은 다양한 물질을 생성 및 흡수하여 함유하고 있는바 물질은 두 가지로 나눌 수 있다. 첫 번째는 1차 대사물로서 에너지와 대사 및 구성성분으로 쓰기 위한 물질로 탄수화물, 단백질, 지질, 호르몬, 비타민류 등이 여기에 속한다. 두 번째는 2차 대사물로서 식물의 보호, 방어 및 생식(수분 매개자 유인을 위한 냄새 및 꿀 등)을 위한 물질로서 알칼로이드, 테르펜, 플라보노이드 등의 페놀화합물, 타감작용(allelopathy), 신호전달, 색소, 휘발성 물질 등 매우 다양한 물질이 여기에 속한다.

식물의 이러한 물질 분석은 식물의 성장 및 발달 원리 및 기능 이해, 식품, 건강 및 보건, 산업적 이용 등에 필요하다. 물질 분석은 특정 목표 물질을 함유하는 식물조직이나 부위의 선정 → 식물조직으로부터의 목표 물질을 위한 특이적인 방법이나 기술을 사용한 추출 → 목표 물질 확인, 농축 또는 정제 등의 절차를 거친다. 식물이 함유하는 물질은 여러 가지 특성이 있는데 극성, 비극성, 이온화, 화학반응, 산화 환원성, 색깔, 휘발성 등을 갖는다. 그러므로 물질 분석도 이러한 분자의 특이적인 특성에 따라 추출 용매, 검출 방법 등이 달라져야 한다.

〈식물함유 물질의 추출 및 정제 절차〉

목표 물질 결정: 목적에 따른 추출 또는 분석 물질을 선정
⬇
식물 조직의 결정: 추출하고자 하는 목표 물질이 많은 조직이나 부위
⬇
어떻게 목표 물질을 추출할 것인가를 결정: 목표 물질의 화학적 특성, 존재 부위, 검출 방법 등을 고려해 실험절차 수립
⬇
사용 용매, 추출기구, 기기 및 장치, 시약, 저장 용기, 보관 장소 결정
⬇
추출, 검출, 농축 또는 정제, 농도 계산

프로젝트: 양배추 잎의 아스코르빈산 함유량 측정하기

이번 실험에서는 양배추를 재료로 식물조직이 많이 함유하는 아스코르빈산(ascorbic acid, vitamin C)을 추출하고 조직 함유 농도를 측정하고자 한다. 본 실험은 식물생리학 프로젝트를 위한 기초실험이기도 하며 다음 두 가지 목표를 갖는다. (1) 신선한 식물조직에 함유된 ascorbic acid 양 측정과 (2) 열을 가하면 식물조직 내 ascorbic acid는 파괴되는가를 알아보는 것이다. 부가적으로 이러한 연습은 실험을 고안하고 해석하는데 관련된 문제점들을 제시해주고 생물학적 체계의 실험에 있어서 주의와 조심해야 함을 강조해준다.

식물조직의 ascorbic acid 농도의 결정은 식물세포 구성 요소들을 정량화하는데 관련된 일반적인 문제들의 한 예를 보여주기도 하는데. 본 실험은 다른 야채나 과일 속 ascorbic acid 함량 측정 및 끓이는 시간 변경에 따른 함량 변화 등 다양하게 변화시켜 수행할 수도 있다.

아스코르빈산 검출의 기본원리(Carol Reiss 1993)

비타민 C는 매우 다양한 식물조직에 조직에서 발견된다. Ascorbic acid는 훌륭한 환원제(전자 또는 H^+를 다른 분자에 제공하는 물질)로서 식물세포 내에서 이 같은 능력을 발휘하는데, 엽록체와 관련되어 있으며, 녹색의 잎 조직에서 많은 양으로 존재한다. Ascorbic acid의 두 enol group의 수소 원자들은 쉽게 산화되어 더욱 강한 환원제를 만들게 된다.

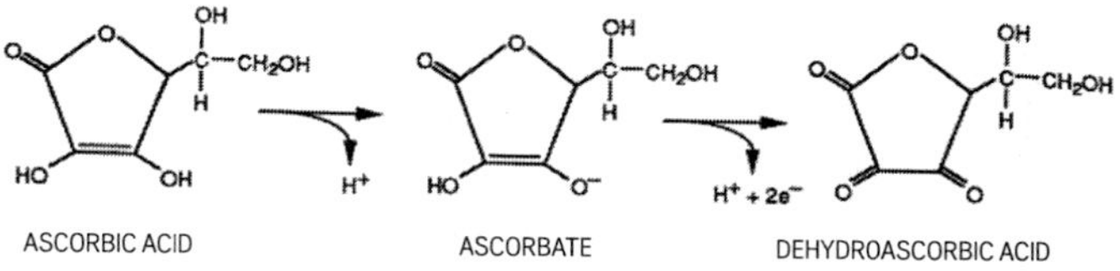

Ascorbic acid와 ascorbate 및 dehydroascorbic acid로의 산화
(Nimse, S. B. and Pal, D. 2015)

염색제인 2,6 dichlorophenol-indophenol(DCIP)는 염기성 용액에서는 청색, 산성 용액에서는 분홍색을 띠는데, Ascoorbic acid를 함유하는 산성 용액(예 metaphosphoric acid 용액)에서 무색으로 변하는 특성이 있다. 한 방울의 청색 DCIP를 ascorbic acid를 함유하는 산성 용액에 가하면 H^+와 전자(e)를 받아 분홍색으로 변하였다가 무색으로 변하게 된다.

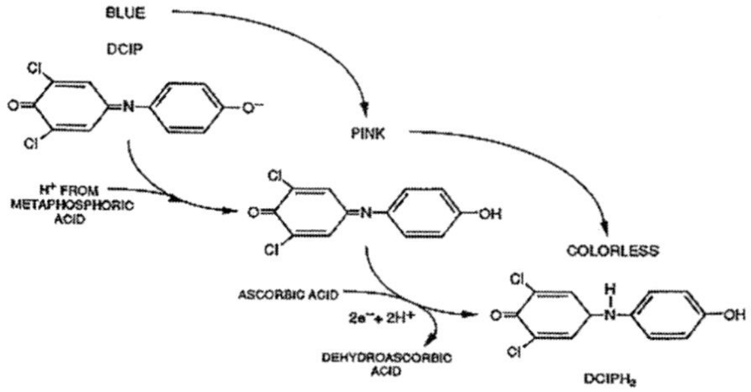

DCIP(청색)의 환원으로 DCIPH2(무색) 형성
(Carol Ress. 1993)

용액 내 모든 ascorbic acid가 dehydroascorbic acid로 변하여 더 이상 전자(e)가 DCIP를 환원시켜 무색으로 만들지 못하게 되면(추출액 내 모든 ascorbic acid가 산화되면), 용액은 분홍색을 유지한다. 이때는 추출액의 ascorbic acid가 모두 산화되어 DCIP에 전자를 주지 못하는 상태이다. 그러므로 환원되지 못한 DCIP는 분홍색을 띤다. 그러므로 metaphosphoric acid 용액으로 ascorbic acid를 추출한 용액에서 ascorbic acid가 DCIP를 환원시키는 유일한 물질이라고 가정할 때, 추출액의 ascorbic acid 양은 DCIP 용액으로 적정하여 결정할 수 있다. Metaphosphoric acid 용액으로 추출한 ascorbic acid 추출액에 DCIP를 조금씩 가해주면 어느 순간 가해주는 DCIP가 무색으로 변하지 않고 분홍색을 유지하게 된다. 이때가 추출액의 ascrobic acid가 모두 산화되는 시점이다. 추출액이 아닌

알려진 농도의 ascorbic acid를 함유하는 metaphosphoric acid 용액으로 동일한 실험을 수행하여 무색이 될 때까지 가해준 양의 DCIP 용액의 양을 구하면 이미 metaphosporic acid 용액에 들어있는 ascrobic acid의 농도를 알고 있으므로 가해준 DCIP 용액의 양에 해당하는 ascorbic acid 농도를 구할 수 있다. 이러한 정보를 이용해 조직에서 추출한 미지의 ascorbic acid 추출 용액 내 농도를 구할 수 있다. 실제로 이 같은 기본적인 원리를 이용해 오늘날 많은 분석기기가 개발되어 사용되고 있다.

본 실험의 수행을 통해 학생들은 실험 고안과 해석에 있어서 관련된 문제점들을 파악하고 생물을 대상으로 하는 실험에서의 특성을 이해하게 될 것이며 실험 수행능력을 배양하고 실험 수행 시

조심과 주의를 기울이게 될 것이다. 본 실험재료인 양배추의 ascorbic acid 농도 결정(Carol Reiss 1993)은 식물 함유 물질을 추출 및 정량하는데 관련된 일반적인 문제점들의 예를 잘 보여주기도 한다.

실험재료 및 기구

마트에서 구입한 녹색의 양배추(Brassica oleracea), ascorbic acid 용액(4.0㎎/㎖, 어둠 및 냉장 보관), 5% metaphosphoric acid, dichlorophenol-indophenol(DCIP)(0.8 g/liter). 칼, 저울, 무게 접시, 막자사발과 봉, 분쇄용 모래, 거즈(miracloth), 깔때기(150㎜) Graduated cylinders, 250㎖, 500㎖, Pipet, 10㎖ Burets(또는 적정기구), 50㎖, 방열장갑, pH meter, Pasteur pipet, 온도계, 가열기, 시험관

※ DCIP 용액, 추출액 등은 정해진 폐기통에 버린다. (절대로 이 용액을 하수구에 버리지 않는다!)

※ 식물조직은 ascorbic acid를 dehydroascorbic acid로 산화시키는 ascorbic acid oxidase라는 효소를 함유한다. 세포를 갈아 파괴하면, 막에 의해 분획 되어 있던 세포구성원들이 함께 섞이게 되고, 이렇게 되면 ascorbic acid oxidase가 조직 내에 본래 존재하고 있는 모든 ascorbic acid의 산화를 촉매할 수 있다. 그러면 ascorbic acid의 조직 내 농도는 감소할 것이다. Ascorbic acid의 산화를 막기 위하여, oxidase를 불활성 시켜주는 5% metaphosphoric acid 용액에서 분쇄하게 된다.

※ 참고로 신선한 양배추 조직의 ascorbic acid 함량은 20~60㎎/100g으로 알려져 있다(Apdurazak et al. 2015).

실험절차

1) 용액 제조

① 5% metaphosphoric acid 1,000㎖ 만들기: 50g을 재서 1,000㎖ 물에 녹인다.

② Dichlorophenol-indophenol(DCIP) 100㎖ 만들기: 0.08g을 재서 100㎖ 물에 녹인다.

③ Ascorbic acid(4.0㎎/1.0㎖) 100㎖ 만들기: 0.40g을 재서 100㎖ 물에 녹인 후 갈색 병에 넣거나 포일로 싸서 냉장고에 보관한다.

2) 표준농도 적정 실험

DCIP 용액은 먼저 알려진 농도의 ascorbic acid로서 적정화하여야 한다. (예를 들면 1㎎의 ascorbic acid는 몇 ㎖의 DCIP 용액에 상당하는지 또는 1㎖의 DCIP 용액은 몇 ㎎에 ascorbic acid에 상당하는 지를 알기 위해) 이는 1㎖의 ascorbic acid 용액(4.0㎎/㎖)과 9㎖의 5% metaphosphoric acid)를 함유하는 용액(총 10㎖, 즉 ascorbic acid는 10㎖ 용액에 4㎎ 녹아 있다)에 DCIP를 분홍색 유지, 즉 무색이 되지 않을 때까지 적정(조금씩 떨어뜨려 섞어서)하여 알 수 있다. 적정의 최종점은 약 15초 동안 흔들어 분홍색이 유지될 때이다. 이때 가한 DCIP 용액을 계산하고, DCIP 1㎖에 상당하는 ascorbic acid의 양을 계산할 수 있다. 알려진 농도의 ascorbic acid 용액으로 이에 상당하는 DCIP 양을 알기 위해 계산하는 것이다.

① 4㎎/㎖ ascorbic acid를 함유하는 10㎖ metaphosphoric acid 용액이 담긴 시험관에 한 번에 100㎕씩 DCIP 용액을 가하고 가할 때마다 몇 차례 흔들어 준다.(가할 때마다 가한 용액의 방출이 분홍색이었다가 무색으로 변함을 볼 수 있다.)

② DCIP 용액을 가하고 몇 차례 흔들어도 분홍색이 더는 변하지 않을 때 용액 가함을 멈추고 현재까지 가한 DCIP 용액 총량을 합산하여 기록한다.

③ 위의 절차를 5회 반복한다.

④ DCIP 용액 1㎖는 ascorbic 몇 ㎎에 상당하는 계산한다.

※ DCIP 1.0㎖에 상당하는 ascorbic acid 농도 계산은 다음을 참조한다.

DCIP 1.0㎖에 상당하는 ascorbic acid 양을 결정하기 위해서는 4.0mg(표준용액에 존재하는 ascorbic acid 양)을 함유하는 용액을 적정화(더 이상 무색으로 변하지 않을 때) 한 DCIP 용액의 양(㎖)으로 나눈다.

$$\frac{\text{ascorbic acid (mg)}}{\text{DCIP 용액 1.0 ml}} = \frac{\text{ascorbic acid 4.0 mg}}{\text{적정화된 DCIP (ml)}} \qquad \text{예)}\ \frac{\text{ascorbic acid 4.0 mg}}{\text{가한 DCIP 4 ml}}$$

위 식에 따라 DCIP 1㎖ = ascorbic acid 1㎎에 상당하다고 계산할 수 있다. 이제 이 값을 이용해 조직 내 ascorbic acid 농도를 계산할 수 있다.

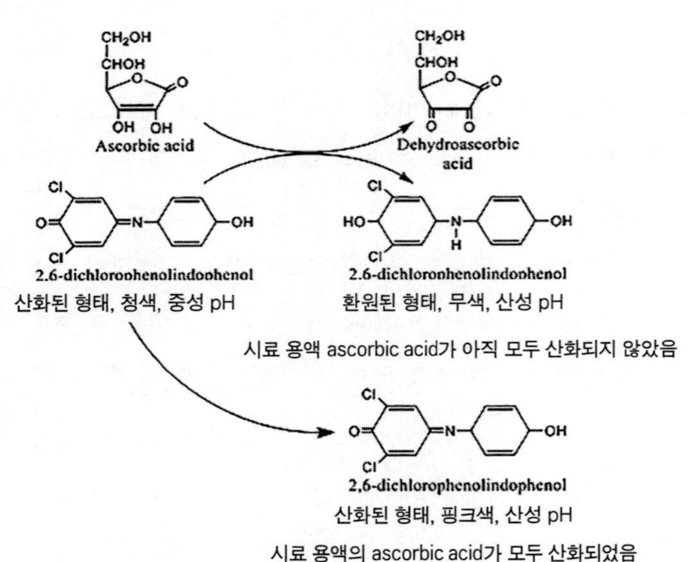

Samip Shasi Pande(2019)

3) 양배추 조직의 Ascorbic acid 추출

① 80g~100g의 양배추를 잘게 자른다. 절반은 생으로, 절반은 비닐봉지에 넣어 10분간 삶는다.

② 각각 소량 분쇄용 모래와 함께 막자사발에 넣고 5% metaphosphoric acid를 가하여 분쇄한다.

③ 갈은 용액을 거즈(miracloth)로 거른다. 최종적으로 거즈를 짜서 용액을 완전히 추출한다. 막자사발은 metaphosphoric acid 용액을 부가적으로 가하여 헹군 후 추출액에 합치고 총 추출양을 계산하여 기록한다.

④ 각 추출액을 10㎖ 따서 시험관에 넣고 DCIP로 표준농도 적정과 같이 적정한다.

⑤ 추출액에 가한 DCIP 용액 총량을 계산하고 ascorbic acid 농도를 결정한다.

⑥ 위의 절차를 3회 반복한다.

※ 양배추 추출액 및 조직의 ascorbic acid 농도 계산하기

$$\text{추출액 ascorbic acid (mg)} = \text{적정화된 DCIP 용액 양(ml)} \times \frac{\text{ascorbic acid(mg)}}{\text{1 ml DCIP}}$$

계산 예 추출액(5% metaphosphoric acid 용액)에 10㎖의 DCIP를 넣어 분홍색을 유지하였다면 1㎖ DCIP = 1㎎ ascorbic acid에 상당하므로, 추출액에는 10㎎의 ascorbic acid가 함유되어 있다고 할 수 있다.

※ 양배추 100g에 함유된 ascorbic acid 함량 결정하기

$$\frac{\text{ascorbic acid(mg)}}{\text{100 g 양배추}} = \text{추출액 ascorbic acid(mg)} \times \frac{\text{총 추출액 양(ml)}}{\text{측정한 추출액(ml)}} \times \frac{100}{\text{양배추 무게(g)}}$$

결과 및 분석

《1》 DCIP 용액으로 알려진 양의 ascorbic acid 용액(4㎎/㎖)(ascorbic acid 용액 1㎖ + 5% metaphosphoric acid 9㎖를 사용)을 적정했을 때의 기록

반복(Replication)	DCIP 적정 양(㎖)
1	
2	
3	
4	
5	
평균 적정 DCIP 용액 양(㎖)	

- DCIP 1㎖에 상당하는 ascorbic acid의 양: ㎎

《2》 끓이지 않은 양배추 잎

- 무게: g
- 총 추출액 양: ㎖
- 함량 결정에 사용된 양: ㎖

분석 용액	DCIP 적정 양(㎖)
용액1	
용액2	
용액3	
평균 적정 DCIP 용액 양(㎖)	

- 추출 용액에 함유된 ascorbic acid 함량: 평균 ㎎
- 신선한 양배추 잎 100g에 함유된 ascorbic acid 함량: ㎎

《3》 끓인 양배추 잎

- 무게: g
- 총 추출액 양: ㎖
- 함량 결정에 사용된 양: ㎖

분석 용액	DCIP 적정 양(㎖)
용액1	
용액2	
용액3	
평균 적정 DCIP 용액 양(㎖)	

- 용액에 함유된 ascorbic acid 함량: 평균 ㎎
- 끓인 양배추 잎 100g에 함유된 ascorbic acid 함량: ㎎

《4》 신선한 조직과 끓인 조직에서 ascorbic acid 농도의 차이는 있는가? 있다면 그 이유는?

《5》 실험 결과로 미루어보아 ascorbic acid는 열을 가하면 파괴되는가? (양배추를 끓여 섭취하면 비타민 C가 감소하는가?)

《6》 본 실험을 수행하며 발생할 수 있는 실험 오차(error)는 무엇인가?

《7》 본 실험에서 살펴본 원리를 사용하여 식물조직의 ascorbic acid를 검출하고 정량화하기 위한 자동화 기기를 고안할 수 있는가?

《8》 식물(또는 종물)에서 ascorbic acid의 기능은 무엇인가?
여러분은 왜 비타민 C를 섭취하는가?

《9》 Ascorbic acid는 왜 항산화제라 부르는가?

문제 해결을 위한 참고 사항

실험 에러: 실험 수행은 대조구와 처리구 설정, 실험 진행, 재료 선택, 기구 및 기기 사용, 화학약품, 용액 제조 등 다양한 에러를 수반한다. 이번 실험을 수행하며 발생할 수 있는 실험 에러는 재료(양배추)에 있어서 어느 부위를 사용할까에 대한 것인데, 잎은 엽육(잎살), 엽맥, 외부와 내부(녹색이 짙은 잎과 연하거나 없는 잎) 위치 등 여러 부위로 이루어지며 함유한 물질(여기서는 ascorbic acid)도 차이가 있을 수 있다. 이러한 에러를 해결하기 위해서는 다양한 부위를 혼합하거나 다른 여러 부위를 측정하여 평균을 내거나 여러 부위를 각각 조사하고 사용한 부위를 명시해야 한다. 추출액 일부를 사용하므로 정확한 양을 측정해 사용하고 정확한 계산도 필요하다. 추출 과정에 있어서 조직이 완전하게 파쇄되지 않을 수도 있으며 여과한 찌꺼기, 모래, 거즈 등에 남아있을 수도 있다. 추출 용매(metaphosphoric acid 용액)로 여러 번 씻어낼 필요가 있다. 피펫팅도 에러를 유발할 수 있는데 정확한 수치 셋업, 팁(tip)에 남아있는 용액, 배출과정도 에러를 유발할 수 있다. 시료를 끓일 때도 물에 직접 끓이면 ascorbic acid가 물에 용출되어 나오기 때문에 끓인 물의 ascorbic acid 농도를 계산해야 할 문제가 생긴다. 비닐백, 유리 시험관, 폴리프로필렌 튜브 등에 넣어 열을 가하면 이런 문제는 피할 수 있다. Ascorbic acid는 빛에 민감하며 특히 물에 녹아 있으면

(공기, 열에 의해) 쉽게 산화하기 쉽다. 표준 (Standard) 수용액은 보관 시 갈색 병에 넣어 냉장고에 보관하는 것이 좋다. 적정 시 DCIP를 떨어뜨릴 때 색의 변환 판단은 관찰자에 따라 다를 수 있으며 주관적이다. 용액을 넣고 흔드는 횟수, 변하는 시간이나 정도도 통일 필요하다. 결론적으로 본 실험은 정확한 물질 농도 측정이라기보다는 실험 수행에 대한 연습 및 숙달, 실험과 연관된 기초적인 원리 이해에 중점을 둔다.

참고문헌

Abdulrazak, S., Oniwapele, Y. A., Otie, D. and Sulyman, Y. I. (2015) Comparative determination of ascorbic acid in some selected fruits and vegetables commonly consumed in northern Nigeria. J. of Global Biosciences, 4(1), 1867-1870.

Hailemariam, G. A., and Wudineh, T. A. (2020) Effect of cooking methods on ascorbic acid destruction of green leafy vegetables. J of Food Quality. https://doi.org/10.1155/2020/8908670

Kertesz, Z. I., Dearborn, R. B., and Mack, G. L. (1936) Vitamin C in N vegetables IV. Ascorbic acid oxidase. https://pdf.sciencedirectassets.com/778417/

Nimse, S. B. and Pal, D. (2015) Free radicals natural antioxidants, and their reaction mechanisms. RSC Adv, 5, 27986-28006.

Pande, S. S. (2019) Effect of alcoholic fermentation on phytochemical (polyphenol/flavonoid, vitamin C and FOS) levels and radical scavenging activity of yacon (Smallanthus sonchifolius) root slice. https://www.researchgate.net/publication/332948093_EFFECT_OF_ALCOHOLIC_FERMENTATION_ON_PHYTOCHEMICAL_POLYPHENOLFLAVONOID_VITAMIN_C_AND_FOS_LEVELS_AND_RADICAL_SCAVENGING_ACTIVITY_OF_YACON_Smallanthus_sonchifolius_ROOT_SLICES.

Poole, C. F., Grimball, P. C., and Kanapaux. M. S. (1944) Factors affecting ascorbic acid content of cabbage line. Journal of Agricultural Research, 68(8), 325-329.

Reiss, C. (1993) Measuring the amount of ascorbic acid in cabbage. https://www.ableweb.org/biologylabs/wp-content/uploads/volumes/vol-7/7-reiss.pdf